U0263571

装备射频电磁辐射敏感性等效试验技术

潘晓东　魏光辉　卢新福　　著
万浩江　胡德洲　孙江宁

科学出版社

北京

内 容 简 介

本书系统地介绍装备射频电磁辐射敏感性等效试验技术。全书分为四部分，共16章，主要内容包括装备电磁环境效应试验方法研究现状、基于混响室的电磁辐射敏感度等效试验技术、差模电流定向注入等效试验技术和非线性系统大电流注入等效试验技术的基本原理、实现技术及具体的工程试验方法。

本书可作为从事装备电磁环境效应与防护工程研究工作人员的参考书，也可作为高等院校相关专业教师、研究生以及科研人员的参考书。

图书在版编目（CIP）数据

装备射频电磁辐射敏感性等效试验技术 / 潘晓东等著. —北京：科学出版社，2023.6

ISBN 978-7-03-075224-6

Ⅰ．①装… Ⅱ．①潘… Ⅲ．①射频-电磁辐射-敏感性试验 Ⅳ．①O441.4-33

中国国家版本馆CIP数据核字（2023）第048774号

责任编辑：张艳芬 李 娜 / 责任校对：崔向琳
责任印制：吴兆东 / 封面设计：蓝正设计

科 学 出 版 社 出版
北京东黄城根北街 16 号
邮政编码：100717
http://www.sciencep.com
北京中科印刷有限公司 印刷
科学出版社发行 各地新华书店经销
*
2023 年 6 月第 一 版 开本：720 × 1000 1/16
2023 年 6 月第一次印刷 印张：21 1/2
字数：417 000

定价：180.00 元

前　言

随着大功率用频设备的不断增多以及电子战系统、电磁脉冲弹和高功率微波武器的快速发展，未来信息化战场有限空间的电磁环境日趋恶劣，高强度辐射场已经成为武器装备和部分民用电子设备面临的新挑战。电子信息系统在高强度辐射场作用下的电磁易损性越来越引起人们的重视，系统级强场电磁环境效应及其防护技术已经成为当今发达国家的重要基础性研究课题。

目前，国内外陆基、舰载、机载等大功率发射机的辐射场强可达上万伏/米，例如，《系统电磁兼容性要求》(GJB 1389A—2005)给出的 2.7～3.6GHz 频段舰船发射机主波束下或陆军直升机外部电磁环境峰值场强高达 27460V/m，高功率微波武器(窄带)的辐射功率已提升至吉瓦级；在国内实验室条件下，能够模拟的正弦连续波辐射场强一般为 1000V/m(部分微波段为 300V/m 左右或更低)，高功率微波试验系统(窄带)的辐射功率一般为兆瓦级，且基本为固定频率。因此，国内实验室条件下采用单一的全电平辐射试验方法，已经难以满足高功率射频电磁辐射敏感性试验的技术需求。

近年来，国内外学者提出采用实际装备(以下简称实装)大功率发射机作为辐射源进行高功率射频电磁辐射敏感性试验，虽然该方法能够模拟受试系统所面临的己方装备强场电磁环境，但将其应用于全面考核武器装备的电磁辐射敏感性以及电磁安全裕度，仍存在以下问题：一是实装大功率发射机大部分工作于窄带，该方法无法确定受试系统的敏感频段；二是实装大功率发射机产生的射频电磁辐射场强难以满足 6dB 或 16.5dB 电磁安全裕度试验的技术需求；三是对受试系统进行宽频段的电磁辐射敏感性试验，需要动用大量的实装大功率发射机，试验成本高、协调难度大。

综上所述，无论是实验室环境模拟技术，还是外场环境实装构建技术，采用单一的全电平辐射试验方法均无法满足高功率射频电磁辐射敏感性，特别是安全裕度试验的技术需求。因此，发展射频电磁辐射敏感性等效试验技术，并与现有试验技术相互补充，共同解决装备电磁辐射敏感性及安全裕度试验的难题，是装备发展的急需，也是今后该领域发展的方向。

本书以讲述装备不同耦合通道和不同适应范围的电磁辐射效应等效试验技术为主线，在吸收借鉴国内外射频电磁辐射敏感性试验技术最新研究成果的基础上，系统阐述适用于小型单体武器装备和互联系统单个设备的基于混响室的电磁辐射敏感度等效试验技术、适用于天线和同轴线缆耦合通道的差模电流定向注入等效试验技术和适用于低频线缆耦合通道的非线性系统大电流注入等效试验技术的基本原理、实现技术及工程试验方法，并结合典型受试对象试验验证上述等效试验方法的有效性。本书对开展武器装备射频电磁辐射敏感性试验具有重要的参考价值，对于其他与电磁环境适应性、电磁安全裕度评估等问题相关的研究亦具有参考意义。

限于作者水平，书中难免有不妥之处，敬请读者批评指正。

作　者

2023 年 1 月于石家庄

目　　录

第三部分 差模电流定向注入等效试验技术

第一部分 引 言

第1章　装备电磁环境效应试验方法研究现状

武器装备的电磁兼容性(electromagnetic compatibility，EMC)及防护性能是保证其在复杂电磁环境中发挥战技性能的重要条件，开展电磁环境效应试验是检验其在恶劣电磁环境下生存能力的重要手段。国内外对电子设备及分系统的电磁环境效应的研究已经比较完善，制定了相应的测试标准，建立了试验场地，具备了设备级电磁兼容试验的能力。

系统级电磁兼容及防护性能试验技术的研究刚刚起步，导致武器系统在研制过程中对电磁兼容性实施全面量化控制的能力不足，对如何有效检测武器系统电磁防护性能的问题尚处于探索阶段。目前，国内尚未形成一套规范、有效的系统级电磁兼容及防护性能试验验证方法，很多试验项目受制于试验手段而无法进行。为此，急需发展试验与理论相结合的系统级电磁兼容及防护性能试验验证技术，为装备电磁环境效应试验和复杂电磁环境条件下的作战、训练提供理论与技术支撑。

1.1　系统级与设备级电磁辐射效应的区别

电磁辐射效应是电磁环境效应的重要组成部分，在我国现行的军用标准中，主要依据《军用设备和分系统电磁发射和敏感度要求与测量》(GJB 151B—2013)和《系统电磁兼容性要求》(GJB 1389A—2005)分别开展相应的设备级和系统级电磁辐射效应的试验研究。比较分析设备级和系统级电磁辐射效应的试验要求，其区别主要体现在以下三个方面：一是系统级电磁辐射效应试验的受试对象体积更加庞大。设备级电磁辐射效应试验的受试对象一般是武器装备分系统，主要针对小型单体受试设备，其测试环境往往是电波暗室、吉赫兹横电磁波(gigahertz transverse electromagnetic，GTEM)室和开阔试验场地等；系统级电磁环境效应试验主要针对的是大型单体系统或多个单体设备组成的大型互联系统，该系统往往体积较大、线缆状态难以固定，需要在外场或武器装备的工作现场开展系统级电磁辐射效应的试验研究。二是系统级电磁辐射效应试验的测试频段更宽。设备级电磁辐射效应试验相关标准规定的测试频段为 10kHz～18GHz，18GHz 以上为可裁减频段或仅当订购方有规定时才要求；对于系统级电磁辐射效应试验，若无订购方同意的实测或预测分析数据，则测试频段应覆盖 10kHz～45GHz。三是系统级电磁辐射效应试验的辐射场强更强。根据《军用设备和分系统电磁发射和敏感度要求与测量》(GJB 151B—2013)的要求，设备级电磁辐射效应试验规定的全频段最高辐射场强为 200V/m。根据《系统电磁兼容性要求》(GJB 1389A—2005)的要求,系统级电磁辐射效应试验在大部分频段的辐射场强远高于 200V/m,武器装备外部电磁环境峰值场强最高可达 27460V/m,若对受试系统开展安全裕度试验,则需要模拟更高的辐射场强[1-4]。

由上述分析可知,开展系统级电磁辐射效应的研究需要在大空间范围内模拟构建出更宽频段、更高强度的辐射场测试环境,而传统实验室条件下的直接辐射效应试验方法在开展系统级电磁辐射效应试验时遇到了技术瓶颈问题,因此在大力发展电磁环境模拟技术的同时,必须发展与系统级电磁辐射效应试验等效的替代性试验方法。

1.2　整体辐射与分区辐射效应试验方法

世界各军事强国十分重视武器装备的电磁兼容及防护技术的研究工作,美军的设备级电磁兼容标准《分系统和设备电磁干扰特性控制要求》(MIL-STD-461G)、系统级电磁环境效应标准《系统电磁环境效应要求》(MIL-STD-464D)等对国际军用设备电磁干扰控制和测试方法具有广泛的指导意义;英国国防部的系列标准《电磁兼容(1-4 部分)》(STAN-59-411)从电磁兼容管理、电磁环境、设备级 EMC 测试、系统级 EMC 测试、军用设备级 EMC 设计五个方面进行了较为全面的指导;欧洲太空局(European Space Agency, ESA)的 EMC/ESD(electrostatic discharge)试验规范则更加强调武器装备的电磁安全裕度测试。上述标准能够基本满足设备级(分系统)电磁兼容性试验和研究工作的需要,但对于系统级电磁环境效应试验,这些标准只提出了电磁兼容性及电磁环境效应的总体要求,没有给出统一规范的试验方法[1,3-9]。

目前,国内外开展系统级电磁辐射效应试验主要采用两种方法,即整体辐射法和分区辐射法。整体辐射法是指在大范围空间内模拟出均匀场测试环境,对整个系统同时进行电磁辐射效应试验。例如,美国在 20 世纪 80 年代建成的大型有界波模拟器 TRESTLE,可供波音 747、波音 52 轰炸机等进行全尺寸高空核电磁脉冲(high-altitude electromagnetic pulse, HEMP)辐射效应试验,如图 1-1 所示。图 1-2 为美国海军采用整体辐射法对舰船平台开展全尺寸的 HEMP 辐射效应试验。整体辐射法测试重复性好,能够考核分系统之间干扰信号的相互作用,缺点是构建大范围均匀场测试环境费用高、试验准备和协调难度大。对于大型系统,特别是多个车辆互联组成的系统,强场条件的构建和试验的实施存在非常大的难度。此外,对于高功率射频电磁辐射环境,全电平整体辐射法通常很难达到《系统电磁环境效应要求》(MIL-STD-464D)、《系统电磁兼容性要求》(GJB 1389A—2005)、《机载设备环境条件和测试流程》(RTCA DO160G)等标准中规定的上万伏/

米的试验场强。因此，整体辐射法多用于开展设备级射频电磁辐射效应试验和武器装备强电磁脉冲辐射效应试验。

图 1-1　飞机整体 HEMP 辐射效应试验　　　图 1-2　舰船整体 HEMP 辐射效应试验

　　分区辐射法采用电磁场模拟设备或实装对受试系统进行分段、分区局部辐射效应试验。一种方式是在大型电波暗室或开阔试验场，模拟产生高功率射频电磁辐射场或电磁脉冲场测试环境，对受试系统进行分区局部辐射效应试验。例如，美国海军航空兵作战中心拥有大型综合电波暗室，可对飞机、导弹等系统进行电磁环境模拟和局部分区辐射效应试验，如图 1-3 所示。另一种方式是采用实装上的高功率与低占空比的舰载、机载或陆基发射机，对武器装备进行现场分区局部辐射效应试验，图 1-4 为英国 QinetiQ 公司对军用飞机系统进行的现场实装分区辐射效应试验。分区辐射法具有方便、灵活、可操作性强等优点，但也存在无法考核分系统干扰响应信号之间的相互影响以及由分区方法、辐射顺序、辐射斑点、辐射方向等不同导致试验结果因人而异和测试重复性差等缺点。此外，实装大功率发射机受到输出功率的限制，也无法开展武器装备的电磁安全裕度试验研究。

图 1-3　飞机电波暗室分区辐射效应试验　　　图 1-4　飞机现场实装分区辐射效应试验

　　我国结合型号(特别是高新工程)研制工作的开展，建设了一大批电磁兼容性实验室，具备了较为完善的设备级(分系统)电磁辐射试验条件，在强电磁场辐射效应试验能力方面取得了一些突破，在武器装备建设中发挥了重要作用，但鉴定试验中采用的方法基本上参照美军标准，并不完全适合我国国情、军情。我国武器装备系统级电磁兼容及电磁环境效应的研究起步相对较晚，近些年相继发布了《系统电磁兼容性要求》(GJB 1389A—2005)和《系统电磁环境效应试验方法》(GJB 8848—2016)，中国兵器工业集团有限公司第 201 研究所、中国航天科技集团有限公司第五研究院总体部和中国航天科工集团有限公司第六研究院 601 所等单位相继建成了能够承担整辆坦克、整套卫星和整架战斗机等进行电磁兼容性试验的电波暗室，但各实验室宽带射频、微波功率放大器的最大输出难以产生满足《系统电磁兼容性要求》(GJB 1389A—2005)的高功率射频电磁辐射场强，导致目前采用单一的全电平辐射效应试验方法，开展系统级高功率射频电磁辐射效应试验，特别是电磁安全裕度试验非常困难。

综上所述，对于高功率射频电磁辐射敏感性(特别是电磁安全裕度)试验，无论采用整体辐射法还是分区辐射法，在进行强场电磁辐射效应试验时都需要较高功率的辐射源，实验室条件下在大范围空间模拟构建射频强场电磁环境具有很大的难度。因此，采用与电磁辐射效应等效的试验方法开展武器装备高功率射频电磁辐射敏感性以及电磁安全裕度的试验研究，越来越受到国内外学者的广泛关注。

1.3 电流注入效应试验方法

电流注入法是将电流直接(间接)注入受试设备的壳体或线缆上进行传导敏感度和辐射敏感度测试的电磁兼容性试验方法，后者的实质是将电磁辐射敏感度试验用电流传导敏感度试验来替代。电流注入法的优势在于不需要高功率的放大器等设备，在同样的输入功率下，电流注入法的试验效率比辐射法高几十倍，但其相对自由场辐射的有效性及等效关系有待进一步深入研究。目前，电流注入法主要包括：大电流注入(bulk current injection，BCI)法、脉冲电流注入(pulse current injection，PCI)法、直接电流注入(direct current injection，DCI)法和长线注入法等[10]。

BCI 法通过电流探头在被试线缆上感应出干扰电流，是最早提出并列入标准的一种间接电流注入法，主要用于补充和替代武器装备线缆耦合通道的辐射敏感度试验[11-15]。当利用 BCI 法进行测试时，首先通过低电平辐射效应试验，得到辐射场强与线缆上感应电流之间的传递函数，通常情况下，认为传递函数不变(线性响应系统)，故在高场强下利用传递函数可推导出线缆上感应电流的幅值，用此感应电流进行注入试验可以认为与强场辐射效应试验是等效的[10,16]。近些年来，国外又提出了双端大电流注入(double bulk current injection，DBCI)法，即利用两个注入探头同时进行注入试验，研究人员从理论上分析了两种方法的优缺点，并通过试验验证了理论分析的正确性[17]。国内外学者对 BCI 法的研究聚焦在其与辐射效应试验方法的等效性方面，并得出了大致相同的结论。归纳起来，BCI 法存在以下四方面问题：第一，铁氧体注入探头应用的频率范围受限，随着频率的上升，磁滞现象及涡流的存在导致磁芯的损耗显著上升、注入效率显著下降，其应用的频率上限一般只能到 400MHz，无法满足对高功率微波或超宽带电磁脉冲注入的要求。第二，对于传统的 BCI 法，其与辐射效应试验方法等效的依据是两种方法在线缆上产生的感应电流相同，并认为不同的辐射场强在线缆上产生的感应电流具有相同的传递函数。对于非线性受试系统，强场辐射试验条件下线缆上产生感应电流的传递函数将发生改变，利用低电平试验条件下的传递函数来线性外推高电平辐射场的等效注入电流必然会存在较大的误差。第三，以线缆上的感应电流相同为等效依据，测试结果对注入探头的位置十分敏感，尤其是当注入电流波长小于被测线缆的长度时，在线缆上可能形成驻波，若不能有效提取驻波电流的分布状态，则可能进一步影响测试结果的准确性。第四，对于同轴线缆，BCI 法采用的是共模电流注入技术，即通过电流探头感应到同轴线缆上的干扰电流为共模信号，该方法无法模拟从天线直接引入的差模干扰信号对受试设备的影响，无法开展天线端口的注入敏感度试验研究，因此 BCI 法的应用范围受限。由此可见，虽然 BCI 法已在实际工作中应用多年，但其与辐射效应试验方法的等效性并没有得到普遍认同[18-23]。

PCI 法与 BCI 法类似，同样采用电流探头进行注入试验，区别在于其注入的电流信号为脉冲波形，如方波脉冲、阻尼衰减振荡和双指数波形等。该方法可用于检验受试电路中各类保护模块（器件）的瞬态抑制、滤波、限幅等功能以及受试电路对电磁环境的耐受强度等[24-29]。目前，国内外对 PCI 法的研究主要集中于根据《地面 C4I 设备高空电磁脉冲防护》（MIL-STD-188-125）规定的波形和要求进行脉冲传导敏感度测试，而如何利用 PCI 法进行任意波形瞬态电磁脉冲辐射敏感度测试，并保证 PCI 法与电磁脉冲辐射效应试验方法的等效性，还没有明确结论，有待进一步深入研究[30-35]。

DCI 法是直接将电流注入受试设备壳体上的一种试验方法，主要用于模拟飞机、导弹武器系统的电磁辐射效应试验。目前该方法可分为两类：一类是基于完全回路导体装置的 DCI 法，其将受试设备完全置于导体装置中作为同轴线的中心导体，在设备上直接注入电流使设备和外导体之间形成横向电磁（transverse electromagnetic，TEM）波。另一类是接地平板 DCI 法，在受试设备的下面使用一个导电接地平板，馈电同轴线的中心导体与受试设备相连，屏蔽层与接地平板相连[36-41]。对 DCI 法而言，国内外学者普遍认为该方法与辐射效应试验方法等效的依据主要有两个：一个是两种试验方法在导弹或飞机表面产生的电流分布是否一致；另一个是两种试验方法在导弹或飞机内部关键位置的场分布是否相同。国内外学者对 DCI 法与辐射效应试验方法之间的相关性、注入功率与产生场强之间的对应关系以及 DCI 法的应用频率范围等方面进行了深入研究。研究结果表明：受试导弹或飞机的结构较为复杂，特别是大量孔缝等结构的存在，使得 DCI 法与辐射效应试验方法的相关性变差。DCI 法在被试设备附近激发的基本为 TEM 波，电场方向垂直于被试设备表面，但在进行辐射效应试验时，电场仅在导体表面附近与其垂直，而在孔缝、线缆等电磁耦合比较强烈的部位，往往电磁场具有较大的平行分量，这一点导致两者的试验结果存在较大的差异。当 DCI 法注入试验的频率较高时，模拟装置内部高阶模的产生导致其场均匀性变差，因此 DCI 法并不适用于替代高频电磁辐射效应试验方法，DCI 法的应用频率上限与模拟装置的结构密切相关[42-46]。

　　长线注入法利用长线代替专用的注入探头进行电流注入的试验，主要用于屏蔽线缆耦合通道的电磁能量注入。长线注入法的优势在于：可以在互联设备正常工作的前提下，在线缆的屏蔽层外部回路注入干扰信号，并通过转移阻抗将电磁能量耦合到屏蔽线缆的内部回路进入受试敏感系统，从而影响受试设备的正常工作。国内外的研究表明，长线注入法的应用频率上限仍为 400MHz，但是如何确定注入信号强度与辐射场强度之间的等效关系，未见明确的公开报道。

　　地电流注入（ground current injection，GCI）法是国外学者 Crovetti[47]依据电磁场理论提出的一种新型注入试验方法。该方法通过在受试设备的接地平板上进行多路电流注入，使得参考平面边界的电流分布与辐射时相同。根据边界条件，此时受试设备所在位置的场分布与辐射时相同，试验配置如图 1-5 所示。该方法原则上可用于等效任意辐射场的情况，但由于各路电流注入的幅值和相位要求各不相同，产生满足要求的注入源在工程实现上比较困难。辐射场频率越高，受试设备体积越大，工程实现的难度越大，目前尚未见工程试验验证的案例。

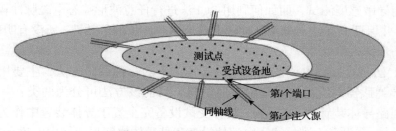

图 1-5　地电流注入法试验配置

1.4　低电平扫描场法及低电平扫描电流法

　　根据受试对象及电磁能量耦合通道的不同，低电平法可分为低电平扫描场（low-level scanning filed, LLSF)法和低电平扫描电流（low level scanning current,

LLSC)法。LLSF 法主要用于开展孔缝、屏蔽体透射耦合通道强场电磁辐射效应试验，首先，通过预先电磁辐射效应试验获取受试系统壳体内部敏感设备处的屏蔽效能最小值 S_E，并以此为依据计算受试系统内部的等效辐射效应试验场强 $E = E_0 \times 10^{-S_E/20}$，其中 E_0 为受试系统外部的辐射试验场强。在此基础上，按照全电平辐射法采用辐射场强 E 在受试系统内部对敏感设备进行辐射效应试验，进而考核受试系统的电磁辐射敏感性。LLSF 法能够有效降低高功率射频电磁辐射效应试验场强，减少试验成本。当然，该方法也存在一定的局限性，若受试系统屏蔽壳体内部场强不便于监测或壳体屏蔽效能偏低(即使采用LLSF法仍无法达到标准中规定的辐射试验场强)，则需要采用其他技术解决孔缝、屏蔽体透射耦合通道强场电磁辐射效应试验的问题。LLSC 法主要用于开展线缆耦合通道强场电磁辐射效应试验，其研究思路与 LLSF 法相类似，基于 BCI 法，首先通过低电平电磁辐射试验，得到辐射场强 E 与线缆感应电流 I 之间的传递函数 k，假定无论场强高低传递函数 k 都保持不变，在高场强下利用传递函数推导对应的感应电流幅值，通过调整注入激励电压源的输出使线缆感应电流与外推结果相一致，此时可认为大电流注入与全电平电磁辐射是等效的。LLSC 法应用的前提是传递函数 k 保持不变，这导致该方法应用于非线性响应系统试验时可能会存在较大的误差。此外，LLSF 法和 LLSC 法均不适用于天线耦合通道的电磁辐射效应试验，因此即使 LLSF 法和 LLSC 法配合使用，两个试验均合格，也不能认定受试系统试验合格，还需要进行深入研究。

1.5　电波混响室效应试验方法

目前，广泛使用的混响室条件下的辐射敏感度测试方法是由《电磁兼容性(EMC). 第 4-21 部分：试验和测量技术. 混响室试验方法》(IEC61000-4-21)标准给出的。该标准对混响室的研究成果进行了总结，规定了混响室内辐射敏感度测试的具体步骤：首先在空载条件下校准，测量混响室的归一化场强和参考天线的校准系数；然后测量参考天线在受试设备(equipment under test, EUT)加载时的校准系数，除以空载时的校准系数，得到混响室的加载系数；混响室内的场强通过归一化场强、加载系数以及混响室的输入功率，按照标准中给定的公式计算得到。辐射敏感度测试方法实际上是通过输入功率来控制混响室中场强的最大值，因为一般认为场强最大值与 EUT 的辐射敏感度相关，本质上延续了均匀场条件下辐射敏感度的测试思路。由于混响室具有低功率激发高场强、EUT 不需要转动等优势，辐射敏感度测试方法在辐射敏感度测试领域逐渐被接受[48-51]，但是在使用过程中，部分学者对该方法产生了疑问，并提出了一些新的测试方法。

Jensen 等[52]认为 IEC 61000-4-3 和 IEC 61000-4-21 标准中的测试方法重复性不

好，理由是混响室中的场强随空间位置以及搅拌器的转动变化非常剧烈，测试结果具有很强的随机性，而且标准中所要求的最低搅拌次数为 12 次，这种情况下混响室的最大场强刚好出现在 EUT 位置的可能性几乎为 0。Arnaut 等[53]指出标准中检验场均匀性的方法无法检验小范围内场均匀性是否符合要求，提出了度量混响室内电场非均匀性的新方法。郭晓涛等[54]认为 IEC 61000-4-3 和 IEC 61000-4-21 标准给出的场均匀性评价方法具有随机性，提出了采用场强偏离其标准概率分布的程度来度量混响室的场均匀性。Adardour 等[55]改进了标准中混响室最低使用频率的估算方法，采用实测数据来判定混响室的最低使用频率。

鉴于现有测试方法的不足，人们开始尝试新的测试方法。Höijer 等[56,57]在研究混响室中 EUT 敏感元件的最大接收功率与 EUT 的方向性和极化特性关系的基础上，提出了一种借助于参考天线在一定置信度下估计 EUT 敏感度的测试方法，但是该测试方法具有随机性，并未得到推广应用。Magdowski 等[58]将 IEC 61000-4-3 和 IEC 61000-4-21 标准给出的方法进行了改进，将混响室的校准在 EUT 加载状态下完成，简化了测试过程，但需要在混响室的腔壁上嵌入一定数量的场强探头。王庆国等[59]、贾锐等[60]、陈京平等[61]提出了连续搅拌模式下的混响室辐射敏感度测试方法，以一段时间内场强的统计平均度量混响室内的场强，发现连续搅拌模式下测试结果的重复性优于步进搅拌模式，并研究了搅拌速度对测试结果的影响。该方法在重复性上优于现有测试方法，但是没有与均匀场测试结果进行比较，是否可靠尚未可知。

如何使混响室与均匀场测试结果相一致是混响室走向实用需要解决的难题。Fanning[62]分别在混响室和屏蔽室中对一个电小尺寸的传感器进行了辐射敏感度测试，发现混响室中的测试结果显著低于屏蔽室，尝试在混响室中增大参考地面来提高两种场地测试结果的相关性。Leo 等[63]比较了混响室与电波暗室中平行双线归一化感应电流的最大值，发现两种场地中结果类似，但从试验数据来看，两者的差异可达 10dB 以上。Musso 等[64]推导了混响室与电波暗室临界辐射干扰场强比值的关系式，指出在 EUT 方向性较差的情况下，两者的相关性是可以实现的。Amador 等[65-67]根据混响室内场强直角分量的统计特性，推导了 EUT 临界辐射干扰场强的计算公式，在 EUT 电尺寸较小时两种场地测试结果的相关性较好，为混响室条件下辐射敏感度测试方法的研究提供了一种较为新颖的思路，但是该方法是否适用于电大尺寸 EUT 的测试还有待研究。

国内同样对两种场地电磁辐射敏感度测试的相关性进行了研究。张成怀[68]比较了混响室和 GTEM 室内单极子天线感应电流的相关性，认为混响室内天线感应电流最大值与 GTEM 室内测试结果的相关性最好。刘心愿等[69,70]在混响室中对无线电引信的敏感度阈值进行了测试，分别比较了引信附近各个搅拌位置场强的最大值、最小值、平均值作为敏感度阈值时与开阔场测试结果的相关性，发现场强最小值与开阔场的相关性最好，在此基础上提出了混响室条件下辐射敏感度测试的位置替代法，将引信作为 EUT 在混响室中进行测试。利用场强计位置与 EUT 位置的归一化场强均值相等，根据 EUT 出现干扰时混响室的输入功率来计算各个搅拌位置 EUT 的临界辐射干扰场强，发现各搅拌位置中临界辐射干扰场强的最小值与均匀场中测得的干扰场强阈值最为接近[71]。以上两种场地相关性的研究都是基于试验数据的分析，缺乏理论支撑，而且只对电小尺寸的 EUT 进行了测试。由于混响室中电大尺寸 EUT 所受的辐射场不能通过空间中某一点的场强来代替，所以采用上述方法对电大尺寸 EUT 测试时可能会产生较大的误差。

1.6　试验技术水平与现实需求之间的差距

综合对比国内外在射频电磁辐射敏感性试验技术领域的研究现状可以发现，我军武器装备的射频电磁辐射敏感性试验技术水平与现实需求之间仍存在一定的差距。

一是在军事需求方面，信息化条件下战场的电磁环境日趋复杂，使得武器装备在复杂电磁环境下的适应难度加大，武器装备是否具备良好的电磁环境适应性已成为决定其战场生存能力和作战效能正常发挥的关键因素。美、俄等军事强国以装备电磁安全性研究为牵引，大力开展了装备电磁环境适应性研究。从早期射频对军械的危害到目前装备电磁环境效应，在概念和研究范围上不断更新和扩展。在试验对象上，小到电子元器件、组件，大到无人机、轰炸机、坦克、导弹武器系统等，都进行了电磁效应模拟试验。我国武器装备电磁环境效应的研究起步相对较晚，研究水平基本处于设备级标准规范和系统级问题解决阶段，通常设备级按照《军用设备和分系统电磁发射和敏感度要求与测量》(GJB 1518—2013)的要求开展设计、试验，对设备或分系统集成以后出现的问题一般采用事后、个别、被动的解决方法，对武器装备在战场复杂电磁环境下的适应性考核还未能全面、有效地展开，未能摸清我军武器装备在战场复杂电磁环境中生存能力的底数。

二是在技术水平方面，装备的电磁环境适应性必须通过试验来检验。西方军事强国在 20 世纪建成了众多大型电磁脉冲场模拟试验系统，基本能够满足飞机、舰船等大型武器装备进行全尺寸高空核电磁脉冲效应试验的需求。在射频电磁辐射效应试验方面，凭借其先进的真空电子技术和脉冲功率技术，一方面采用整体辐射法和分区辐射法对武器装备进行全电平辐射试验；另一方面积极探索电磁辐射效应等效试验方法，虽然发展了大电流注入法、直接电流注入法和长线注入法等注入替代辐射的电磁环境效应试验方法，能够解决 400MHz 以下的线缆电磁能量耦合试验问题，但是注入信号强度与辐射场强之间的等效关系难以确定，用于武器系统电磁环境效应试验考核受到了技术限制。我国结合型号(特别是高新工程)研制工作的开展,建设了一大批电磁兼容实验室,具备了较为完善的设备级电磁兼容试验能力,在强电磁场效应试验能力方面取得了重要突破,在武器装备建设中发挥了重要作用。然而,试验方法的研究不够深入,目前鉴定试验中采用的方法基本参照美军标准,并不完全适合我国国情、军情(如装备外部电磁环境与友邻装备关系密切,装备外部电磁环境不同,对其电磁辐射敏感度及安全裕度的要求也不同)。系统级电磁兼容及防护能力验证技术的研究刚刚起步,目前主要是建设高功率射频、微波辐射试验系统,基本采用设备级试验方法,对大型武器装备或武器系统进行了电磁环境效应试验。现有试验场地和设备不能保证 EUT 被均匀辐射,只能对典型频点进行分区辐射试验,导致试验结果因人而异、因辐射距离的不同而不同,难以准确评价武器系统的电磁环境效应,但基本能够跟踪国外的发展水平。

要彻底解决上述问题,必须对装备电磁环境效应试验方法进行创新,发展电磁环境效应等效试验技术,并与现有试验技术相互补充,共同解决武器装备在战场复杂电磁环境下的考核鉴定、生存能力评估等技术难题。

1.7　射频电磁辐射敏感性试验技术发展趋势

传统的全电平辐射试验方法技术成熟、准确度高、重复性好,是大家公认的开展武器装备电磁辐射效应的首选方法。大功率用频装备的不断增多以及大型综合电子信息系统的快速发展,对全电平辐射法提出了更高的要求。大力发展强场电磁环境高效模拟技术,研发输出功率更高的宽带射频、微波功率放大器,构建大范围的强场电磁辐射试验场地,能够在一定程度上拓展全电平辐射法在大尺寸设备或系统级电磁辐射效应测试中的适用范围。但是,随着被试系统线度不断扩大、测试场强要求越来越高,单纯采用传统的全电平辐射法进行效应测试不仅经济成本难以承受,而且必将遭遇技术瓶颈,发展电磁辐射效应等效试验方法,同时与传统的全电平辐射法相结合是破解这一技术难题的必由之路。

注入法(BCI 法、PCI 法、DCI 法、GCI 法、差模定向注入(differential-mode directional injection,DDI)法)、低电平法(LLSF 法、LLSC 法)、混响室法等是近些年发展起来的电磁辐射效应等效试验方法,不同的等效试验方法,出发点、等效依据和适用范围等各不相同,工程实现的难度也高低不一。如何充分发挥不同等效试验方法的优势,发展适用于天线耦合、线缆耦合以及孔缝耦合的全频段等效试验方法,解决非线性系统 BCI 法与强场电磁辐射等效、DDI 法的上限频率拓展以及混响室与均匀场敏感度测试结果相关性等技术难题,同时基于装备电磁辐射效应共性干扰损伤机理,发展多耦合通道整体等效的电磁辐射效应综合试验方法,解决复杂受试系统(特别是非线性系统)电磁辐射效应等效试验的技术难题,是高功率射频电磁辐射敏感性及安全裕度试验技术的重要发展方向。

参 考 文 献

[1] Department of Defense of USA. Electromagnetic environmental effects requirements for systems: MIL-STD-464D [S]. Philadelphia: Naval Publication and Form Center, 2020.

[2] 中国人民解放军总装备部. 军用设备和分系统电磁发射和敏感度要求与测量: GJB 151B—2013[S]. 北京: 总装备部军标出版发行部, 2013.

[3] Department of Defense of USA. Requirements for the control of electromagnetic interference characteristics of subsystems and equipment: MIL-STD-461G[S]. Philadelphia: Naval Publication and Form Center, 2015.

[4] 中国人民解放军总装备部. 系统电磁兼容性要求: GJB 1389A—2005[S]. 北京: 总装备部军标出版发行部, 2005.

[5] Ministry of Defence of UK. Electromagnetic compatibility: DEF STAN-59-411（Parts 1 to 4）[S]. Glasgow: Defence Procurement Agency, 2019.

[6] International Electrotechnical Commission. Testing and measurement techniques: Radiated radio-frequency electromagnetic field immunity test: IEC 61000-4-3[S]. Switzerland: International Electrotechnical Commission, 2020.

[7] International Electrotechnical Commission. Test methods for protective devices for HEMP and other radiated disturbances: IEC 61000-4-21[S]. Switzerland: International Electrotechnical Commission, 2016.

[8] RTCA Program Management Committee. Environmental conditions and test procedures for airborne equipment: RTCA DO-160G[S]. Washington D. C.: Radio Technical Commission for Aeronautics, 2010.

[9] Paul J, Robert B, Peter L. Using statistics to reduce the uncertainty in system level susceptibility testing[C]. Proceedings of International Symposium on Electromagnetic Compatibility, Atlanta, 1995: 47-50.

[10] 谭伟, 高本庆, 刘波. EMC 测试中的电流注入技术[J]. 安全与电磁兼容, 2003, （4）: 19-22.

[11] 詹楠楠. 电磁敏感度测试的大电流注入技术研究[D]. 成都: 电子科技大学, 2011.

[12] 宋文武. 电流探头注入替代辐射场的电磁敏感度自动测试技术[J]. 安全与电磁兼容, 2001, （4）: 14-17.

[13] Mahesh G, Subbarao B. Comparison of bulk current injection test methods of automotive, military and civilian EMC standards[C]. 10th International Conference on Electromagnetic Interference & Compatibility, Bangalore, 2008: 547-551.

[14] Carter N J, Stevens E G. Bulk current injection（BCI）: Its past, present and future in aerospace[C]. IEE Colloquium on EMC Testing for Conducted Mechanisms, London, 1996: 2/1-2/12.

[15] Rasek G A, Gabrisak M. Wire bundle currents for high intensity radiated fields (HIRF) and indirect effects of lightning (IEL) with focus on bulk current injection (BCI) test[C]. 21st International Conference Radioelektronika 2011, Brno, 2011: 1-10.

[16] Wills P E. Low level swept frequency coupling and bulk current injection techniques as used to aid the control of EMI for the automotive industry[C]. IEE Colloquium on EMC and the Motor Vehicle, London, 1990: 4/1-4/4.

[17] Flavia G, Giordano S, Filippo M. Use of double bulk current injection for susceptibility testing of avionics [J]. IEEE Transactions on Electromagnetic Compatibility, 2008, 50(3): 524-535.

[18] Pignari S, Canavero F G. On the equivalence between radiation and injection in BCI testing[C]. Proceedings of International Symposium on Electromagnetic Compatibility, Beijing, 1997: 179-182.

[19] Perini J. On the equivalence of radiated and injection test[C]. Proceedings of International Symposium on Electromagnetic Compatibility, Atlanta, 1995: 77-80.

[20] Hartal O. Limitation of bulk current injection tests[C]. International Conference on Electromagnetic Interference and Compatibility, Madras, 1995: 386-393.

[21] Trout D H, Audeh N F. Evaluation of electromagnetic radiated susceptibility testing using induced current [C]. IEEE Aerospace Conference, Snowmass, 1997: 69-84.

[22] David A H. Currents induced on muliticonductor transmission lines by radiation and injection [J]. IEEE Transactions on Electromagnetic Compatibility, 1992, 34(4): 445-450.

[23] Spadacini G, Pignari S A. A bulk current injection test conforming to statistical properties of radiation-induced effects [J]. IEEE Transactions on Electromagnetic Compatibility, 2004, 46(3): 446-458.

[24] 李宝忠. 一维脉冲电流注入技术研究[D]. 北京: 清华大学, 2007.

[25] 李宝忠, 周辉, 何金良, 等. 非接触式脉冲电流注入系统研制[J]. 核电子学与探测技术, 2010, 30(10): 1303-1306.

[26] 李宝忠, 程引会, 陈明, 等. 一维电磁脉冲模拟器的理论分析和设计[J]. 强激光与粒子束, 2004, 16(2): 215-218.

[27] 李宝忠, 程引会, 陈明, 等. 卡钳式脉冲电流探测器[J]. 核电子学与探测技术, 2004, 24(6): 775-778.

[28] 陈向跃, 孙蓓云, 聂鑫, 等. 接触式方波电流注入方法研究[J]. 核电子学与探测技术, 2010, 4(4): 549-551.

[29] 蒋宇. 电流注入探头的仿真研究[J]. 安全与电磁兼容, 2006, (2): 80-82.

[30] Department of Defense of USA. High altitude electromagnetic pulse (HEMP) protection for ground-based C4I facilities performing critical: MIL-STD-188-125[S]. Philadelphia: Naval Publication and Form Center, 1998.

[31] 李进玺, 程引会, 吴伟, 等. 辐射和电流注入下电缆耦合响应的计算[J]. 强激光与粒子束,

2007, 19(5): 868-872.

[32] 周启明, 邓建红, 李小伟, 等. 脉冲电流注入法求多芯电缆的传输函数[J]. 信息与电子工程, 2004, 8: 254-257.

[33] 周启明, 杨蓉, 黄聪顺. 九芯电缆 EMP 耦合的电流注入法实验[J]. 信息与电子工程, 2004, 2(1): 49-53.

[34] 孙蓓云, 陈向跃, 翟爱斌, 等. 直流固态继电器电磁脉冲失效模式实验研究[J]. 强激光与粒子束, 2009, 21(12): 1913-1915.

[35] 毛从光, 孙蓓云, 聂鑫. 固态继电器电磁脉冲损伤阈值实验不确定度评定[J]. 核电子学与探测技术, 2009, 5: 1132-1135.

[36] Wellington A M. Direct current injection as a method of simulating high intensity radiated fields (HIRF) [C]. IEE Colloquium on EMC Testing for Conducted Mechanisms, London, 1996: 4/1-4/6.

[37] Rothenhausler M, Ruhfass A, Leibl T. Broadband DCI as a multi usable EMC-test method [C]. IEEE International Symposium on Electromagnetic Compatibility, Detroit, 2008: 1-5.

[38] Gavin D M. The use of direct current injection (DCI) techniques for aircraft clearance [C]. 10th International Symposium on Electromagnetic Compatibility, Coventry, 1997: 199-204.

[39] Zhang B W, Jiang Q X. Research progress of direct current injection technique in aircraft EMC test [C]. 3rd IEEE International Symposium on Microwave, Antenna, Propagation and EMC Technologies for Wireless Communications, Beijing, 2009: 849-853.

[40] 王巍. 直接电流注入测试装置的设计和测试[D]. 南京: 东南大学, 2005.

[41] 刘忠理. DCI 异型测试装置的研制与改进[D]. 南京: 东南大学, 2006.

[42] Rasek G A, Loos S E. Correlation of direct current injection (DCI) and free-field illumination for HIRF certification [J]. IEEE Transactions on Electromagnetic Compatibility, 2008, 50(3): 499-503.

[43] Quilton D M, Oakley J M, Budd C A. A computational assessment of direct and indirect current injection techniques for missile EMC testing[C]. 9th International Conference on Electromagnetic Compatibility, Manchester, 1994: 331-337.

[44] 徐加征, 蒋全兴, 王巍. 直接电流注入技术对高场强辐射场的模拟与实践[J]. 微波学报, 2005, 21: 24-27.

[45] 徐加征, 蒋全兴, 王巍. 直接电流注入与自由场照射之间等价性的评估[J]. 微波学报, 2006, 22(4): 15-18.

[46] 徐加征, 蒋全兴, 王巍. 直接电流注入在电磁兼容中的频率应用范围[J]. 电波科学学报, 2006, 21(4): 488-491.

[47] Crovetti P S. Reproduction of the effects of an arbitrary radiated field by ground current injection[J]. IEEE Transactions on Microwave Theory and Techniques, 2012, 60(4): 1136-1145.

[48] 袁智勇, 何金良, 曾嵘, 等. 电磁兼容试验中的混响室技术[J]. 高电压技术, 2005, 31(3):

56-57.

[49] 李曛, 袁智勇, 陈水明. 混响室校准测试[J]. 高电压技术, 2007, 33(4): 73-76.

[50] 张波, 李伟. 混响室接收天线校准系数和插入损耗测试分析[J].高电压技术, 2010, 36(3): 637-642.

[51] 陈京平, 贾锐, 唐斌, 等. 混响室条件下雷达电磁辐射效应研究[J]. 微波学报, 2014, 30(2): 55-58.

[52] Jensen P T, Mynster A P, Behnke R B. Practical industrial EUT testing in reverb chamber[C]. International Symposium on Electromagnetic Compatibility, Gothenburg, 2014: 274-279.

[53] Arnaut L R, Serra R, West P D. Statistical anisotropy in imperfect electromagnetic reverberation[J]. IEEE Transactions on Electromagnetic Compatibility, 2017, 59(1): 3-13.

[54] 郭晓涛, 何昭, 王少华, 等. 电磁混响室场均匀性评定方法的实验研究[J]. 北京邮电大学学报, 2017, 40(4): 86-90.

[55] Adardour A, Andrieu G, Reineix A. Determination of the "quasi-ideal reverberation chamber minimum frequency" according to the mode stirrer geometry[C]. International Symposium on Electromagnetic Compatibility , Brugge, 2013: 437-442.

[56] Höijer M. Maximum power available to stress onto the critical component in the equipment under test when performing a radiated susceptibility test in the reverberation chamber[J]. IEEE Transactions on Electromagnetic Compatibility, 2006, 48(2): 372-384.

[57] Höijer M, Krauthauser H G, Ladbury J. On maximum power available to stress onto the critical component in the equipment under test when performing a radiated susceptibility test in the reverberation chamber[J]. IEEE Transactions on Electromagnetic Compatibility, 2008, 50(4): 1020.

[58] Magdowski M, Vick R, Aidam M. Alternative field leveling and power control of immunity tests in a reverberation chamber[C]. International Symposium on Electromagnetic Compatibility, Rome, 2012: 1-6.

[59] 王庆国, 贾锐, 程二威. 混响室连续搅拌工作模式下的辐射抗扰度测试方法[J]. 高电压技术, 2010, 36(12): 2954-2959.

[60] 贾锐, 王庆国, 程二威. 混响室条件下的辐射敏感度测试新方法[J]. 电波科学学报, 2012, 27(3): 532-537.

[61] 陈京平, 贾锐, 唐斌, 等. 混响室搅拌器搅拌速度及工作模式对测试结果的影响[J]. 科学技术与工程, 2014, 14(6): 168-174.

[62] Fanning C W. Achieving correlation of radiated RF immunity testing performed in an absorber lined shielded enclosure and a mode tuned reverberation chamber[C]. Proceedings of IEEE International Symposium on Electromagnetic Compatibility, Portland, 2006: 817-822.

[63] Leo R D, Primiani V M. Radiated immunity tests: Reverberation chamber versus anechoic chamber results[J]. IEEE Transactions on Instrumentation and Measurement, 2006, 55(4):

1169-1174.

[64] Musso L, Canavero F, Demoulin B, et al. Radiated immunity testing of a device with an external wire: Repeatability of reverberation chamber results and correlation with anechoic chamber results[C]. IEEE Symposium on Electromagnetic Compatibility, Boston , 2003: 828-833.

[65] Amador E, Lemoine C, Besnier P. Optimization of immunity testings in a mode tuned reverberation chamber with Monte Carlo simulations[C]. 2012 ESA Workshop on Aerospace EMC, Venice, 2012: 1-6.

[66] Amador E, Krauthäuser H G, Besnier P. A binomial model for radiated immunity measurements [J]. IEEE Transactions on Electromagnetic Compatibility, 2013, 55(4): 683-691.

[67] Amador E, Miry C, Bouyge N, et al. Compatible susceptibility measurements in fully anechoic room and reverberation chamber[C]. International Symposium on Electromagnetic Compatibility , Gothenburg, 2014: 860-865.

[68] 张成怀. 混响室和 GTEM 室中单极子感应电流相关性仿真[J]. 河北科技大学学报, 2010, 31(5): 427-432.

[69] 刘心愿, 魏光辉, 孙永卫. 混响室条件下无线电引信敏感度测试方法研究[J]. 微波学报, 2013, 29(4): 7-11.

[70] 魏光辉, 刘心愿, 孙永卫, 等. 混响室与均匀场中引信电磁辐射抗扰度测试相关性研究[J]. 高电压技术, 2015, 41(1): 287-293.

[71] 熊久良, 刘心愿. 基于位置替代法的无线电引信混响室敏感度测试方法[J]. 高电压技术, 2015, 41(1): 320-326.

第二部分　基于混响室的电磁辐射
敏感度等效试验技术

第2章　混响室条件下的辐射敏感度测试理论

电磁辐射敏感度作为受试设备自身的固有属性，不应随测试场地的不同而出现较大差异，即无论是混响室测试环境还是均匀场测试环境，同一设备的辐射敏感度测试结果应该保持一致。混响室作为一种场强统计均匀的测试场地，其内部场分布在不同位置、不同时刻均具有很大的随机性，一般用于装备辐射敏感度的通过性测试，当其用于辐射敏感度测试时，必须首先解决临界辐射干扰场强的准确度量问题。本章将从混响室电磁环境和 EUT 响应的统计特性出发，介绍混响室条件下设备电磁辐射敏感度的测试理论及其影响因素。

2.1　测试方法的理论基础

2.1.1　混响室电磁环境的统计特性

从本质上来讲，混响室是一个有源谐振腔，对于搅拌器所处的每个状态，混响室内部的电磁环境可以用谐振腔理论来描述。但是由于搅拌器的转动，混响室内电磁场的边界条件不断改变，仅用谐振腔理论来描述混响室的电磁环境是不够完善的。为此，Hill[1]提出了平面波叠加理论，很好地解释了理想混响室内电磁环境的统计特性。

将混响室中任意观察点 r 处的电场矢量 $E(r)$ 写成角谱的积分形式：

$$E(r) = \iint\limits_{4\pi} F(\Omega) \mathrm{e}^{\mathrm{j}kr}\, \mathrm{d}\Omega \tag{2-1}$$

其中，角谱 $F(\Omega) = \hat{\alpha} F_\alpha(\Omega) + \hat{\beta} F_\beta(\Omega)$，$\Omega$ 为 r 处的立体角，$\mathrm{d}\Omega = \sin\alpha\mathrm{d}\alpha\mathrm{d}\beta$，$\alpha$、$\beta$、$\hat{\alpha}$、$\hat{\beta}$ 分别为球坐标系中的俯仰角、方位角及其对应的单位向量；j 为虚数单位；k 为电磁场的波矢量，在直角坐标系中有

$$k = -k(\hat{x}\sin\alpha\cos\beta + \hat{y}\sin\alpha\sin\beta + \hat{z}\cos\alpha) \tag{2-2}$$

其中，$k = \omega\sqrt{\mu\varepsilon}$，$\omega$ 为电磁波角频率，μ 为自由空间磁导率，ε 为自由空间电容率；$\hat{x}$、$\hat{y}$、$\hat{z}$ 为直角坐标系的单位矢量。

$F_\alpha(\Omega)$、$F_\beta(\Omega)$ 为复数，可以写成实部、虚部相加的形式，即

$$F_\alpha(\Omega) = F_{\alpha\mathrm{r}}(\Omega) + \mathrm{j}F_{\alpha\mathrm{i}}(\Omega), \quad F_\beta(\Omega) = F_{\beta\mathrm{r}}(\Omega) + \mathrm{j}F_{\beta\mathrm{i}}(\Omega) \tag{2-3}$$

对于理想混响室，满足统计均匀和各向同性的条件，做有以下假设：

$$\left\langle F_\alpha(\Omega) \right\rangle = \left\langle F_\beta(\Omega) \right\rangle = 0 \tag{2-4}$$

$$\left\langle F_{\alpha r}(\Omega_1)F_{\alpha i}(\Omega_2) \right\rangle = \left\langle F_{\beta r}(\Omega_1)F_{\beta i}(\Omega_2) \right\rangle = \left\langle F_{\alpha r}(\Omega_1)F_{\beta r}(\Omega_2) \right\rangle = \left\langle F_{\alpha r}(\Omega_1)F_{\beta i}(\Omega_2) \right\rangle$$
$$= \left\langle F_{\alpha i}(\Omega_1)F_{\beta r}(\Omega_2) \right\rangle = \left\langle F_{\alpha i}(\Omega_1)F_{\beta i}(\Omega_2) \right\rangle = 0 \tag{2-5}$$

$$\left\langle F_{\alpha r}(\Omega_1)F_{\alpha r}(\Omega_2) \right\rangle = \left\langle F_{\alpha i}(\Omega_1)F_{\alpha i}(\Omega_2) \right\rangle$$
$$= \left\langle F_{\beta r}(\Omega_1)F_{\beta r}(\Omega_2) \right\rangle = \left\langle F_{\beta i}(\Omega_1)F_{\beta i}(\Omega_2) \right\rangle = C_E \delta(\Omega_1 - \Omega_2) \tag{2-6}$$

其中，$\langle\ \rangle$ 表示取平均；C_E 为常数，单位为 $(\text{V/m})^2$；δ 为狄拉克函数。

根据式 (2-5)、式 (2-6)，可以得到以下等式：

$$\left\langle F_\alpha(\Omega_1)F_\beta^*(\Omega_2) \right\rangle = 0 \tag{2-7}$$

$$\left\langle F_\alpha(\Omega_1)F_\alpha^*(\Omega_2) \right\rangle = \left\langle F_\beta(\Omega_1)F_\beta^*(\Omega_2) \right\rangle = 2C_E \delta(\Omega_1 - \Omega_2) \tag{2-8}$$

其中，*表示取共轭。

在以上假设的基础上，可以得到理想混响室中电场的均值为

$$\left\langle \boldsymbol{E}(\boldsymbol{r}) \right\rangle = \iint\limits_{4\pi} \left\langle \boldsymbol{F}(\Omega) \right\rangle e^{j\boldsymbol{k}\boldsymbol{r}} d\Omega = 0 \tag{2-9}$$

电场幅值平方的均值可以由式 (2-7)、式 (2-8) 结合狄拉克函数的采样性质求得

$$\left\langle \left| \boldsymbol{E}(\boldsymbol{r}) \right|^2 \right\rangle = \iint\limits_{4\pi}\iint\limits_{4\pi} \left\langle \boldsymbol{F}(\Omega_1) \cdot \boldsymbol{F}^*(\Omega_2) \right\rangle e^{j(\boldsymbol{k}_1 - \boldsymbol{k}_2)\cdot\boldsymbol{r}} d\Omega_1 d\Omega_2$$
$$= 4C_E \iint\limits_{4\pi}\iint\limits_{4\pi} \delta(\Omega_1 - \Omega_2) e^{j(\boldsymbol{k}_1 - \boldsymbol{k}_2)\cdot\boldsymbol{r}} d\Omega_1 d\Omega_2 \tag{2-10}$$
$$= 4C_E \iint\limits_{4\pi} d\Omega_2 = 16\pi C_E \overset{\text{def}}{=\!=} E_0^2$$

其中，E_0 为混响室内部电场幅值的统计均值。可以看到，电场幅值的均值为常数，与位置无关，而电场幅值的平方与能量成正比，反映了理想混响室中能量分布的统计均匀性。

矢量电场除了可以写成式 (2-1) 所示的形式外，还可以写成三个直角分量的叠加形式：

$$\boldsymbol{E}(\boldsymbol{r}) = E_x \hat{\boldsymbol{x}} + E_y \hat{\boldsymbol{y}} + E_z \hat{\boldsymbol{z}} \qquad (2\text{-}11)$$

每一直角分量的幅值等于对应的实部、虚部分量之和：

$$E_x = E_{xr} + jE_{xi}, \quad E_y = E_{yr} + jE_{yi}, \quad E_z = E_{zr} + jE_{zi} \qquad (2\text{-}12)$$

根据式(2-9)，电场均值为 0，则有

$$\langle E_{xr} \rangle = \langle E_{xi} \rangle = \langle E_{yr} \rangle = \langle E_{yi} \rangle = \langle E_{zr} \rangle = \langle E_{zi} \rangle = 0 \qquad (2\text{-}13)$$

由于混响室场环境的各向同性，电场各个直角分量的实部、虚部平方的均值应该相等，结合式(2-10)得到

$$\langle E_{xr}^2 \rangle = \langle E_{xi}^2 \rangle = \langle E_{yr}^2 \rangle = \langle E_{yi}^2 \rangle = \langle E_{zr}^2 \rangle = \langle E_{zi}^2 \rangle = E_0^2 / 6 = \sigma^2 \qquad (2\text{-}14)$$

电场直角分量的实部与虚部的期望、方差已由式(2-13)、式(2-14)求得，其概率密度函数可以通过最大熵法确定[2]。以 x 方向的实部为例，其概率密度函数为

$$f(E_{xr}) = \frac{1}{\sqrt{2\pi}\sigma} \exp\left(-\frac{E_{xr}^2}{2\sigma^2}\right) \qquad (2\text{-}15)$$

即场强直角分量的实部与虚部均服从均值为 0、方差为 σ^2 的正态分布。

理想混响室场强直角分量的实部、虚部相互独立，因此场强直角分量的幅值服从二自由度 χ 的分布，即瑞利分布：

$$f(|E_x|) = \frac{|E_x|}{\sigma^2} \exp\left(-\frac{|E_x|^2}{2\sigma^2}\right) \qquad (2\text{-}16)$$

由式(2-16)可得场强直角分量幅值的平方的概率密度函数为

$$f(|E_x|^2) = \frac{1}{2\sigma^2} \exp\left(-\frac{|E_x|^2}{2\sigma^2}\right) \qquad (2\text{-}17)$$

即二自由度的 χ^2 分布。

类似地，可以推导出场强幅值以及场强幅值的平方分别服从六自由度的 χ 分布、χ^2 分布：

$$f(|\boldsymbol{E}|) = \frac{|\boldsymbol{E}|^5}{8\sigma^6} \exp\left(-\frac{|\boldsymbol{E}|^2}{2\sigma^2}\right) \qquad (2\text{-}18)$$

$$f\left(\left|\boldsymbol{E}\right|^2\right) = \frac{\left|\boldsymbol{E}\right|^4}{16\sigma^6}\exp\left(-\frac{\left|\boldsymbol{E}\right|^2}{2\sigma^2}\right) \tag{2-19}$$

2.1.2 混响室中 EUT 响应的统计特性

在进行临界辐射干扰场强测试时，可以将 EUT 内部的敏感元件等效为接收天线。下面从分析天线响应的角度出发，研究混响室条件下 EUT 敏感元件响应的统计特性。

根据 Kerns[3]的平面波散射矩阵理论，天线接收电磁能量产生的感应电流 I 可以写成角谱 $\boldsymbol{F}(\Omega)$ 与天线接收函数 $\boldsymbol{S}_{\mathrm{r}}(\Omega)$ 点乘的积分形式：

$$I = \iint\limits_{4\pi} \boldsymbol{S}_{\mathrm{r}}(\Omega) \cdot \boldsymbol{F}(\Omega)\mathrm{d}\Omega \tag{2-20}$$

其中，天线接收函数 $\boldsymbol{S}_{\mathrm{r}}(\Omega)$ 包含 $\hat{\boldsymbol{\alpha}}$、$\hat{\boldsymbol{\beta}}$ 方向上的两个分量：

$$\boldsymbol{S}_{\mathrm{r}}(\Omega) = \hat{\boldsymbol{\alpha}}S_{\mathrm{r}\alpha}(\Omega) + \hat{\boldsymbol{\beta}}S_{\mathrm{r}\beta}(\Omega) \tag{2-21}$$

由式(2-4)、式(2-20)可得感应电流的均值为

$$\langle I \rangle = \iint\limits_{4\pi} \boldsymbol{S}_{\mathrm{r}}(\Omega) \cdot \langle \boldsymbol{F}(\Omega)\rangle\mathrm{d}\Omega = 0 \tag{2-22}$$

因此，感应电流的实部 I_{r}、虚部 I_{i} 的均值均为 0，即

$$\langle I_{\mathrm{r}} \rangle = \langle I_{\mathrm{i}} \rangle = 0 \tag{2-23}$$

根据式(2-7)、式(2-8)、式(2-21)，结合狄拉克函数的采样性质，可得感应电流平方的均值为

$$\langle |I|^2 \rangle = \iint\limits_{4\pi}\iint\limits_{4\pi}\left[\boldsymbol{S}_{\mathrm{r}}(\Omega_1) \cdot \langle\boldsymbol{F}(\Omega_1)\rangle\right] \cdot \left[\boldsymbol{S}_{\mathrm{r}}^*(\Omega_2) \cdot \langle\boldsymbol{F}^*(\Omega_2)\rangle\right]\mathrm{d}\Omega_1\mathrm{d}\Omega_2$$
$$= \frac{E_0^2}{8\pi}\iint\limits_{4\pi}\left[\left|S_{\mathrm{r}\alpha}(\Omega_2)\right|^2 + \left|S_{\mathrm{r}\beta}(\Omega_2)\right|^2\right]\mathrm{d}\Omega_2 \tag{2-24}$$

对于式(2-24)中的被积函数部分，有下列等式[4]：

$$\iint\limits_{4\pi}\left[\left|S_{\mathrm{r}\alpha}(\Omega_2)\right|^2 + \left|S_{\mathrm{r}\beta}(\Omega_2)\right|^2\right]\mathrm{d}\Omega_2 = \frac{\lambda^2 q\eta_{\mathrm{a}}}{R\eta} \tag{2-25}$$

其中，λ 为电磁波的波长；q 为天线负载的失配系数；η_a 为天线效率；η 为真空中的波阻抗；R 为天线负载阻抗。于是，有

$$\left\langle |I|^2 \right\rangle = \frac{q\eta_a}{2R}\frac{E_0^2}{\eta}\frac{\lambda^2}{4\pi} \tag{2-26}$$

理想混响室中 I_r、I_i 相互独立且 $\left\langle |I_r|^2 \right\rangle$、$\left\langle |I_i|^2 \right\rangle$ 相等，则有

$$\left\langle |I_r|^2 \right\rangle = \left\langle |I_i|^2 \right\rangle = \frac{q\eta_a}{4R}\frac{E_0^2}{\eta}\frac{\lambda^2}{4\pi} \equiv \sigma_I^2 \tag{2-27}$$

其中，σ_I^2 为感应电流的方差。

I_r、I_i 的均值、方差已分别由式(2-23)、式(2-27)给出，再次利用最大熵法可以求得 I_r、I_i 的概率密度函数为

$$\begin{cases} f(I_r) = \dfrac{1}{\sqrt{2\pi}\sigma_I}\exp\left(-\dfrac{I_r^2}{2\sigma_I^2}\right) \\[3mm] f(I_i) = \dfrac{1}{\sqrt{2\pi}\sigma_I}\exp\left(-\dfrac{I_i^2}{2\sigma_I^2}\right) \end{cases} \tag{2-28}$$

根据 I_r、I_i、$|I|$ 以及 $|I|^2$ 之间的数量关系，结合式(2-28)可以得到 $|I|$、$|I|^2$ 的概率密度函数分别为

$$f\left(|I|\right) = \frac{|I|}{\sigma_I^2}\exp\left(-\frac{|I|^2}{2\sigma_I^2}\right) \tag{2-29}$$

$$f\left(|I|^2\right) = \frac{1}{2\sigma_I^2}\exp\left(-\frac{|I|^2}{2\sigma_I^2}\right) \tag{2-30}$$

记天线接收功率为 W，由于 $W = I^2 R$，所以 W 的概率密度函数为

$$f(W) = \frac{1}{2\sigma_I^2 R}\exp\left(-\frac{W}{2\sigma_I^2 R}\right) \tag{2-31}$$

因此，混响室中天线接收电磁波的功率服从指数分布，且与天线的方向特性和极化特性无关。也就是说，在混响室中进行临界辐射干扰场强测试时，EUT 的响应与其放置姿态无关，这也是混响室相对于其他电磁兼容测试场地的显著优势

之一。

从以上推导过程可以看出，理想混响室中有关电场和 EUT 响应的统计特性与观察点的位置无关，这是混响室统计均匀性的具体体现，也是混响室成为一种电磁兼容测试场地的基本前提。

表 2-1 总结了混响室中常用物理量的统计特性，并给出了相应的均值和方差。其中，场强直角分量的实部、虚部服从同一分布，表中只给出了 E_{xr} 的统计特性；类似地，E_x、E_y 和 E_z 服从同一分布，I_r、I_i 也服从同一分布，表中只给出了 E_x 和 I_r 的统计特性。

表 2-1　混响室中常用物理量的统计特性

物理量	概率密度函数	均值	方差
E_{xr}	$f(E_{xr}) = \dfrac{1}{\sqrt{2\pi}\sigma}\exp\left(-\dfrac{E_{xr}^2}{2\sigma^2}\right)$	0	σ^2
$\lvert E_x \rvert$	$f(\lvert E_x \rvert) = \dfrac{\lvert E_x \rvert}{\sigma^2}\exp\left(-\dfrac{\lvert E_x \rvert^2}{2\sigma^2}\right)$	$\sigma\sqrt{\pi/2}$	$\sigma^2(2-\pi/2)$
$\lvert E_x \rvert^2$	$f(\lvert E_x \rvert^2) = \dfrac{1}{2\sigma^2}\exp\left(-\dfrac{\lvert E_x \rvert^2}{2\sigma^2}\right)$	$2\sigma^2$	$4\sigma^4$
$\lvert \boldsymbol{E} \rvert$	$f(\lvert \boldsymbol{E} \rvert) = \dfrac{\lvert \boldsymbol{E} \rvert^5}{8\sigma^6}\exp\left(-\dfrac{\lvert \boldsymbol{E} \rvert^2}{2\sigma^2}\right)$	$15\sqrt{2\pi}\sigma/16$	$6\sigma^2-(225\pi\sigma^2/128)$
$\lvert \boldsymbol{E} \rvert^2$	$f(\lvert \boldsymbol{E} \rvert^2) = \dfrac{\lvert \boldsymbol{E} \rvert^4}{16\sigma^6}\exp\left(-\dfrac{\lvert \boldsymbol{E} \rvert^2}{2\sigma^2}\right)$	$6\sigma^2$	$12\sigma^4$
I_r	$f(I_r) = \dfrac{1}{\sqrt{2\pi}\sigma_I}\exp\left(-\dfrac{I_r^2}{2\sigma_I^2}\right)$	0	σ_I^2
$\lvert I \rvert$	$f(\lvert I \rvert) = \dfrac{\lvert I \rvert}{\sigma_I^2}\exp\left(-\dfrac{\lvert I \rvert^2}{2\sigma_I^2}\right)$	$\sigma_I\sqrt{\pi/2}$	$\sigma_I^2(2-\pi/2)$
$\lvert I \rvert^2$	$f(\lvert I \rvert^2) = \dfrac{1}{2\sigma_I^2}\exp\left(-\dfrac{\lvert I \rvert^2}{2\sigma_I^2}\right)$	$2\sigma_I^2$	$4\sigma_I^4$
W	$f(W) = \dfrac{1}{2\sigma_I^2 R}\exp\left(-\dfrac{W}{2\sigma_I^2 R}\right)$	$2\sigma_I^2 R$	$4\sigma_I^4 R^2$

2.1.3　临界辐射干扰场强的计算公式

由于混响室中电场的特性与传统均匀场测试场地有显著差异，要保证在混响室中获取的装备临界辐射干扰场强测试结果与传统测试场地一致，需要建立混响室与均匀场之间的联系。Amador 等[5-7]以混响室场强直角分量的幅值服从瑞利分布为依据，提出了通过 EUT 的干扰概率来计算临界辐射干扰场强的方法。这里先对其方法进行简要介绍，针对其适用范围的局限性，引出本书所提出的方法，再推导混响室条件下装备临界辐射干扰场强的普适性计算公式。

1. Amador 等给出的计算公式

由式(2-16)可知，混响室中任意一点场强直角分量的幅值均服从瑞利分布。以 x 方向分量为例，其概率分布函数为

$$F\left(\left|E_x\right|\right) = 1 - \exp\left(-\frac{\left|E_x\right|^2}{2\sigma^2}\right) \tag{2-32}$$

假设 EUT 的临界辐射干扰场强为 E_s，认为 $\left|E_x\right| \geqslant E_s$ 时 EUT 受到干扰，记干扰概率为 P，则

$$P = 1 - F(E_s) = \exp\left(-\frac{E_s^2}{2\sigma^2}\right) \tag{2-33}$$

即

$$E_s = \sigma\sqrt{2\ln(1/P)} \tag{2-34}$$

其中，σ 可以由混响室中 N 个搅拌位置的场强来确定。这里给出了采用最大似然估计法通过场强的直角分量估计 σ 的方法。以场强的 x 方向分量为例，记第 n 个搅拌位置时测得的场强直角分量幅值为 E_{xn}，根据式(2-16)，参数 σ 的最大似然函数为

$$L(\sigma) = \prod_{n=1}^{N} \frac{E_{xn}}{\sigma^2} \exp\left(-\frac{E_{xn}^2}{2\sigma^2}\right) \tag{2-35}$$

两边取对数，可得

$$\ln L(\sigma) = \sum_{n=1}^{N} \ln E_{xn} - 2N\ln\sigma - \sum_{n=1}^{N} E_{xn}^2 / (2\sigma^2) \tag{2-36}$$

对 σ 求导，并令导数为零，得到

$$\frac{\mathrm{d}}{\mathrm{d}\sigma}\ln L(\sigma) = -2N/\sigma + \sum_{n=1}^{N} E_{xn}^2 / \sigma^3 = 0 \tag{2-37}$$

解得 σ 的最大似然估计量为

$$\hat{\sigma}=\sqrt{\sum_{n=1}^{N} E_{xn}^2 / (2N)} \qquad\qquad (2\text{-}38)$$

若 N 个搅拌位置中 EUT 受到 N_s 次干扰,则 EUT 受到干扰的概率 P 的估计量为

$$\hat{P} = N_s / N \qquad\qquad (2\text{-}39)$$

将 $\hat{P}$ 和 $\hat{\sigma}$ 代入式(2-34)即可计算 E_s。

2. 一种新的普适性计算公式

上述方法通过干扰概率来计算 EUT 的临界辐射干扰场强,为混响室条件下临界辐射干扰场强的测试提供了一种较为新颖的思路。但是,其推导过程中存在一定的问题,即只考虑了混响室中场强的单一直角分量,认为场强的某一直角分量高于 EUT 的临界辐射干扰场强时 EUT 就会受到干扰,这与 EUT 实际所面临的电场环境显然不符。混响室中的 EUT 同时受到空间中多个方向电场的辐射,电场的三个直角分量同时与 EUT 发生耦合。只考虑一个直角分量会造成 EUT 接收的电磁能量被低估,可能导致临界辐射干扰场强的测试结果出现较大误差。

由于混响室中的电磁环境比较复杂,根据 EUT 外部的电场很难对 EUT 所面临的场强进行准确度量。不妨从电场引起的响应出发,对 EUT 接收的电磁能量进行如下合理假设:无论 EUT 处于何种类型的电磁环境,敏感元件的接收功率达到其临界干扰功率时 EUT 都会受到干扰。采用这种假设避免了混响室中场强无法度量的难题,同时可以将不同场地中的测试结果关联起来。本节将 EUT 的敏感元件等效为接收天线负载,令混响室与均匀场中敏感元件的临界干扰功率相等,推导出了混响室条件下 EUT 临界辐射干扰场强的计算公式。

根据式(2-31),敏感元件等效天线接收功率的概率分布函数为

$$F_W(W) = 1 - \exp\left(-\frac{W}{2\sigma_I^2 R}\right) \qquad\qquad (2\text{-}40)$$

记 EUT 敏感元件的临界干扰功率为 W_s,假设 $W \geqslant W_s$ 时 EUT 受到干扰,则干扰概率为

$$P = 1 - F_W(W_s) = \exp\left(-\frac{W_s}{2\sigma_I^2 R}\right) \qquad\qquad (2\text{-}41)$$

因此有

$$W_s = 2\sigma_I^2 R \ln(1 / P) \qquad\qquad (2\text{-}42)$$

对于任意天线，在电场矢量为 $\boldsymbol{E} = E\hat{\boldsymbol{e}}$ 的平面波照射下，接收功率的表达式为

$$W = q\eta_a p_0(\hat{\boldsymbol{r}}, \hat{\boldsymbol{e}}) D(\hat{\boldsymbol{r}}) \frac{\lambda^2}{4\pi} \frac{E^2}{\eta} \tag{2-43}$$

其中，$\hat{\boldsymbol{e}}$ 为单位矢量；$p_0(\hat{\boldsymbol{r}}, \hat{\boldsymbol{e}})$ 为入射场与天线极化方向间的极化系数，取值范围为 $0\sim1$；$D(\hat{\boldsymbol{r}})$ 为天线的方向性系数，等于天线在某一方向上场强的平方与总辐射功率相同的无方向性天线在同一距离处场强的平方的比值。

假设混响室和均匀场中 EUT 的临界干扰功率相等，可以令式(2-42)、式(2-43)左侧相等，结合式(2-14)、式(2-27)，得到均匀场中 EUT 敏感元件的接收功率达到 W_s 所需的场强为

$$E = \sigma \sqrt{\frac{3\ln(1/P)}{p_0(\hat{\boldsymbol{r}}, \hat{\boldsymbol{e}}) D(\hat{\boldsymbol{r}})}} \tag{2-44}$$

临界辐射干扰场强是使 EUT 受到干扰的场强最小值，因此极化系数 p_0 取 1，方向性系数 D 取最大值 $D_{\max}$，将式(2-14)代入式(2-44)，得到混响室条件下临界辐射干扰场强的计算公式为

$$E_{\mathrm{SM}} = \sigma \sqrt{\frac{3\ln(1/P)}{D_{\max}}} = E_0 \sqrt{\frac{\ln(1/P)}{2D_{\max}}} \tag{2-45}$$

由式(2-45)容易看出，即使 EUT 在混响室中具有相同的干扰概率，若方向性系数不同，则在均匀场中临界辐射干扰场强的测试结果也可能存在较大差别。其根本原因是敏感元件在混响室中的接收功率与其方向特性无关，而在均匀场中关系很大。Amador 等的测试方法只考虑了场强的单一直角分量，临界辐射干扰场强的计算公式忽略了 EUT 方向特性的影响。当 $D_{\max}$ 在 1.5 附近时，测量误差不显著，但是当 $D_{\max}$ 较大时，EUT 的临界辐射干扰场强有被高估的风险。

从上述公式的推导过程可以看出，E_{SM} 为用瞬时场强表示的临界辐射干扰场强(峰值)，E_0 为混响室内部场强振幅的统计平均值，$\sigma = \sqrt{E_0^2 / 6}$，同样与电场振幅相关。若按照惯例用场强的有效值表示临界辐射干扰场强，公式的形式不需要改变，与电场有关的物理量都变为有效值，则临界辐射干扰场强的有效值 E_s 可以表示为

$$E_s = \sigma \sqrt{\frac{3\ln(1/P)}{D_{\max}}} = E_0 \sqrt{\frac{\ln(1/P)}{2D_{\max}}} \tag{2-46}$$

由式(2-46)也可以发现，本章方法除了需要测量干扰概率 P 以及与混响室内

部场强有关的物理量 σ 以外, 还要求 D_{max} 已知。对于形状简单的天线, 可以直接计算或者根据天线的增益估计 D_{max}。但是对于复杂的 EUT, 则很难计算和测量 D_{max}。本章只对式(2-46)的准确性进行讨论, 关于 D_{max} 的估计方法将在后面结合 EUT 的耦合通道给出。

2.2　测试理论有效性的仿真验证

首先, 在理想情况下验证式(2-46)的有效性。为减少计算量和提高效率, 利用仿真软件, 以八木天线为 EUT, 将天线的负载电阻作为敏感元件, 分别建立天线在混响室和均匀场条件下的仿真模型进行仿真验证。仿真的具体步骤如下:

(1)选取验证频点, 计算天线在验证频点下的三维方向图, 记录 D_{max} 的值及天线的最敏感方向。

(2)建立混响室条件下天线的仿真模型, 根据测试区域内一点的场强由式(2-38)计算 σ, 对天线负载的接收功率进行统计分析, 记录其概率分布函数为 0.5 时对应的接收功率, 将其作为受试天线干扰概率为 0.5 时的临界干扰功率 W_s (设定值), 由式(2-46)计算天线的临界辐射干扰场强 E_s。

(3)建立均匀场环境下天线的仿真模型, 采用场强大小为 E_s 的平面波对天线的最敏感方向进行辐射, 比较此时天线负载的接收功率与 W_s 是否相等。

2.2.1　仿真模型建立

图 2-1 给出了八木天线的仿真模型以及天线在 400MHz 时的三维方向图。仿真试验选取了频率范围为 100~800MHz 且均匀间隔的 8 个频点作为验证频点。由于尺寸的设置, 该天线在 400MHz 附近时的方向性最好。

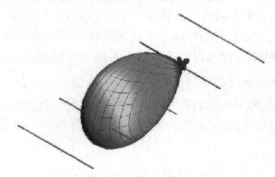

图 2-1　八木天线仿真模型及其三维方向图

图 2-2 为采用平面波叠加方法建立的混响室电磁环境仿真模型, 采用 1000 列 1V/m、随机分布于空间立体角的平面波进行叠加, 仿真计算了 500 个搅拌位置时

距离天线 6m 一点的场强值和天线负载的接收功率。

图 2-2　混响室平面波叠加模型

　　图 2-3 给出了 300MHz 时场强直角分量和天线接收功率的概率分布曲线，将仿真结果作为样本与理想混响室条件下的概率分布函数进行比较。可以看出，场强以及接收功率的统计规律与理论相吻合，模拟混响室的电场环境与实际相符。

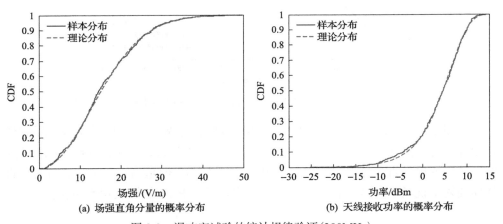

(a) 场强直角分量的概率分布　　　　　　　(b) 天线接收功率的概率分布

图 2-3　混响室试验的统计规律验证(300MHz)

2.2.2　仿真结果分析

　　表 2-2 列出了仿真步骤(1)、(2)中所得参数。其中，E_{s1}、E_{s2} 分别为本章方法和 Amador 等方法算得的临界辐射干扰场强。分别以 E_{s1}、E_{s2} 作为均匀场中的场强对天线最敏感方向进行辐射，天线接收功率与其临界干扰功率的比较如图 2-4 所示。

表 2-2　混响室仿真数据

频率/MHz	D_{max}	σ /(V/m)	W_s/dBm	E_{s1}/(V/m)	E_{s2}/(V/m)
100	1.53	13.23	−10.14	15.45	15.58
200	1.63	13.09	−2.29	14.80	15.42
300	2.05	12.87	4.68	12.95	15.15
400	11.53	13.23	13.01	5.62	15.58
500	2.79	12.58	7.86	10.87	14.81
600	3.03	12.56	4.78	10.41	14.78
700	3.24	12.87	2.05	10.30	15.15
800	3.79	12.98	0.51	9.61	15.28

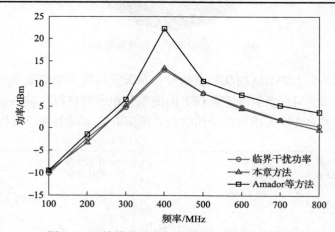

图 2-4　天线接收功率与其临界干扰功率的比较

　　从图 2-4 中可以看出，本章方法得到的 EUT 的临界辐射干扰场强与实际值符合较好，对应的接收功率与 EUT 的临界干扰功率更加接近。Amador 等方法只考虑了场强的单一直角分量，在 D_{max} 较小时误差很小，但是当 D_{max} 较大时 EUT 的临界辐射干扰场强会被显著高估，对应的均匀场中 EUT 的接收功率明显偏大。

2.3　测试理论有效性的试验验证

　　为对测试理论的有效性进行试验验证，以 ETS 3142E 型天线为 EUT，分别在混响室和开阔场进行试验。其中，天线长、宽分别为 1.37m、1.33m，可用频段为 26~6000MHz；混响室尺寸为 10.5m×8m×4.3m，最低使用频率约为 80MHz。

2.3.1　混响室试验

　　天线在混响室条件下的试验配置示意图和实际试验场景如图 2-5 所示。信号源产生的信号由功率放大器进行放大，经耦合器输入至发射天线，功率计连接双向耦合器监测端对前向、反向功率进行监测。混响室中的电磁能量经被测天线接收通过光-电转换连接频谱仪。为防止接收信号功率过大对光-电转换造成损害，在被测天线与光-电转换之间连接了 40dB 的衰减器。混响室中的场强由场强计进行监测，连接计算机显示读数，进而计算 σ。测试频率选取了 200～900MHz 内均匀间隔的 15 个频点，每个频点的搅拌次数均为 100 次。200MHz 时场强直角分量和天线接收功率的概率分布如图 2-6 所示。将试验数据作为样本与理论分布进行比较，试验结果与理论符合较好。

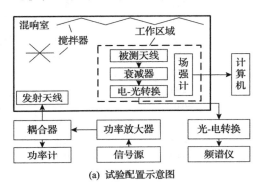 

(a) 试验配置示意图　　　　　　　　　　　(b) 实际试验场景

图 2-5　混响室试验

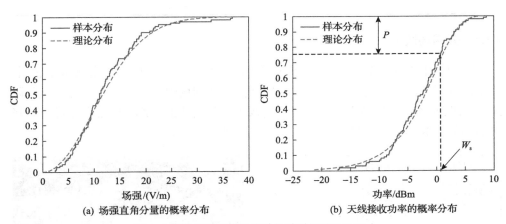

(a) 场强直角分量的概率分布　　　　　　　(b) 天线接收功率的概率分布

图 2-6　混响室试验的统计规律验证（200MHz）

表 2-3 给出了用于计算临界辐射干扰场强的参数。为检验试验的重复性，每个频点考虑了干扰概率为 20% 和 60% 两种情况。与仿真类似，人为给出了干扰概率 P 和临界干扰功率 W_s，两者的关系如图 2-6(b) 所示，当接收功率的概率分布等于 $1-P$ 时，对应的接收功率即为干扰概率为 P 时天线的临界干扰功率 W_s。对于试验中选用的被测天线，增益 G 可以通过天线参数手册查到，但是最大方向性系

数 D_{max} 未知。为简化试验，忽略天线效率 η_a，采用 G 作为 D_{max} 的近似，即

$$G = \eta_a D_{max} \approx D_{max} \tag{2-47}$$

表 2-3　混响室试验数据

频率/MHz	G	σ /(V/m)	W_s/dBm	
			P=20%	P=60%
200	3.89	9.85	1.10	−3.70
250	3.80	10.49	5.64	0.65
300	4.27	8.04	−2.60	−7.60
350	3.47	10.93	2.84	−2.14
400	3.31	6.76	−0.30	−4.76
450	3.98	10.62	1.26	−3.71
500	3.98	9.93	0.40	−4.95
550	3.47	11.99	−2.11	−7.09
600	3.72	6.89	−0.01	−5.02
650	3.47	12.32	−3.98	−8.96
700	3.16	9.34	0.50	−5.6
750	3.47	12.10	−4.04	−9.02
800	3.16	7.68	0.63	−3.20
850	3.98	11.56	−6.10	−11.07
900	3.02	12.79	−8.15	−13.14

2.3.2　开阔场试验

　　开阔场中天线作为 EUT 的辐射试验如图 2-7 所示，试验配置与混响室中相同。由于被测天线的增益为距离 3m 时的校准值，开阔场中发射天线与被测天线间隔 3m。为保证场强测试结果的准确性，选取了被测天线的头部、中部和尾部三点场强的均值作为场强的测量值，开阔场试验数据见表 2-4。

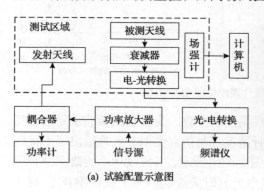

(a) 试验配置示意图　　　　　　　　　　(b) 实际试验场景

图 2-7　开阔场试验

表 2-4　开阔场试验数据

频率/MHz	P=20%				P= 60%			
	E_1/ (V/m)	E_2/ (V/m)	E_3/ (V/m)	E_s/ (V/m)	E_1/ (V/m)	E_2/ (V/m)	E_3/ (V/m)	E_s/ (V/m)
200	7.03	5.99	4.73	5.92	4.38	3.78	3.03	3.73
250	12.19	10.47	9.03	10.56	6.75	5.92	4.16	5.61
300	7.23	7.49	6.43	7.05	4.18	4.34	3.72	4.08
350	17.44	12.76	9.5	13.23	8.56	5.01	4.6	6.06
400	8.13	6.14	5.51	6.59	4.21	3.81	4.13	4.05
450	14.37	13.32	10.12	12.60	8.22	7.57	5.76	7.18
500	8.73	6.92	5.35	7.00	5.92	3.02	2.40	3.78
550	10.47	11.6	13.03	11.70	5.94	6.5	7.36	6.60
600	11.6	5.69	7.5	8.26	6.18	5.18	2.58	4.65
650	10.39	7.38	6.37	8.05	6.44	4.17	3.01	4.54
700	15.43	8.34	8.37	10.71	6.95	8.89	7.11	7.65
750	15.74	14.97	9.75	13.49	8.73	8.24	5.31	7.43
800	7.55	6.80	4.38	6.24	3.95	3.54	4.21	3.90
850	12.94	11.55	7.38	10.62	8.03	7.35	8.81	8.06
900	13.43	9.35	11.01	11.26	7.49	5.15	6.18	6.27

具体的试验步骤如下:

(1)将被测天线置于测试区域,对于每一个待测频点和干扰概率,调整信号源输出,使被测天线接收功率与相应的临界干扰功率 W_s 相等,记录此时的信号源输出 P_{out}。重复该步骤,直到所有频点测试结束。

(2)把被测天线移除,将场强计置于步骤(1)中被测天线的头部位置,以 P_{out} 为信号源输出,分别测量各个频点、干扰概率下该位置的场强大小 E_1。按照同样的方法测量天线中部、尾部的场强 E_2、E_3。

(3)将三个测量位置的场强 E_1、E_2、E_3 取平均,作为天线的临界辐射干扰场强 E_s。

2.3.3　试验结果分析

图 2-8 比较了天线在混响室和开阔场中测得的临界辐射干扰场强,同样将本章方法与 Amador 等方法进行了对比。可以看出,与仿真结果类似,本章方法得到的临界辐射干扰场强的大小与开阔场更加接近,而且不同干扰概率下测试结果有较好的重复性。由于天线的最大方向性系数采用了增益 G 进行近似,计算中使用的 D_{max} 要小于实际值,所以本章方法得到的临界辐射干扰场强普遍偏大。

从理论上来讲,本章方法得到的临界辐射干扰场强应该与均匀场实测值相一致,误差可能主要来自两个方面:一是 D_{max} 采用天线增益进行近似,小于其实际值;二是试验采用的开阔场与理想均匀场测试环境存在差异，场强测量结果存在误差。

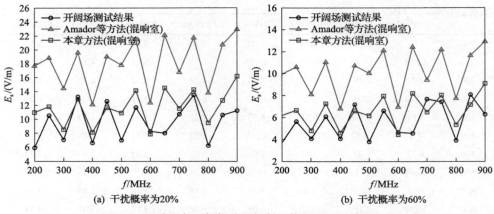

图 2-8　混响室与开阔场临界辐射干扰场强测试结果比较

2.4　测试结果准确性的影响因素分析

上述内容通过仿真和试验证明了本章方法的有效性，对于实际测试，还需分析影响该方法准确性的因素，以便对该方法进行规范。由式 (2-46) 可以看到，当计算 EUT 的临界辐射干扰场强 E_s 时，需要电场强度的标准差 σ、干扰概率 P 和最大方向性系数 D_{max} 三个参量，E_s 的误差来源于这三个参量对应的估计值 $\hat{\sigma}$、$\hat{P}$、$\hat{D}_{max}$ 的误差。因此，需分析影响各个估计量准确性的因素。另外，上述方法是基于理想混响室提出的，理想混响室中 σ 的值与位置无关，但实际混响室中电磁场的分布并非完全统计均匀，场均匀性会对测试结果造成一定的影响。D_{max} 的估计方法以及相应误差将在后面结合具体的耦合通道进行讨论，这里分别研究了影响 $\hat{\sigma}$ 准确性的因素、影响 $\hat{P}$ 准确性的因素和混响室场非均匀性的影响。

2.4.1　影响 $\hat{\sigma}$ 准确性的因素

1. $\hat{\sigma}$ 的不同计算方法

式 (2-35)～式 (2-38) 给出了通过场强直角分量 $|E_x|$ 采用最大似然估计法计算 $\hat{\sigma}$ 的方法。在统计学中，常用的估计未知参数的方法包括最大似然估计法和矩估计法[8]。在实际进行临界辐射干扰场强测试时，场强计的测试结果给出了场强直角分量 $|E_x|$、$|E_y|$、$|E_z|$ 和总场强 $|E|$ 四个值，由场强直角分量或者总场强通过矩估计法或者最大似然估计法均可以得到 $\hat{\sigma}$。因此，研究影响 $\hat{\sigma}$ 准确性的因素，需首先对各种方法的优劣进行比较。为进行区分，这里将通过场强直角分量 $|E_x|$ 由

最大似然估计法和矩估计法得到的 $\hat{\sigma}$ 分别记为 $\hat{\sigma}_1$、$\hat{\sigma}_2$，总场强 $|\boldsymbol{E}|$ 在这两种方法下得到的 $\hat{\sigma}$ 分别记为 $\hat{\sigma}_3$、$\hat{\sigma}_4$。

由表 2-1 可知，$|E_x|$ 的均值为 $\sigma\sqrt{\pi/2}$，若采用矩估计法，则有 $\hat{\sigma}_1\sqrt{\pi/2}=\langle|E_x|\rangle$，因此

$$\sigma_1 = \sqrt{2/\pi}\,\langle|E_x|\rangle \tag{2-48}$$

对于每一个搅拌位置，都可以得到场强的三个直角分量 $|E_x|$、$|E_y|$、$|E_z|$。由于场强的各个直角分量相互独立且服从同一分布，将所得数据进行充分利用，用三个直角分量的均值 $\langle|E_{x,y,z}|\rangle$ 代替单一直角分量的均值 $\langle|E_x|\rangle$，可以将式(2-48)写为

$$\hat{\sigma}_1 = \sqrt{2/\pi}\,\langle|E_{x,y,z}|\rangle \tag{2-49}$$

同理，可以将式(2-38)写为

$$\hat{\sigma}_2 = \sqrt{\sum_{n=1}^{N}(E_{xn}^2 + E_{yn}^2 + E_{zn}^2)/(6N)} \tag{2-50}$$

与采用场强直角分量计算 $\hat{\sigma}$ 的方法类似，可以通过总场强 $|\boldsymbol{E}|$ 对 $\hat{\sigma}$ 进行计算。其中，采用矩估计法得到

$$\hat{\sigma}_3 = \frac{16\langle|\boldsymbol{E}|\rangle}{15\sqrt{2\pi}} \tag{2-51}$$

采用最大似然估计法得到

$$\hat{\sigma}_4 = \sqrt{\sum_{n=1}^{N}|\boldsymbol{E}_n|^2/(6N)} \tag{2-52}$$

其中，$|\boldsymbol{E}_n|$ 表示第 n 个搅拌位置场强计测得的场强，$|\boldsymbol{E}_n|^2 = E_{xn}^2 + E_{yn}^2 + E_{zn}^2$。$\hat{\sigma}_2$ 和 $\hat{\sigma}_4$ 其实是等价的，因此接下来只对 $\hat{\sigma}_2$ 进行讨论。

2. 计算方法的评选

$\hat{\sigma}$ 有不同的计算方法，这就需要对不同的计算方法进行评选。常用的评选标准包括估计量的无偏性和有效性，其实质是计算各个估计量的均值和方差。若 $\hat{\sigma}$ 的均值等于其真实值 σ，则称 $\hat{\sigma}$ 是 σ 的无偏估计量；若 σ 在不同的计算方法中，同等样本数目的情况下某一方法所得 $\hat{\sigma}$ 的方差更小，则表明该方法的收敛速度更

快，相对于其他方法也就更加有效。这里用 $E(\cdot)$ 和 $D(\cdot)$ 分别表示被估计量的均值和方差。

根据表 2-1，可以得到

$$E(\hat{\sigma}_1) = E(\hat{\sigma}_2) = E(\hat{\sigma}_3) = \sigma \tag{2-53}$$

因此，$\hat{\sigma}_1$、$\hat{\sigma}_2$、$\hat{\sigma}_3$ 均为参数 σ 的无偏估计量。

同样，可以得到

$$D(\hat{\sigma}_1) = D\left(\sqrt{2/\pi}\langle|E_x|\rangle\right) = \frac{2}{\pi}D\left(\langle|E_x|\rangle\right) = \frac{2}{\pi N^2}D\left(\sum_{n=1}^{N}|E_{xn}|\right)$$
$$= \frac{2}{\pi N^2}\sum_{n=1}^{N}D\left(|E_{xn}|\right) = \frac{\sigma^2(4-\pi)}{N\pi} \tag{2-54}$$

$$D(\hat{\sigma}_2) = E(\hat{\sigma}_2^2) - E^2(\hat{\sigma}_2) = \sum_{n=1}^{N}E\left(|\boldsymbol{E}_n|^2\right)/(6N) - \sigma^2 = N\cdot 6\sigma^2/(6N) - \sigma^2 = 0 \tag{2-55}$$

$$D(\hat{\sigma}_3) = D\left(16\langle|\boldsymbol{E}|\rangle/15\sqrt{2\pi}\right) = (128/225\pi)\cdot\left(\sum_{n=1}^{N}D(|\boldsymbol{E}_n|)/N^2\right)$$
$$= (128/225\pi)\cdot(6 - 225\pi/128)\cdot\sigma^2/N = (256/75\pi - 1)\cdot\sigma^2/N \tag{2-56}$$

可以看出，从有效性的角度来讲，$\hat{\sigma}_2$ 或者 $\hat{\sigma}_4$ 是参数 σ 更优的估计量。对于实际测试，只对总场强 $|\boldsymbol{E}|$ 的数据进行记录显然更加方便。因此，在实际测试中，选用 $\hat{\sigma}_4$ 对 σ 进行估计更有优势，这也是采用式 (2-46) 计算临界辐射干扰场强的优势。

3. 影响 $\hat{\sigma}$ 准确性的因素

通过对 $\hat{\sigma}$ 计算方法的研究可以发现，影响 $\hat{\sigma}$ 准确性的因素可能包括搅拌次数 N 和 σ。为定量研究 N 和 σ 变化对 $\hat{\sigma}$ 准确性的影响，定义相对误差为

$$\zeta_\sigma = (\hat{\sigma} - \sigma)/\sigma \tag{2-57}$$

由于 $|E_x|$、$|E_y|$、$|E_z|$ 和 $|\boldsymbol{E}|$ 的统计规律已知，所以理论上可以推导出 ζ_σ 的概率密度函数。若要研究 $\hat{\sigma}$ 的不同计算方法对 ζ_σ 的影响，只需计算 ζ_σ 在一定置信水平下置信区间（confidence interval，CI）的上、下限。显然，直接计算很复杂，这里采用蒙特卡罗模拟方法，以场强直角分量服从瑞利分布为前提，给出 ζ_σ 在 95%置信水平下置信区间的上、下限。具体步骤如下：

(1) 给定混响室搅拌次数 N 和参数 σ。

(2)产生 N 个服从参数为 σ 的瑞利分布的随机数作为 $|E_x|$，用同样的方法得到 $|E_y|$ 和 $|E_z|$，由 $|E_x|$、$|E_y|$、$|E_z|$ 计算得到 $|\boldsymbol{E}|$。

(3)根据式(2-49)～式(2-51)计算 $\hat{\sigma}_1$、$\hat{\sigma}_2$、$\hat{\sigma}_3$，由式(2-57)计算相对误差。

(4)将步骤(2)、(3)循环进行 2000 次，则对于 σ 的每一种估计量，均可以得到 2000 个不同的 ζ_σ 值，对 ζ_σ 进行统计分析，可以得到 95%置信水平下 ζ_σ 置信区间的上、下限。

(5)改变混响室搅拌次数 N 和参数 σ，得到 N 和 σ 变化时 ζ_σ 置信区间的上、下限。

在采用上述方法进行编程计算时，步骤(4)中的循环次数为 500 次时 ζ_σ 置信区间的上、下限已经基本稳定。为得到较为准确的结果，本节的循环次数为 2000 次。最终的计算结果表明，不同 σ 的计算方法产生的相对误差几乎没有差别，相对误差 ζ_σ 的大小只与搅拌次数 N 有关，与 σ 的值无关。结合之前对各种方法进行的分析讨论，本章接下来的研究中涉及 $\hat{\sigma}$ 的计算都是采用 $\hat{\sigma}_4$ 进行的。当 8 次< $N \leqslant 30$ 次时，ζ_σ 小于 20%；当 $N > 30$ 次时，ζ_σ 小于 10%。

图 2-9 给出了 200MHz 时混响室中的试验结果，$\hat{\sigma}$ 在搅拌次数达到 30 次时基本不再变化，与计算结果相一致。因此，对于理想的混响室环境，$\hat{\sigma}$ 误差减小的速度很快，搅拌次数在 30 次左右时即可对 σ 的值进行准确估计。

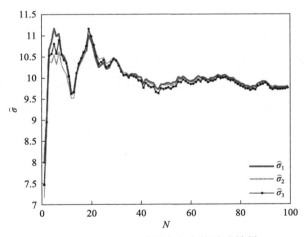

图 2-9　200MHz 时混响室中的试验结果

2.4.2　影响 $\hat{P}$ 准确性的因素

干扰概率 P 由 EUT 受到干扰的次数 N_s 和混响室的搅拌次数 N 进行估计。对于每一次搅拌，EUT 只有两种测试结果，即受到干扰或者未受到干扰。若将 EUT 的测试结果视为随机事件 H，将 EUT 受到干扰时记为 $H=1$，未受到干扰时记为

$H=0$，则 H 属于典型的 0-1 分布。容易证明，对于 0-1 分布，干扰概率 P 通过矩估计法和最大似然估计法得到的估计量是一致的，均为式(2-39)。

将 N 次搅拌中 H 的样本值记为 H_1，H_2，$\cdots$，H_N，当 N 较大时，由中心极限定理可知

$$\frac{\sum\limits_{n=1}^{N}H_n - NP}{\sqrt{NP(1-P)}} = \frac{N\hat{P} - NP}{\sqrt{NP(1-P)}} \tag{2-58}$$

服从标准正态分布。假设 $z_{\gamma/2}$ 为标准正态分布的上 $\gamma/2$ 分位点，要计算 P 的置信水平为 $1-\gamma$ 的置信区间，只需求解以下不等式：

$$-z_{\gamma/2} < \frac{N\hat{P} - NP}{\sqrt{NP(1-P)}} < z_{\gamma/2} \tag{2-59}$$

得到 P 的置信水平为 $1-\gamma$ 的置信区间上、下限分别为

$$\begin{cases} P_{\max} = \left(-b + \sqrt{b^2 - 4ac}\right)/(2a) \\ P_{\min} = \left(-b - \sqrt{b^2 - 4ac}\right)/(2a) \end{cases} \tag{2-60}$$

其中，$a = N + z_{\gamma/2}^2$；$b = -2N\hat{P} - z_{\gamma/2}^2$；$c = N\hat{P}^2$。

通过式(2-60)可以分析 P 的估计量 $\hat{P}$ 和搅拌次数 N 的大小对 $\hat{P}$ 准确性的影响，结果如图 2-10 所示。其中，图 2-10(a)给出了 $\gamma=0.05$ 时 P 的置信区间上、下限随 $\hat{P}$ 和 N 的变化情况。为对 $\hat{P}$ 和 P 之间的相对误差进行分析，按照式(2-57)相

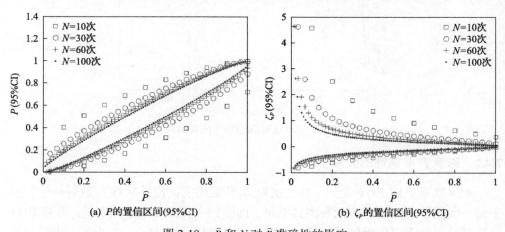

(a) P的置信区间(95%CI)　　　　　　(b) ζ_P的置信区间(95%CI)

图 2-10　$\hat{P}$ 和 N 对 $\hat{P}$ 准确性的影响

同的方式定义了干扰概率 P 的相对误差 ζ_P。ζ_P 的置信区间随 $\hat{P}$ 和 N 的变化情况如图 2-10(b) 所示。可以看出，当搅拌次数 N 大于 30 次时，P 的置信区间不再有显著的变化；相对误差 ζ_P 与搅拌次数 N 和干扰概率估计值 $\hat{P}$ 的大小有关，当 N 和 $\hat{P}$ 增大时，所得到的 $\hat{P}$ 相对于其真实值而言更为准确。

进一步分析 $\hat{P}$ 和 N 变化对临界辐射干扰场强 E_s 的影响。与 ζ_P 类似，定义 E_s 的测试值与其真值之间的相对误差为 ζ_{E_s}。当只考虑 $\hat{P}$ 引起的误差时，由式 (2-45) 可得

$$\zeta_{E_s} = \sqrt{\ln \hat{P} / \ln P} - 1 \tag{2-61}$$

与图 2-10 类似，可以得到 ζ_{E_s} 在 95% 的置信区间随 $\hat{P}$ 和 N 的变化情况，如图 2-11 所示。当 $\hat{P}$ 增大时，ζ_{E_s} 的置信区间随之增大，说明 E_s 对较大的 $\hat{P}$ 的误差更加敏感。因此，实际测试时 $\hat{P}$ 不宜过大，否则可能会引起 E_s 的较大误差；当 $\hat{P}$ 较小时，$\hat{P}$ 与其真实值之间的相对误差可能较大，但是 ζ_{E_s} 较小。

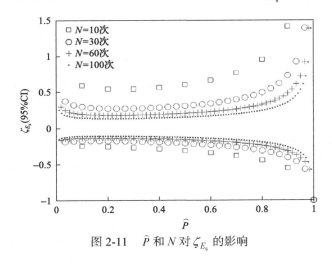

图 2-11　$\hat{P}$ 和 N 对 ζ_{E_s} 的影响

与图 2-9 对比可以发现，相对于参数 $\hat{\sigma}$，当搅拌次数增多时，$\hat{P}$ 的相对误差减小速度较慢。当 $\hat{P} < 0.6$ 且搅拌次数 N 达到 30 次时，对 E_s 造成的误差仍然在 30% 左右。综合对参数 $\hat{\sigma}$、$\hat{P}$ 的分析可知，要想获得较为准确的临界辐射干扰场强，实际测试时应保证 $\hat{P}$ 小于 0.6，搅拌次数应不低于 30 次。

为验证上述结论，对 2.4.1 节中天线作为 EUT 所得的试验数据进行了分析，分别计算了干扰概率为 20%、60%，搅拌次数 N 为 10 次、20 次、30 次所得的临界辐射干扰场强 E_s 与搅拌次数为 100 次时所得 E_s 的比值，结果如图 2-12 所示。可以看出，随着搅拌次数的增多，临界辐射干扰场强逐渐趋于稳定；相比于干扰

概率为 60% 时所得的临界辐射干扰场强 E_s，干扰概率为 20% 时 E_s 稳定的速度更快。试验结果与理论分析基本一致。

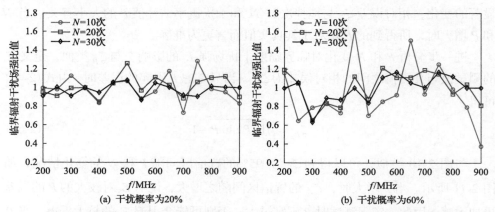

图 2-12　搅拌次数为 10 次、20 次、30 次时 E_s 与搅拌次数为 100 次时 E_s 比值

2.4.3　混响室场非均匀性的影响

本章所提出的临界辐射干扰场强测试方法基于以下两个基本前提：

（1）混响室工作区域的参数 σ 处处相等。根据式（2-14），这一点对理想混响室显然是成立的。因此，实际测试时可以将场强计和 EUT 同时置于混响室的工作区域，采用场强计位置处 σ 的值来代替 EUT 位置处 σ 的值，测试结果也就自动考虑了 EUT 的加载对混响室场环境的影响。

（2）实际混响室中场强和 EUT 响应的统计规律与理想条件下相同。在此前提条件下才可以根据场强的统计特性计算 σ，根据 EUT 接收功率的统计特性推导出 EUT 在均匀场中的临界辐射干扰场强 E_s。

然而，实际混响室与理想混响室有所差异，实际混响室的重要特征是电磁场能量密度的非均匀性。由式（2-14）中对 σ 的定义可以看出，σ 是表征混响室中能量密度的物理量。实际混响室中能量密度并不均匀，因此可以推断，场强各个直角分量的实部、虚部对应的 σ 值存在差异。当差异足够大时，实际测试时将具体表现为两个方面：一是混响室工作区域的不同位置处 σ 的值有所差别；二是混响室工作区域的同一位置测得的场强的统计特性与理论值存在差异，同时将影响 EUT 接收功率的统计特性。为对上述推断进行验证，本书设计了两个简单的试验（这里分别记为试验 1 和试验 2），用以研究试验所用混响室的非均匀程度及其对测试结果的影响。

1. 不同位置处 $\hat{\sigma}$ 的差异

试验 1 研究了试验所用混响室工作区域不同位置处 $\hat{\sigma}$ 值之间的差异。试验中将场强计置于混响室工作区域中四个不同的位置，各个位置之间的间隔约为 2m。试验的频率范围为 100～700MHz，各个频点的间隔为 50MHz。对 $\hat{\sigma}$ 的影响因素进行分析可知，当搅拌次数大于 8 次和 30 次时，$\hat{\sigma}$ 的误差分别低于 20%和 10%。为提高试验效率和减小相对误差，各个频点搅拌器的搅拌次数为 20 次。

图 2-13 分别给出了试验中不同位置处 $\hat{\sigma}$ 的值和 $\hat{\sigma}$ 的最大差异。可以看出，试验所用混响室不同位置处 $\hat{\sigma}$ 的值存在一定的差异，且低频时的差异明显高于高频。这是由于低频时混响室中电磁波的模式数较少，场均匀性与高频时相比较差。试验所用混响室的最低使用频率为 80MHz，这一数值是由 IEC 标准给出的。但是从不同位置处 $\hat{\sigma}$ 的差异数据来看，本章方法对混响室的场均匀性要求更高。由于测试时采用的是场强计所处位置的 $\hat{\sigma}$ 值来代替 EUT 所处位置的 $\hat{\sigma}$ 值，要想临界辐射干扰场强的测试误差小于 3dB，对试验中所用的混响室而言，最低使用频率应不低于 150MHz。

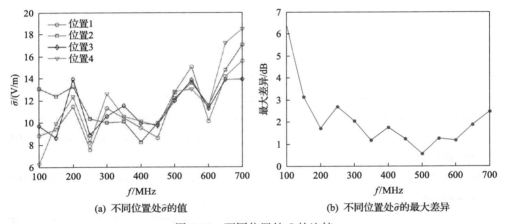

(a) 不同位置处 $\hat{\sigma}$ 的值　　　　　　　　　(b) 不同位置处 $\hat{\sigma}$ 的最大差异

图 2-13　不同位置处 $\hat{\sigma}$ 的比较

2. 同一位置处场强及 EUT 响应的统计特性

试验 2 将天线和场强计同时置于混响室中，分析了 100MHz 和 150MHz 时场强和天线接收功率的概率分布，搅拌器的搅拌次数为 60 次。试验数据和理论数据的统计规律比较如图 2-14 所示。

可以看出，100MHz 时混响室中场强的试验值与理论值的统计特性差异较大，而 150MHz 时统计特性差异较小，天线接收功率也有类似的规律。观察不同位置处 $\hat{\sigma}$ 值的试验结果可知，试验与理论的统计特性的差异是由低频时混响室场的非均匀性造成的。场的非均匀性体现为场强各个直角分量的实部、虚部的 σ 值存在差异，进而导致不同位置处 $\hat{\sigma}$ 的差异以及同一位置处场强和 EUT 响应的统计特性与其理论值之间的差异。因此，要想对 EUT 的临界辐射干扰场强进行准确测试，对于试验所用的混响室，测试频率应不低于 150MHz。

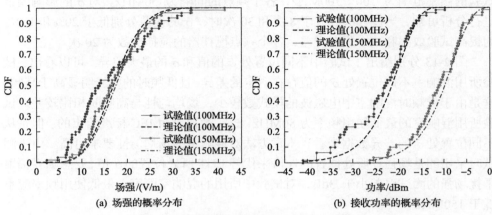

(a) 场强的概率分布　　　　　　(b) 接收功率的概率分布

图 2-14　试验数据和理论数据的统计规律比较

参 考 文 献

[1] Hill D A. Plane wave integral representation for fields in reverberation chambers[J]. IEEE Transactions on Electromagnetic Compatibility, 1998, 40(3): 209-217.

[2] Baker-Jarvis J, Racine M. Solving differential equations by a maximum entropy-minimum norm method with applications to Fokker-Planck equations[J]. Journal of Mathematical Physics, 1989, 30: 1459-1463.

[3] Kerns D M. Plane wave scattering-matrix theory of antennas and antenna-antenna interactions[R]. Washington D.C.: U.S. Government Printing Office, 1981.

[4] Höijer M. Maximum power available to stress onto the critical component in the equipment under test when performing a radiated susceptibility test in the reverberation chamber[J]. IEEE Transactions on Electromagnetic Compatibility, 2006, 48(2): 372-384.

[5] Amador E, Lemoine C, Besnier P. Optimization of immunity testings in a mode tuned reverberation chamber with Monte Carlo simulations[C]. 2012 ESA Workshop on Aerospace EMC, Venice, 2012: 1-6.

[6] Amador E, Krauthäuser H G, Besnier P. A binomial model for radiated immunity measurements [J]. IEEE Transactions on Electromagnetic Compatibility, 2013, 55(4): 683-691.

[7] Amador E, Miry C, Bouyge N, et al. Compatible susceptibility measurements in fully anechoic room and reverberation chamber[C]. 2014 International Symposium on Electromagnetic Compatibility (EMC Europe 2014), Gothenburg, 2014: 860-865.

[8] 盛骤, 谢式千, 潘承毅. 概率论与数理统计[M]. 北京: 高等教育出版社, 2001.

第3章 孔缝为主要耦合通道的辐射敏感度测试方法

根据混响室条件下的辐射敏感度测试理论，在计算 EUT 的辐射敏感度时，需要已知 EUT 等效天线的最大方向性系数。电磁辐射耦合通道主要包括天线、线缆和孔缝等，不同的耦合通道，其等效天线最大方向性系数的变化规律不同。本章将基于球面波展开理论给出孔缝为主要耦合通道时 EUT 最大方向性系数的估计方法，并对该估计方法的准确性进行分析和验证。

3.1 孔缝耦合最大方向性系数的估计方法

球面波展开理论的基本思想是将无源区域的电磁场展开为一系列能量归一化球面波函数的加权求和。由于加权系数(球面波系数)不随电磁波的传播距离发生变化，该理论被应用于天线的近场测试，通过近场测试数据计算球面波系数，经变换得到远场方向图[1]。本节基于球面波展开理论给出孔缝为主要耦合通道时装备最大方向性系数的估计方法，根据最大方向性系数的统计规律对估计方法的误差进行分析。

3.1.1 球面波展开理论

将天线的辐射场进行球面波展开，就是在球坐标系中求解无源区域的电场亥姆霍兹(Helmholtz)方程：

$$\nabla^2 \boldsymbol{E} + k^2 \boldsymbol{E} = 0 \qquad (3\text{-}1)$$

以 $\hat{r}$、$\hat{\alpha}$、$\hat{\beta}$ 表示球坐标系中的单位矢量。对于任意天线，假设能够包围天线的最小球体半径为 a，在 $r>a$ 的区域，若只考虑外向的辐射场，则式(3-1)的解可以写成无数个球面波函数的叠加：

$$\boldsymbol{E}(r,\alpha,\beta) = k\sqrt{\eta} \sum_{smn} Q_{smn}^{(3)} \boldsymbol{F}_{smn}^{(3)}(r,\alpha,\beta) \qquad (3\text{-}2)$$

其中，k 为波数；η 为真空中的波阻抗；$\displaystyle\sum_{smn} = \sum_{s=1}^{2}\sum_{n=1}^{\infty}\sum_{m=-n}^{n}$；$Q_{smn}^{(3)}$ 为球面波模式系数；$\boldsymbol{F}_{smn}^{(3)}$ 为外向辐射的无量纲能量归一化球面波函数，定义任意幅度为 1 的外向球面波传输功率为 1/2。因此，对于每个球面波的基本模式，模式系数 $Q_{smn}^{(3)}$ 反映

了该模式的功率，天线总的辐射功率为

$$P_{rad} = \sum_{smn} \left| Q_{smn}^{(3)} \right|^2 / 2 \tag{3-3}$$

当进行临界辐射干扰场强测试时，只关注 EUT 等效天线的远场。定义远场图函数：

$$K_{smn}(\alpha, \beta) = \lim_{kr \to \infty} \left[\sqrt{4\pi} \frac{kr}{e^{jkr}} F_{smn}^{(3)}(r, \alpha, \beta) \right] \tag{3-4}$$

则天线远场的电场矢量可以表示为

$$E(r, \alpha, \beta) = k\sqrt{\eta} \frac{1}{\sqrt{4\pi}} \frac{e^{jkr}}{kr} \sum_{smn} Q_{smn}^{(3)} K_{smn}(\alpha, \beta) \tag{3-5}$$

通常情况下，无源区域电场展开的球面波模式有无穷多个。但是对于天线远场，$n > \lfloor ka \rfloor$ 的模式没有贡献。因此，天线远场球面波展开总的模式数为

$$N_m = 2 \sum_{n=1}^{\lfloor ka \rfloor} (2n+1) = 2\lfloor ka \rfloor (\lfloor ka \rfloor + 2) \tag{3-6}$$

其中，$\lfloor ka \rfloor$ 表示不大于 ka 的最大整数。

天线的方向性系数 $D(\alpha, \beta)$ 定义为远场 (α, β) 方向上单位立体角的辐射功率与所有方向上的平均辐射功率之比，即

$$D(\alpha, \beta) = \frac{\frac{1}{2\eta} \left| E(r, \alpha, \beta) \right|^2 r^2}{P_{rad} / 4\pi} \tag{3-7}$$

将式(3-3)、式(3-5)代入式(3-7)，得到天线方向性系数的表达式为

$$D(\alpha, \beta) = \frac{\left| \sum_{smn} Q_{smn}^{(3)} K_{smn}(\alpha, \beta) \right|^2}{\left| \sum_{smn} Q_{smn}^{(3)} \right|^2} \tag{3-8}$$

在球坐标系中，电场矢量 E 可以写成 $\hat{\alpha}$ 和 $\hat{\beta}$ 方向上分量的矢量叠加，根据式(3-5)，电场矢量 E 在 $\hat{\alpha}$ 和 $\hat{\beta}$ 方向上分量的幅值分别为

$$
\begin{cases}
\left|\boldsymbol{E}_\alpha(r,\alpha,\beta)\right| = \sqrt{\dfrac{\eta}{4\pi}}\,\dfrac{1}{r}\left|\displaystyle\sum_{smn} Q^{(3)}_{smn}\boldsymbol{K}_{smn}(\alpha,\beta)\cdot\hat{\boldsymbol{\alpha}}\right| \\[4mm]
\left|\boldsymbol{E}_\beta(r,\alpha,\beta)\right| = \sqrt{\dfrac{\eta}{4\pi}}\,\dfrac{1}{r}\left|\displaystyle\sum_{smn} Q^{(3)}_{smn}\boldsymbol{K}_{smn}(\alpha,\beta)\cdot\hat{\boldsymbol{\beta}}\right|
\end{cases}
\tag{3-9}
$$

仿照方向性系数 D，分别定义 $\boldsymbol{E}_\alpha(r,\alpha,\beta)$ 和 $\boldsymbol{E}_\beta(r,\alpha,\beta)$ 所对应的方向性系数 D_{co} 和 D_{cross}：

$$
D_{\text{co}}(\alpha,\beta) = \frac{\left|\displaystyle\sum_{smn} Q^{(3)}_{smn}\boldsymbol{K}_{smn}(\alpha,\beta)\cdot\hat{\boldsymbol{\alpha}}\right|^2}{\left|\displaystyle\sum_{smn} Q^{(3)}_{smn}\right|^2}, \quad
D_{\text{cross}}(\alpha,\beta) = \frac{\left|\displaystyle\sum_{smn} Q^{(3)}_{smn}\boldsymbol{K}_{smn}(\alpha,\beta)\cdot\hat{\boldsymbol{\beta}}\right|^2}{\left|\displaystyle\sum_{smn} Q^{(3)}_{smn}\right|^2}
\tag{3-10}
$$

显然

$$
D = D_{\text{co}} + D_{\text{cross}}
\tag{3-11}
$$

3.1.2 最大方向性系数的估计

对于孔缝为主要耦合通道的 EUT，由于设备机箱上开孔数目和位置的多样性，其等效天线通常指向性较差，在进行临界辐射干扰场强测试时，EUT 对外界辐射场的最敏感方向不明确，下面将此类 EUT 统称为非有意辐射体。

对于非有意辐射体，可以有以下合理假设：

(1) 球面波的模式系数 $Q^{(3)}_{smn}$ 的实部、虚部相互独立，且均服从正态分布。

(2) 天线远场的电场矢量在 $\hat{\boldsymbol{\alpha}}$ 和 $\hat{\boldsymbol{\beta}}$ 方向上分量的均值相等。

由于方向性系数 D 的均值为 1，因此基于上述假设，D_{co} 和 D_{cross} 必然满足

$$
\langle D_{\text{co}}\rangle = \langle D_{\text{cross}}\rangle = 1/2
\tag{3-12}
$$

其中，$\langle\ \rangle$ 表示统计平均。

若非有意辐射体的模式系数 $Q^{(3)}_{smn}$ 具有随机性，则根据式(3-8)，当 (α,β) 变化时，在整个球面上，可以将方向性系数 D 作为随机变量进行分析。当总的球面波模式数 N_{m} 较大时，根据中心极限定理，在式(3-10)中，$\displaystyle\sum_{smn} Q^{(3)}_{smn}\boldsymbol{K}_{smn}(\alpha,\beta)\cdot\hat{\boldsymbol{\alpha}}$、$\displaystyle\sum_{smn} Q^{(3)}_{smn}\boldsymbol{K}_{smn}(\alpha,\beta)\cdot\hat{\boldsymbol{\beta}}$ 均服从正态分布，因此 D_{co} 和 D_{cross} 服从指数分布。结合

式 (3-12)，D_{co}、D_{cross} 均服从均值为 1/2 的指数分布。以 D_{co} 为例，其概率密度函数为

$$f_{D_{co}}(d_{co}) = 2e^{-2d_{co}}, \quad d_{co} > 0 \tag{3-13}$$

根据式 (3-11)、式 (3-13)，由概率论相关知识可知，方向性系数 D 的概率分布函数为

$$F_D(d) = 1 - (1 + 2d)e^{-2d}, \quad d > 0 \tag{3-14}$$

相应的概率密度函数为

$$f_D(d) = 4de^{-2d}, \quad d > 0 \tag{3-15}$$

在式 (3-8) 中，由于不同的基本球面波模式相互独立，所以假设模式系数 $Q_{smn}^{(3)}$ 的实部、虚部也相互独立，此时相互独立的方向性系数 D 的个数 N_I 为球面波总模式数 N_m 的两倍：

$$N_I = 2N_m = 4\lfloor ka \rfloor (\lfloor ka \rfloor + 2) \tag{3-16}$$

对于 EUT 的等效天线，当辐射方向比较接近时，辐射场也比较接近，相互独立的辐射方向个数是有限的。由于每一个独立的方向性系数对应一个独立的辐射方向，所以式 (3-16) 也就给出了等效天线相互独立的辐射方向个数，并且表明独立的辐射方向个数与 EUT 的电尺寸相关。根据互易原理，当采用平面电磁波对 EUT 进行辐射时，独立的辐射方向个数与独立的辐射方向个数相等。因此，EUT 的电尺寸越大，敏感元件等效天线的辐射特性也就越复杂，需要越多的辐射次数才能准确地测定 EUT 的临界辐射干扰场强。

综合以上分析，非有意辐射体的辐射特性具有以下特点：

(1) 辐射特性具有随机性，敏感元件等效天线的方向性系数 D 可以用确定的概率密度函数描述。

(2) 辐射特性的复杂程度与 EUT 的电尺寸有关，电尺寸越大，辐射特性越复杂，相互独立的辐射方向个数为 N_I。

由于非有意辐射体的方向性系数可以通过一个简单的概率密度函数来描述，所以可以采用方向性系数最大值的期望作为 D_{max} 的近似。由式 (3-15) 可知，D_{max} 的概率密度函数为

$$f_{D_{max}}(d) = N_I [F_D(d)]^{N_I - 1} f_D(d) \tag{3-17}$$

得到 D_{max} 的估计值 $\hat{D}_{max}$ 为

$$\hat{D}_{\max} \approx \langle D_{\max} \rangle = \int_0^\infty x N_{\mathrm{I}} [F_D(x)]^{N_{\mathrm{I}}-1} f_D(x) \mathrm{d}x \qquad (3\text{-}18)$$

可以看出，$\hat{D}_{\max}$ 是 N_{I} 的函数，而 N_{I} 与 EUT 的电尺寸有关，实际测试时通过 EUT 的电尺寸即可确定 $\hat{D}_{\max}$ 的大小。另外，由于式(3-18)积分中的被积函数无原函数，所以需要通过计算机对 $\hat{D}_{\max}$ 的值进行近似计算。为了方便工程应用，这里采用非线性最小二乘法对 $\hat{D}_{\max}$ 进行拟合，得到了 $\hat{D}_{\max}$ 的拟合公式(3-19)，并给出了 $\hat{D}_{\max}$ 随 ka 的变化曲线，如图 3-1 所示。

$$\hat{D}_{\max} \approx 6.645 - 3.005 \mathrm{e}^{-0.038ka} - 1.865 \mathrm{e}^{-0.359ka} \qquad (3\text{-}19)$$

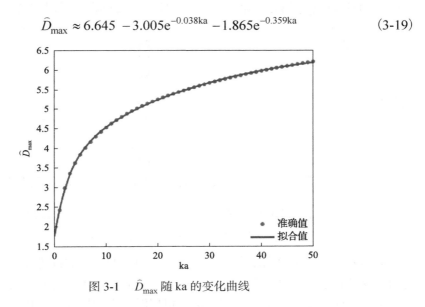

图 3-1　$\hat{D}_{\max}$ 随 ka 的变化曲线

由图 3-1 可知，$\hat{D}_{\max}$ 的拟合值与其准确值在 0＜ka＜50 范围内误差较小，保证了式(3-19)在较大频率范围内都是适用的，本章后续部分 $\hat{D}_{\max}$ 的值都是通过式(3-19)得到的。

3.1.3　估计方法的误差分析

为确保实际测试时 $\hat{D}_{\max}$ 的准确性，需要对 $\hat{D}_{\max}$ 的误差进行分析。由于非有意辐射体的最大方向性系数可以用确定的概率密度函数来描述，所以本节采用蒙特卡罗模拟方法，在假设 EUT 的辐射特性符合式(3-14)的情况下，计算 $\hat{D}_{\max}$ 置信水平为 95%时置信区间随 ka 的变化情况，具体步骤如下：

(1)给定 ka 的值，根据式(3-16)计算独立的辐射方向个数 N_{I}。

(2)产生 N_{I} 个服从均值为 1/2 的指数分布的随机数作为 D_{co}，采用同样的方法得到 D_{cross}，对 D_{co} 和 D_{cross} 求和即得方向性系数 D，求其最大值 $D_{\max}$。

(3)将步骤(2)重复执行10^4次，对所得的D_{max}进行统计分析，得到置信水平为95%时D_{max}的置信区间上、下限。

(4)改变 ka 的值，重复步骤(1)～(3)，得到D_{max}的置信区间上、下限随 ka 的变化情况。

按照上述步骤进行仿真计算，结果如图 3-2 所示。其中，图 3-2(a)中给出了D_{max}置信区间的上、下限以及$\hat{D}_{max}$的值；图 3-2(b)为$\hat{D}_{max}$相对于D_{max}的误差，同样给出了相对误差的置信区间的上、下限。可以看出，ka 较小时相对误差较大，因此电大尺寸 EUT 的$\hat{D}_{max}$相对准确，当 ka＞5 时，$\hat{D}_{max}$的误差可以控制在20%以内。

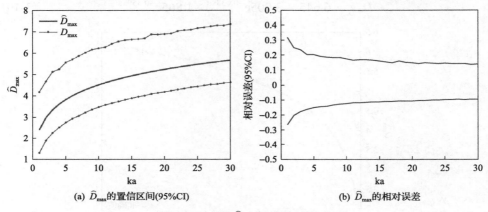

(a) $\hat{D}_{max}$的置信区间(95%CI)   (b) $\hat{D}_{max}$的相对误差

图 3-2   ka 对$\hat{D}_{max}$准确性的影响

根据D_{max}的统计规律，综合考虑 2.4 节中影响$\hat{\sigma}$和$\hat{P}$准确性的因素，以对孔缝为主要耦合通道时 EUT 在混响室中临界辐射干扰场强的测试误差进行理论分析。本节同样采用蒙特卡罗模拟方法，根据混响室的场强、干扰概率以及方向性系数的统计规律，计算混响室的搅拌次数 N、干扰概率估计值$\hat{P}$以及 ka 同时作用时临界辐射干扰场强测试的相对误差ζ_{E_s}随不同变量的变化情况，具体步骤如下：

(1)令$\sigma=10$，给定搅拌次数 N、干扰概率估计值$\hat{P}$以及 ka 的值。

(2)根据 ka 的值，由式(3-16)计算得到N_I，由式(3-19)计算$\hat{D}_{max}$。

(3)产生 N 个服从参数为σ的瑞利分布的随机数作为$|E_x|$，用同样的方法得到$|E_y|$和$|E_z|$，进而得到$|E|$，根据式(2-52)得到$\hat{\sigma}$。

(4)产生服从标准正态分布的随机数作为式(2-58)的值，根据$\hat{P}$和 N，求解式(2-58)，将所得结果作为干扰概率的真实值 P。

(5)产生N_I个服从均值为 1/2 的指数分布的随机数作为D_{co}，采用同样的方法得到D_{cross}，对D_{co}和D_{cross}求和即得方向性系数 D，将其最大值作为D_{max}。

(6)根据σ、P、D_{max}以及$\hat{\sigma}$、$\hat{P}$、$\hat{D}_{max}$，由式(2-45)计算临界辐射干扰场强

真实值 E_s 和测量值 $\hat{E}_s$，计算两者相对误差 ζ_{E_s}。

(7)将步骤(3)～(6)重复执行 2000 次，对得到的 ζ_{E_s} 进行统计分析，得到置信水平为 95%时 ζ_{E_s} 的置信区间上、下限。

(8)改变 N、$\hat{P}$ 以及 ka 的值，重复步骤(2)～(7)，得到 N、$\hat{P}$ 以及 ka 变化时 ζ_{E_s} 的置信区间上、下限的变化情况。

在步骤(4)中，式(2-58)服从标准正态分布，因此根据给定的 $\hat{P}$ 和 N，将式(2-58)的解作为干扰概率的真实值 P，从理论上讲是合理的。由于步骤(7)中重复执行 500 次时的计算结果已经基本稳定，所以为保证结果的准确性，设置重复次数为 2000 次。

按照上述步骤进行仿真计算。图 3-3 给出了置信水平为 95%时相对误差 ζ_{E_s} 的置信区间上、下限随混响室的搅拌次数 N 和干扰概率估计值 $\hat{P}$ 的变化情况。可以看到，由于考虑了各个因素的综合作用，与 $\hat{\sigma}$、$\hat{P}$ 单独作用时相比，ζ_{E_s} 相对较大。当 EUT 的电尺寸较大(ka>5)且 $\hat{P}$ 取值合适($\hat{P}$<0.6)，搅拌次数 N 大于 20 时即可保证临界辐射干扰场强测试的相对误差小于 50%(即 3dB)；N 大于 30 时相对误差小于 40%，搅拌次数继续增大时误差减小得并不显著。当 $\hat{P}$ 较大时，不但会造成混响室能量的浪费，而且会引起较大的测试误差；当 EUT 电尺寸较小时，测试结果的准确性略微降低。因此，对于本章方法，为了提高测试效率和测试结果的准确性，建议搅拌次数设为 20～40 次，干扰概率估计值设为 $\hat{P}$<0.6。

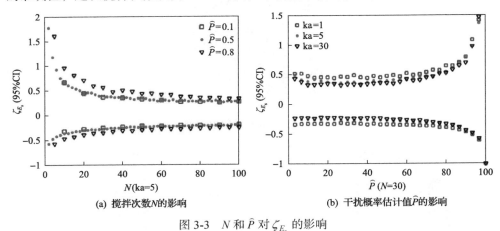

(a) 搅拌次数 N 的影响　　　　　(b) 干扰概率估计值 $\hat{P}$ 的影响

图 3-3　N 和 $\hat{P}$ 对 ζ_{E_s} 的影响

3.2　估计方法的仿真验证

为验证孔缝耦合最大方向性系数 D_{max} 估计方法的可靠性，这里采用仿真软件建立了两种模型。模型 1 为壳体孔缝辐射模型：将一个电偶极子置于开有孔缝的金属壳体内，计算金属壳体的远场方向图，比较 D_{max} 的估计值与实际值之间的差异。模型 2 为电偶极子模型：根据场的等效原理，任意孔缝的辐射场可以采用孔缝附近的面电流或者面磁流的辐射场来等效[2]。因此，可以将孔缝辐射抽象为多个电偶极子的辐射。与模型 1 相比，模型 2 可以通过改变电偶极子的位置、数目等来代表不同类型的孔缝辐射情况，具有更好的通用性，但模型 1 更易理解。下面对其分别进行介绍。

3.2.1 壳体孔缝辐射模型的验证

图 3-4 为壳体孔缝辐射模型。在一个尺寸为 391mm×200mm×417mm 的长方体金属壳体上设置了 20 个随机分布于 6 个平面的孔。其中，圆形孔 15 个，圆孔半径为 20mm；矩形孔 5 个，尺寸为 10mm×60mm。将一个置于壳体内的电偶极子作为辐射源，计算 0.1～2GHz 频率范围的辐射方向图，频率间隔为 50MHz。不同 ka 时壳体的辐射方向图如图 3-5 所示。随着电尺寸的增大，远场球面波模式数增加，壳体的辐射特性越来越复杂，变化趋势与理论分析相一致。

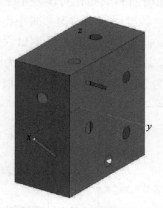

图 3-4　壳体孔缝辐射模型

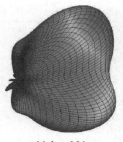  

(a) ka=6.34　　　　(b) ka=9.51　　　　(c) ka=12.68

图 3-5　壳体的辐射方向图

不同频率时金属壳体方向性系数 D 的统计规律如图 3-6 所示。图 3-6(a) 为 D 的概率分布仿真值与理论值的比较。为对 D 的仿真值和理论值的统计特性间的差异进行定量描述，参考 KS(Kolmogorov Smirnov) 检验方法[3]，定义参数 $\mathrm{KS_{max}}$ 来度量样本的概率分布函数 $F^*(x)$ 与其理论概率分布函数 $F(x)$ 之间的最大差异：

$$\mathrm{KS_{max}} = \max\left|F^*(x) - F(x)\right| \tag{3-20}$$

$\mathrm{KS_{max}}$ 随 ka 的变化情况如图 3-6(b) 所示。由图 3-6 可以看出，当 ka 增大时，D 的概率分布曲线与理论曲线逐渐接近，$\mathrm{KS_{max}}$ 整体呈减小趋势，D 的统计规律与理论趋于一致。

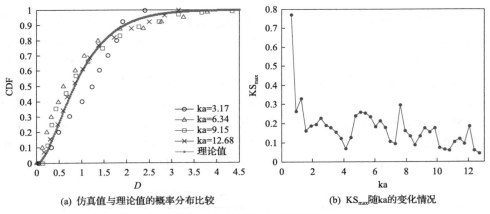

(a) 仿真值与理论值的概率分布比较　　　　(b) $\mathrm{KS_{max}}$ 随 ka 的变化情况

图 3-6　方向性系数 D 的统计规律

图 3-7 比较了壳体的最大方向性系数 D_{max} 的仿真值与理论值。从图中可以看出，当 ka<3.8 时，相对误差不稳定，最大可达 80% 以上；当 ka≥3.8 时，仿真值

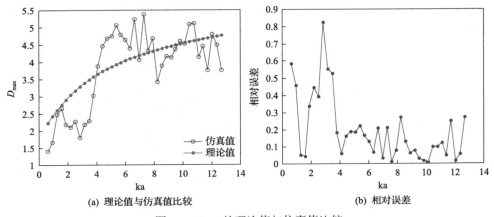

(a) 理论值与仿真值比较　　　　(b) 相对误差

图 3-7　D_{max} 的理论值与仿真值比较

与理论值的差异在 20%左右。虽然 ka 较小时 $\hat{D}_{\max}$ 的误差增大，但是 $D_{\max}$ 的相对误差为 100%时引起的误差为 3dB，因此 ka 较小时 $\hat{D}_{\max}$ 的值也是可以接受的。

根据球面波展开理论，结合图 3-6、图 3-7 可知，造成 ka 较小时方向性系数 D 的统计规律及 $\hat{D}_{\max}$ 的值与理论值出现差异的原因为：D 的统计规律受远场球面波模式数的影响。ka 较小时球面波模式数较少，EUT 的辐射特性较为简单，D 的统计特性与理论符合较差；ka 增大时球面波模式数增加，D 的统计特性趋于理论分布，$\hat{D}_{\max}$ 也相对准确。因此，$D_{\max}$ 的估计方法在 EUT 电尺寸较大时可以给出较为准确的结果。

3.2.2 电偶极子模型的验证

上述仿真采用开有孔缝的金属壳体对 $D_{\max}$ 的估计方法进行验证，初步证明了该方法的正确性。但是，壳体孔缝辐射模型在孔缝位置、大小等方面具有特殊性，仅用模型 1 来验证 $D_{\max}$ 的估计方法是不严谨的。为此，这里将孔缝辐射抽象为若干个电偶极子的辐射，利用仿真软件建立了电偶极子模型。将 $N_{\rm d}$ 个电偶极子随机分布于半径 $a=1$m 的球面上，采用不同的 ka 表征 EUT 的电尺寸，不同的电偶极子个数 $N_{\rm d}$ 表征 EUT 的复杂程度，通过电偶极子位置、方向的随机变化来表征不同类型的孔缝。记电偶极子的俯仰角、方位角、幅值、相位分别为 $\alpha_{\rm d}$、$\beta_{\rm d}$、$I_{\rm d}$ 和 $\varphi_{\rm d}$，仿真模型中各个参数服从的统计分布见表 3-1。其中，$U(\ )$ 表示均匀分布。

表 3-1　仿真模型参数服从的统计分布

俯仰角 $\alpha_{\rm d}$	方位角 $\beta_{\rm d}$	幅值 $I_{\rm d}$	相位 $\varphi_{\rm d}$
$\alpha_{\rm d} = \arccos u,\ u \in U(-1,1)$	$U(0,2\pi)$	$U(0,1)$	$U(0,2\pi)$

图 3-8 为所建模型的电偶极子数目 $N_{\rm d}$ 和 ka 变化时某一截面的辐射方向图。可以看到，随着 $N_{\rm d}$ 和 ka 的增大，辐射方向图越来越复杂，变化趋势与理论分析以及模型 1 的结果是一致的。

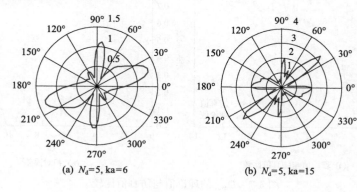

(a) $N_{\rm d}=5$, ka=6　　　　　　(b) $N_{\rm d}=5$, ka=15

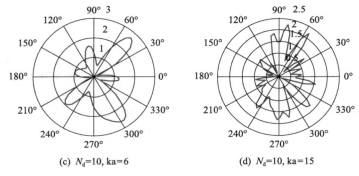

(c) $N_\mathrm{d}=10$, ka=6　　　　　　　　(d) $N_\mathrm{d}=10$, ka=15

图 3-8　辐射方向图

电偶极子个数 N_d 和电尺寸 ka 变化时方向性系数 D 的概率分布如图 3-9 所示，图中对仿真值 D 的概率分布与式(3-14)的理论值进行了比较。可以看出，当 N_d 和 ka 增大时，D 的概率分布与理论值差异减小。

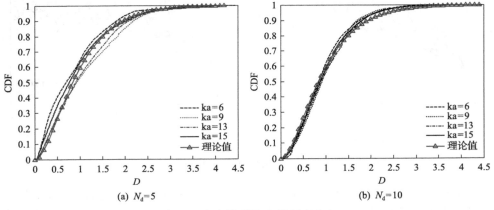

(a) $N_\mathrm{d}=5$　　　　　　　　　　　(b) $N_\mathrm{d}=10$

图 3-9　方向性系数 D 的概率分布

图 3-10 给出了最大方向性系数 D_max 的仿真值与理论值之间的差异随 N_d 的变化情况。对于每种电偶极子个数 N_d，计算电偶极子位置、方向随机变化 20 次时 D_max 的值。可以看到，随着电偶极子个数的增加，D_max 的仿真值与理论值的差异减小，D_max 的波动范围也逐渐减小。

N_d 和 ka 分别表征了 EUT 的复杂程度和电尺寸，而且模型中电偶极子所处的位置、方向是随机的。模型 2 表明，虽然不同位置、不同方向电偶极子的辐射方向图不同，但是当 EUT 辐射特性较复杂时，方向性系数 D 具有相同的统计规律，D_max 与 $\widehat{D}_\mathrm{max}$ 近似相等。结合模型 1 的结果可以得出结论：当孔缝为主要耦合通道时，EUT 的电尺寸越大、辐射特性越复杂，方向性系数的统计特性与式(3-14)的符合程度越好，D_max 与 $\widehat{D}_\mathrm{max}$ 间的差异也就越小；虽然不同类型孔缝的辐射方向图

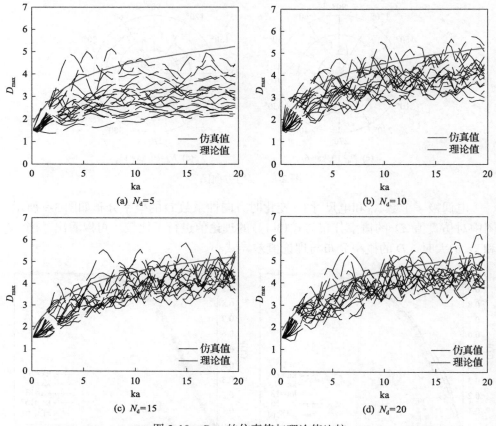

(a) $N_d=5$　　　　　　　　(b) $N_d=10$

(c) $N_d=15$　　　　　　　　(d) $N_d=20$

图 3-10 D_{max} 的仿真值与理论值比较

有所差异，但它们具有相同的统计特性，在允许存在一定不确定度的情况下，$\hat{D}_{max}$ 可以作为 EUT 的实际最大方向性系数的近似。另外，虽然球面波展开理论中无法给出 ka<1 时 $\hat{D}_{max}$ 的值，但从仿真结果来看，此时 D_{max} 的仿真值与式(3-19)的计算结果较为接近，当 ka<1 时，式(3-19)也是适用的。

3.3　估计方法的试验验证

3.3.1　试验设置

为验证孔缝为主要耦合通道时 D_{max} 估计方法的准确性以及本章所提辐射敏感度测试方法的可行性，以常见的计算机机箱为试验对象，将置于机箱内部的单极子天线作为敏感元件，分别在混响室和均匀场中进行试验。机箱尺寸为 391mm×200mm×417mm，由于散热的需要，机箱的前、后、右侧开有多种类型的通风孔,如图 3-11(a)所示。为方便试验,对机箱进行了改造:将机箱内部的部分电路板拆除,对拆除电路板后增加的缝隙用锡箔纸密封,只留供光纤通过的小孔。图 3-11(b)、(c)分别为机箱内部照片和单极子天线的实物图,单极子天线长度约为 60mm。单极子天线、光-电转换连接好之后,用胶带固定在机箱内部,确保机箱内各器件的位置在整个试验过程中保持不变。为了比较不同电尺寸时测试方法的准确性,试验频率范围为 150~850MHz 和 2.6~4GHz,频率间隔分别为 50MHz 和 100MHz,此时 ka 的范围分别为 0.95~5.39 和 16.49~25.37。

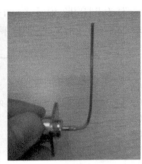

(a) 机箱照片 (b) 机箱内部 (c) 单极子天线

图 3-11 试验选取的 EUT

3.3.2 混响室试验结果

混响室试验配置示意图和实际试验场景如图 3-12 所示。将机箱和场强计置于混响室工作区域,频谱仪、场强计分别记录各个搅拌位置单极子天线的接收功率和场强。电磁波的能量被单极子天线接收后,经电-光转换、光纤、光-电转换后由频谱仪测量其接收功率。

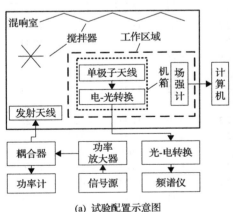

(a) 试验配置示意图 (b) 实际试验场景

图 3-12 混响室试验配置示意图和实际试验场景

　　图 3-13 为搅拌次数为 100 次、频率为 3GHz 时场强和单极子天线接收功率的概率分布，将样本分布与理论分布进行比较，两者的样本分布均与对应的理论分布有较好的一致性。根据 3.1.3 节中的分析，混响室的搅拌次数为 30 次时测试结果已经较为准确。为提高试验效率，对于试验中的其余频点，混响室的搅拌次数均为 30 次。

　　通过混响室试验数据和 EUT 的几何尺寸可以计算得到表 3-2 中的各个参数。其中，单极子天线接收功率的累积概率为 $1-P$ 时对应的干扰功率，即为 EUT 干扰概率为 P 时的临界干扰功率 W_s，如图 3-13(b) 所示。试验中取 $P = 20\%$，E_s 为混响室中 EUT 的临界辐射干扰场强，由式(2-46)计算得到。

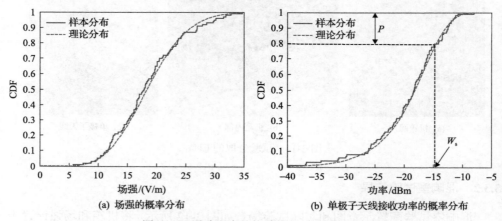

(a) 场强的概率分布　　　　　　　　　　(b) 单极子天线接收功率的概率分布

图 3-13　混响室中的统计规律验证(3GHz)

表 3-2　混响室中参数计算结果($P = 20\%$)

频率/MHz	D_{max}	$\sigma/(\text{V/m})$	W_s/dBm	$E_s/(\text{V/m})$	频率/GHz	D_{max}	$\sigma/(\text{V/m})$	W_s/dBm	$E_s/(\text{V/m})$
150	2.42	7.49	−29.15	10.58	2.6	5.03	10.40	−10.76	10.19
200	2.60	6.91	−20.26	9.42	2.7	5.07	11.54	−11.57	11.26
250	2.76	5.52	−18.83	7.30	2.8	5.11	11.20	−8.99	10.89
300	2.91	7.44	−12.92	9.59	2.9	5.15	12.00	−9.06	11.62
350	3.04	7.12	−12.00	8.97	3	5.18	7.92	−14.38	7.64
400	3.17	6.06	0.55	7.48	3.1	5.22	13.34	−17.8	12.83
450	3.28	6.77	−17.51	8.21	3.2	5.25	12.93	−15.25	12.40
500	3.38	10.58	−10.13	12.64	3.3	5.29	11.79	−17.51	11.27
550	3.48	10.15	−17.14	11.96	3.4	5.32	12.34	−17.64	11.76
600	3.57	10.74	−13.93	12.49	3.5	5.35	10.7	−21.26	10.16
650	3.65	12.73	−14.14	14.64	3.6	5.38	13.47	−17.96	12.76
700	3.73	11.07	−12.08	12.60	3.7	5.41	12.08	−9.85	11.41
750	3.80	11.79	−8.74	13.29	3.8	5.44	14.17	−14.91	13.35
800	3.87	7.99	−7.64	8.93	3.9	5.47	13.69	−21.38	12.86
850	3.93	9.29	−6.11	10.30	4	5.50	13.90	−25.92	13.03

3.3.3 均匀场试验结果

均匀场中 150~850MHz 和 2.6~4GHz 两个频段的辐射试验分别在 GTEM 室和多功能屏蔽室中进行,如图 3-14 所示。试验前对测试场地的场均匀性进行了检验,场均匀性均优于 3dB,满足试验要求。试验时 EUT 通过底部圆形转台的转动来改变辐射方向,将转台一周分成 32 等份,在 EUT 三个互相垂直的平面内进行辐射,即每个频点的辐射次数为 96 次。每个频点试验前,先将 EUT 移出,调整信号源输出,使 EUT 几何中心场强近似为 E_s。

| (a) GTEM室 | (b) GTEM室试验场景 | (c) 多功能屏蔽室试验场景 |

图 3-14　均匀场试验场景

为了验证 3.1.2 节中方向性系数的统计特性,这里对机箱内单极子天线接收功率 W 的统计特性进行分析,用以间接检验方向性系数 D 的概率分布是否与理论相符。由式(2-43)可知,功率 W 的统计特性由 EUT 的方向性系数 D 和极化系数 p_0 的乘积(记为 D_p)的统计特性决定。非有意辐射体的极化系数服从 0~1 的均匀分布[4],结合式(3-15),容易得到 D_p 的概率分布函数为

$$F_{D_p}(D_p) = 1 - e^{-2D_p} , \quad D_p > 0 \tag{3-21}$$

即 D_p 服从指数分布,则功率 W 也应服从指数分布。

均匀场中机箱内单极子天线接收功率的概率分布如图 3-15 所示。可以看到,频率较低时接收功率的概率分布与其理论值间的差异较大,频率升高时两者差异减小。因此,当 EUT 电尺寸较大时,EUT 敏感元件方向性系数的统计规律可以用式(3-14)来描述,与仿真结论相一致。

为检验最大方向性系数估计方法的正确性以及测试方法的可行性,这里比较均匀场中辐射场强为 E_s 时单极子天线接收功率的最大值 W_{max} 与混响室中 EUT 的临界干扰功率 W_s,两者在理想情况下应该相等。为便于观察,这里根据 E_s 的平方与 W_{max} 之间的线性关系,得到均匀场中天线接收功率为 W_s 时的最小辐射场强 E_u,即均匀场中 EUT 的临界辐射干扰场强。图 3-16 对 E_s 和 E_u 的值进行了比较,

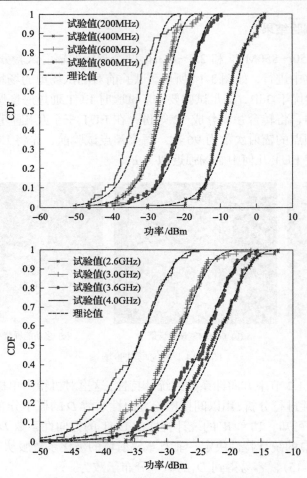

图 3-15 单极子天线接收功率的概率分布

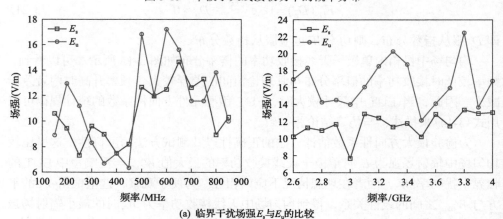

(a) 临界干扰场强 E_s 与 E_u 的比较

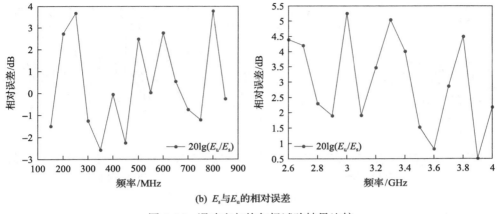

(b) E_{s} 与 E_{u} 的相对误差

图 3-16　混响室与均匀场试验结果比较

可以发现，混响室和均匀场测试结果有一定的差异，两者最大差异约为 5.26dB；E_{u} 相对于 E_{s} 总体偏大，而且这一特点在 2.6～4GHz 频段内更为显著。

3.3.4　试验结果差异的原因分析

从混响室和均匀场试验结果的对比可以看到，在单极子天线接收功率相同的情况下，相比于混响室，均匀场条件下测得的临界辐射干扰场强总体偏大。由于混响室搅拌次数为 30 次时 $\hat{\sigma}$ 和 $\hat{P}$ 已经较为准确，所以产生这种差异的可能原因有以下两个：

(1) 最大方向性系数 D_{max} 的估计值存在偏差。由图 3-15 可知，EUT 电尺寸较小时方向性系数的统计特性与理论值差异较大。由于 D_{max} 的估计值是基于其统计特性得出的，所以 EUT 电尺寸较小时估计值 $\hat{D}_{max}$ 可能不再准确。综合仿真与试验结果，当 ka<5 时，方向性系数将不能由确定的概率密度函数来描述。此时，D_{max} 的真实值与 EUT 自身属性有关，具有不确定性，导致 150～850MHz 频率范围内部分频点在两种场地中的测试结果出现差异。

(2) 均匀场中的辐射方向与 EUT 的最敏感方向存在差异。EUT 最敏感的辐射方向和极化方向未知，而且随电尺寸的增大辐射特性趋于复杂。尽管均匀场试验时在 96 个不同方向上进行了辐射，但可能仍未找到 EUT 的最敏感方向，因而在 2.6～4GHz 频段内均匀场中测得的临界辐射干扰场强偏大。为对这一情况进行具体说明，图 3-17 给出了机箱在均匀场试验时内部单极子天线在各个辐射方向下接收功率随频率的变化情况。可以看到，当频率较低时，EUT 方向特性比较简单，相邻方向之间接收功率的差异很小；当频率较高时，EUT 方向特性比较复杂，相邻方向之间接收功率的差异较大，最大可超过 20dBm。显然，当均匀场中的辐射次数相同时，后者的测试误差将大于前者。

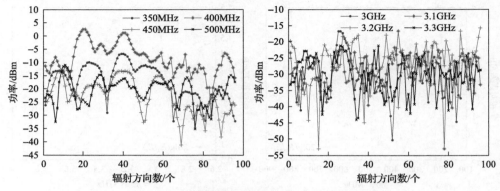

图 3-17 不同频率时单极子天线的接收功率

因此，对于本节提出的测试方法，当孔缝为主要耦合通道时，对于电尺寸较小的 EUT，两种场地测试结果的差异主要是由 $\hat{D}_{\max}$ 的值不准确导致的；对于电尺寸较大的 EUT，两种场地测试结果的差异主要是由均匀场中的实际辐射方向与 EUT 最敏感方向存在偏差造成的。

由于 ka 较大时 EUT 的方向性系数 D 可以用确定的统计分布来描述，下面对电大尺寸 EUT 在混响室和均匀场中测试结果的差异进行理论计算和分析。

由式(2-44)可知，混响室中的临界干扰场强计算公式由 p_0 取 1、D 取最大值得到，考虑的是 EUT 的最敏感方向。均匀场条件下辐射方向很难恰好与 EUT 的最敏感方向一致。对于均匀场中的 EUT，最敏感方向未知，每次辐射 D 和 p_0 均为随机变量，将式(2-44)中的分母直接取最大值与均匀场实际测试情况存在差异。

假设均匀场中 N_U 次辐射取到的方向性系数和极化系数乘积的最大值为 $D_{p,\max}$，要使混响室条件下得到的临界辐射干扰场强与均匀场相等，应将式(2-46)改写为

$$E_s' = \sigma \sqrt{\frac{3\ln(1/P)}{D_{p,\max}}} \tag{3-22}$$

需要注意的是，E_s' 与 E_s 有着本质的不同。EUT 实际的最大方向性系数为 $D_{\max}$，但在均匀场测试时取到的值为 $D_{p,\max}$。因此，E_s 考虑了 EUT 最敏感的辐射方向和极化方向，是 EUT 临界辐射干扰场强的真实值；E_s' 是均匀场中辐射次数为 N_U 时临界辐射干扰场强的测量值。式(3-22)中 $D_{p,\max}$ 未知，但对于电大尺寸的非有意辐射体，可以根据其统计特性进行估计。

根据式(3-21)，得到 D_p 的概率密度函数为

$$f_{D_p}(d_p) = 2e^{-2d_p}, \quad d_p > 0 \tag{3-23}$$

与 D_{max} 类似，将 $D_{p,max}$ 的期望 $\langle D_{p,max}\rangle$ 作为估计值 $\hat{D}_{p,max}$ 的近似。当均匀场中的辐射次数为 N_U 时，$\hat{D}_{p,max}$ 的计算公式为

$$\hat{D}_{p,max} \approx \langle D_{p,max}\rangle = \int_0^\infty xN_U[F_{D_p}(x)]^{N_U-1}f_{D_p}(x)\mathrm{d}x \tag{3-24}$$

因此，$\hat{D}_{p,max}$ 只与 N_U 有关。图 3-18 给出了 E_s 与 E_s' 的比值随 ka 和 N_U 的变化情况。从图中可以看出，E_s 与 E_s' 的比值随 N_U 的增加而增大，随 ka 的增加而减小，说明 EUT 电尺寸越小，均匀场辐射次数越多，均匀场测得的临界辐射干扰场强与混响室越接近。

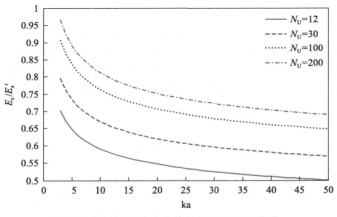

图 3-18　E_s 与 E_s' 的比值随 ka 和 N_U 的变化

将 $\hat{D}_{p,max}$ 代入式(3-22)即可根据混响室测试结果计算均匀场中 EUT 的临界辐射干扰场强 E_s'。当估计值 $\hat{D}_{p,max}$ 与实际值差别不大时，均匀场测得的临界辐射干扰场强应位于 E_s' 附近。

为了验证以上分析，根据上述试验结果计算 E_s' 的值，将 E_s' 与 E_u 进行比较，如图 3-19 所示。可以看到，2.6~4GHz 频段内临界干扰场强 E_u 均位于 E_s' 附近，两者最大差异为 2.74dB，与理论分析符合较好。

综合以上试验结果及分析，可以得出以下结论：当 ka>5 时，方向性系数的统计特性与理论符合较好，$\hat{D}_{max}$ 和 $\hat{D}_{p,max}$ 均与实际值较为接近，可以应用于临界辐射干扰场强的实际测试，而且混响室与均匀场测试结果的差异可以预测；当 ka<5 时，方向性系数不能由确定的概率密度函数描述，$\hat{D}_{max}$ 与实际值存在偏差，测试结果及其误差取决于 EUT 自身的属性，具有不确定性。

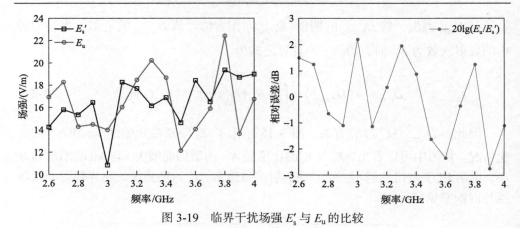

图 3-19　临界干扰场强 E_s' 与 E_u 的比较

　　对于实际设备的测试，孔缝尺寸通常远小于 EUT 电尺寸，当 ka<5 时，进入 EUT 内部的电磁能量非常小，此时孔缝通常不会成为 EUT 的主要耦合通道。另外，从仿真结果以及试验结果来看，虽然 ka<5 时方向性系数的统计特性与理论符合较差，但电小尺寸 EUT 的最大方向性系数不会太大，混响室条件下测得的临界干扰场强 E_s 一般不会有较大误差。

<h2 style="text-align:center">参 考 文 献</h2>

[1] 尚飞飞. 球面近场测量的理论与实践[D]. 西安: 西安电子科技大学, 2013.

[2] 龚中麟, 徐承和. 近代电磁理论[M]. 北京: 北京大学出版社, 1990.

[3] Wang F, Wang X. Fast and robust modulation classification via Kolmogorov-Smirnov test[J]. IEEE Transactions on Communications, 2010, 58(8): 2324-2332.

[4] Höijer M. Polarization of the electromagnetic field radiated from a random emitter and its coupling to a general antenna[J]. IEEE Transactions on Electromagnetic Compatibility, 2013, 55(6): 1335-1337.

第4章 线缆为主要耦合通道的辐射敏感度测试方法

线缆具有较强的电磁能量收集能力,是外部电磁能量与装备耦合的通道之一。对于以线缆为主要耦合通道的情况,其球面波模式系数的实部、虚部一般不服从正态分布,基于球面波理论的最大方向性系数估计方法难以适用。为此,本章将线缆视为天线,终端负载视为敏感元件,给出差模干扰和共模干扰两种干扰模式下线缆最大方向性系数的计算方法及其影响因素。

4.1 线缆的差模干扰和共模干扰

传输线一般以成对的形式出现,最典型的是双线,包含地线以及两根导体组成的信号线,如图 4-1 所示。分析这种情况下的线缆干扰,一般把线路分成两个回路:一个是两根导线组成的回路,称为线间回路,回路中的电流称为差模电流;另一个是两根导线与地线组成的回路,称为对地回路,回路中的电流称为共模电流。在导线上,差模电流幅度相等,相位相反,引起差模干扰;共模电流幅度相等,相位相同,引起共模干扰。通常情况下,两种干扰同时存在且能相互转换。假设在外界电磁场的辐照下两根导线上产生的电流分别为 I_1、I_2,则差模电流 I_D 和共模电流 I_C 分别为

$$
\begin{aligned}
I_D &= (I_1 - I_2)/2 \\
I_C &= (I_1 + I_2)/2
\end{aligned}
\tag{4-1}
$$

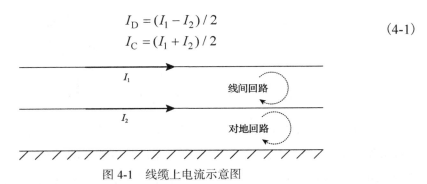

图 4-1 线缆上电流示意图

在混响室条件下对以线缆为主要耦合通道的 EUT 进行临界干扰辐射场强测试之前,需要计算线缆的最大方向性系数 $D_{\max}$。从上述分析可以看到,对于线缆的两种干扰模式,电流分布不同,$D_{\max}$ 的数值以及变化规律必然存在差别,需要对其分别进行研究。

在对线缆的 D_{max} 进行计算时，有两种不同的思路：第一种是从线缆接收电磁能量的角度出发，通过计算不同辐射角度下线缆终端负载的接收功率，根据最大接收功率与平均接收功率的比值得到 D_{max}；第二种是从线缆辐射电磁能量的角度出发，在线缆上电流分布已知的情况下，计算电流的辐射场，进而计算 D_{max}。从目前的研究现状来看，计算外部电场辐射下线缆终端响应的文献较多，如文献[1]～[4]。但从根本上来讲，这些方法计算的是线缆终端的差模响应，计算线缆共模响应的文献很少。为此，本章首先采用 BLT（Baum-Liu-Tesche）方程，从线缆接收电磁能量的角度出发，对线缆差模干扰时的 D_{max} 进行计算；然后从线缆辐射电磁能量的角度出发，将线缆上的共模电流分解为特征电流，在线缆终端负载不确定的情况下，对线缆共模干扰时 D_{max} 的范围进行研究。

4.2　线缆差模干扰的最大方向性系数

计算外部电磁能量辐射下线缆终端负载响应的经典方法主要包括 Taylor 法、Agrawal 法和 Rashidi 法[5]。事实上，可以从理论上证明这三种方法是完全等效的。这里采用 Agrawal 法，首先对场线耦合的 BLT 方程进行简要介绍，然后对线缆的 D_{max} 进行计算。

4.2.1　场线耦合的 BLT 方程

对于图 4-2 中长为 L、间距为 d、终端负载为 Z_{L1}、Z_{L2} 的平行双线，其 BLT 方程[6]为

$$
\begin{bmatrix} I(0) \\ I(L) \end{bmatrix} = \frac{1}{Z_c}\begin{bmatrix} 1-\rho_1 & 0 \\ 0 & 1-\rho_2 \end{bmatrix}\begin{bmatrix} -\rho_1 & \mathrm{e}^{\gamma L} \\ \mathrm{e}^{\gamma L} & -\rho_2 \end{bmatrix}^{-1}\begin{bmatrix} S_1 \\ S_2 \end{bmatrix}
$$
$$
\begin{bmatrix} V(0) \\ V(L) \end{bmatrix} = \begin{bmatrix} 1+\rho_1 & 0 \\ 0 & 1+\rho_2 \end{bmatrix}\begin{bmatrix} -\rho_1 & \mathrm{e}^{\gamma L} \\ \mathrm{e}^{\gamma L} & -\rho_2 \end{bmatrix}^{-1}\begin{bmatrix} S_1 \\ S_2 \end{bmatrix}
$$

$$(4\text{-}2)$$

其中，I、V 分别为电流和电压；Z_c 为导线的特征阻抗，若忽略导线的串联阻抗和并联导纳，$Z_c = \sqrt{L_0/C_0}$，L_0、C_0 分别为单位长度导线的分布电感和分布电容，当 d 远小于波长时，$C_0 = 2\pi\varepsilon_0/\ln\left[d^2/(a_1 a_2)\right]$，$L_0 = 1/(c^2 C_0)$，$a_1$、$a_2$ 为两个导体的半径，ε_0 为真空中的电容率，c 为真空中的光速；$\gamma = \mathrm{j}\omega\sqrt{L_0 C_0}$，为传播常数，$\omega$ 为角频率；ρ_1、ρ_2 为两端负载的反射系数，$\rho_1 = (Z_{L1} - Z_c)/(Z_{L1} + Z_c)$，$\rho_2 = (Z_{L2} - Z_c)/(Z_{L2} + Z_c)$；$S_1$、$S_2$ 为激励源项，使用散射电压（Agrawal 法）公式时，其表达式为

$$\begin{bmatrix} S_1 \\ S_2 \end{bmatrix} = \begin{bmatrix} \dfrac{1}{2}\displaystyle\int_0^L e^{\gamma x}V_s(x)\,\mathrm{d}x - \dfrac{V_1}{2} + \dfrac{V_2}{2}e^{\gamma L} \\[3mm] -\dfrac{1}{2}\displaystyle\int_0^L e^{\gamma(L-x)}V_s(x)\,\mathrm{d}x + \dfrac{V_1}{2}e^{\gamma L} - \dfrac{V_2}{2} \end{bmatrix} \tag{4-3}$$

其中，V_s 为导线上的分布电压源；V_1、V_2 分别为导线始端和导线末端的集总电压源。下面简要给出其计算过程。

在图 4-2 的坐标系中，入射电场 $\boldsymbol{E}^{\mathrm{inc}}$ 可以写成

$$\boldsymbol{E}^{\mathrm{inc}} = E_0(e_x\hat{\boldsymbol{x}} + e_y\hat{\boldsymbol{y}} + e_z\hat{\boldsymbol{z}})e^{-jk_x x}e^{-jk_y y}e^{-jk_z z} \tag{4-4}$$

其中

$$\begin{cases} e_x = \cos\alpha\sin\psi\cos\phi + \sin\alpha\sin\phi \\ e_y = -\cos\alpha\sin\psi\sin\phi + \sin\alpha\cos\phi, \\ e_z = \cos\alpha\cos\psi \end{cases} \begin{cases} k_x = k\cos\psi\cos\phi \\ k_y = -k\cos\psi\sin\phi \\ k_z = -k\sin\psi \end{cases} \tag{4-5}$$

其中，ϕ 为平面波入射面与双线所在平面的夹角；ψ 为入射方向与水平面的夹角；α 为电磁波的极化角。

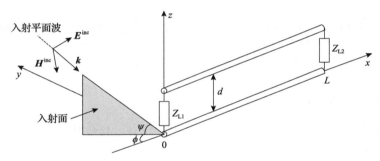

图 4-2　平面波激励平行双线示意图

电压源 V_s、V_1、V_2 的表达式分别为

$$\begin{cases} V_s = E_x^{\mathrm{inc}}(x,0,d) - E_x^{\mathrm{inc}}(x,0,0) = E_0 e_x e^{-jk_x x}(e^{-jk_z x} - 1) \\ V_1 = -\displaystyle\int_0^d E_z^{\mathrm{inc}}(0,0,z)\mathrm{d}z = -\int_0^d E_0 e_z e^{-jk_z z}\mathrm{d}z \approx -E_0 e_z d \\ V_2 = -\displaystyle\int_0^d E_z^{\mathrm{inc}}(L,0,z)\mathrm{d}z = -\int_0^d E_0 e_z e^{-jk_x L}e^{-jk_z z}\mathrm{d}z \approx -E_0 e_z d e^{-jk_x L} \end{cases} \tag{4-6}$$

将式(4-6)代入式(4-3)，得到激励源项的表达式为

$$\begin{bmatrix} S_1 \\ S_2 \end{bmatrix} = \begin{bmatrix} -\dfrac{E_0 d}{2}\left(\dfrac{jk_z e_x}{\gamma - jk_x} + e_z\right)\left(e^{-jk_x L + \gamma L} - 1\right) \\ -\dfrac{E_0 d e^{\gamma L}}{2}\left(\dfrac{jk_z e_x}{\gamma + jk_x} - e_z\right)\left(e^{-jk_x L - \gamma L} - 1\right) \end{bmatrix} \tag{4-7}$$

将式(4-7)代入式(4-2)，即可对终端负载的电流、电压进行计算。图 4-3 中对两端负载电流的计算值与仿真值进行了比较，两者具有较好的一致性。其中，线缆参数为 L=1m，d=10mm，a_1=a_2=1mm，Z_{L1}=1000Ω，Z_{L2}=50Ω；辐射场强为 10V/m，辐射方向 $\psi = \phi = \pi/3$，极化角 α =0°。

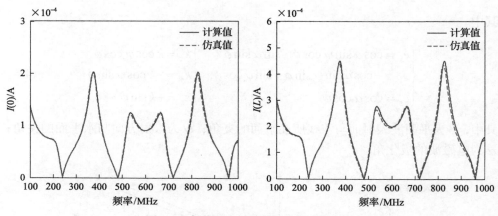

图 4-3 负载电流的计算值与仿真值比较

4.2.2 最大方向性系数计算

为计算最大方向性系数，利用式(4-2)得到负载的接收功率：

$$\begin{bmatrix} W_0 \\ W_L \end{bmatrix} = \frac{1}{2}\mathrm{Re}\begin{bmatrix} I(0)V(0)^* \\ I(L)V(L)^* \end{bmatrix} = \frac{1}{2}\mathrm{Re}\begin{bmatrix} \dfrac{(1-\rho_1)(1+\rho_1^*)}{Z_c(\rho_1\rho_2 - e^{2\gamma L})(\rho_1\rho_2 - e^{2\gamma L})^*}(\rho_2 S_1 + e^{\gamma L}S_2)(\rho_2 S_1 + e^{\gamma L}S_2)^* \\ \dfrac{(1-\rho_2)(1+\rho_2^*)}{Z_c(\rho_1\rho_2 - e^{2\gamma L})(\rho_1\rho_2 - e^{2\gamma L})^*}(\rho_1 S_2 + e^{\gamma L}S_1)(\rho_1 S_2 + e^{\gamma L}S_1)^* \end{bmatrix} \tag{4-8}$$

其中，*表示共轭。

将双线等效为一接收天线，对于每一个辐射方向 (ψ, ϕ)，负载的接收功率取不同极化角 α 中的最大值 $W_0(\psi, \phi)$、$W_L(\psi, \phi)$，则两端负载处的等效方向性系数可以表示为

$$D_0(\psi,\phi) = \frac{4\pi W_0(\psi,\phi)}{\displaystyle\int_0^{2\pi}\int_0^{\pi} W_0(\psi,\phi)\sin\psi\,\mathrm{d}\psi\mathrm{d}\phi}, \quad D_L(\psi,\phi) = \frac{4\pi W_L(\psi,\phi)}{\displaystyle\int_0^{2\pi}\int_0^{\pi} W_L(\psi,\phi)\sin\psi\,\mathrm{d}\psi\mathrm{d}\phi}$$

$$(4\text{-}9)$$

可以看到，若将式(4-8)代入式(4-9)，则式(4-9)中 $D_0(\psi,\phi)$ 有关 ρ_1 的项会消去，$D_L(\psi,\phi)$ 中有关 ρ_2 的项会消去。因此，导线始端负载的等效方向性系数只与终端反射系数有关，与始端反射系数无关；反之亦成立。另外，若将式(4-7)、式(4-8)代入式(4-9)，则导线间距 d 也会消去。导线间距会影响导线的特征阻抗 Z_c，进而影响反射系数，因此 d 对方向性系数的影响是通过反射系数来体现的。当辐射频率和导线长度确定时，对于双线的差模耦合，某一端负载的等效方向性系数除了是辐射方向 (ψ,ϕ) 的函数以外，只与另一端负载的反射系数有关，与其他因素无关。

在以上分析的基础上，通过计算某一频率下不同辐射方向、极化方向负载接收功率的最大值与平均值的比值，即可得到该频率下导线的最大方向性系数 $D_{\max}$。考虑到导线结构的对称性，计算时 ψ 取 $0\sim\pi/2$，ϕ 取 $0\sim\pi$，α 取 $0\sim\pi/2$，将三者分别划分为 100、200、100 等份，即每个频点计算了 $100\times200\times100$ 个不同的方向。

由式(4-8)可知，负载的接收功率是 γL、S_1、S_2 的函数。由 γL、S_1、S_2 的表达式不难发现，三者均为 L/λ 的函数，因而接收功率、方向性系数都是导线电尺寸 L/λ 的函数。图 4-4 给出了导线终端负载处的 $D_{\max}$ 随导线电尺寸 L/λ 和始端反射系数 ρ_1 的变化情况，导线参数与图 4-3 相同。可以看到：

(1) 当 $L/\lambda > 0.2$ 时，$D_{\max}$ 的值随 L/λ 波动，当 $L/(4\lambda)$ 为奇数时，$D_{\max}$ 取最小值，当 $L/(4\lambda)$ 为偶数时，$D_{\max}$ 取最大值，且波动幅值基本不变。

(2) 当 $\rho_1 = -1$，即始端负载短路时，$D_{\max}$ 波动范围最大，当 $\rho_1 = 0$，即始端负载匹配时，$D_{\max}$ 波动范围最小。

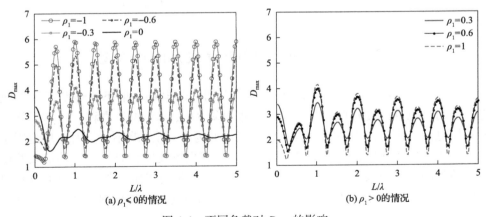

图 4-4　不同负载对 $D_{\max}$ 的影响

　　由于终端负载处 D_{max} 的值只与 L/λ 和 ρ_1 有关，所以图 4-4 也就包含了 D_{max} 所有可能的取值，由此可以得到图 4-5 中 D_{max} 的变化范围。可以看到，对于不同形式的负载，D_{max} 最大值、最小值之间的最大差异在 4dB 左右。由于图 4-4 中考虑了线缆端口负载的几种极端情况，实际设备中很难遇到，所以对于大多数 EUT，在进行临界干扰场强测试时，取最大值与最小值的对数中值，可将 D_{max} 的误差控制在 2dB 以内。

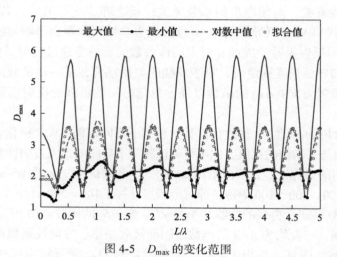

图 4-5　D_{max} 的变化范围

　　为方便工程应用，式(4-10)给出了 D_{max} 对数中值的拟合值，如图 4-5 所示。可以看到，式(4-10)形式简单，且拟合值与 D_{max} 的对数中值一致性较好，可以方便地应用于实际测试。

$$D_{max} = \begin{cases} 2.61 + 0.95\sin(4\pi L/\lambda + 1.5), & L/\lambda > 0.2 \\ 1.88, & L/\lambda \leqslant 0.2 \end{cases} \qquad (4\text{-}10)$$

4.3　线缆共模干扰的最大方向性系数

　　尽管通过 BLT 方程能够较为准确地得到外部电场辐射下线缆负载上的响应，进而可以从线缆接收电磁能量的角度计算 D_{max}，但 BLT 方程只考虑了线缆的差模电流，认为线缆终端负载共模电流近似为 0，可忽略不计，因而只能用于计算线缆差模干扰时的 D_{max}。文献[6]中为了解决场线耦合时线缆终端负载共模响应的问题，假设线缆靠近地面，采用 BLT 方程进行求解。然而，BLT 方程只适用于导体间距远小于入射波波长的情况[1]，当线缆远离地面时，终端负载共模响应无法计算。

为此，本节通过推导线缆上共模电流满足的方程，对线缆共模干扰时的 $D_{\max}$ 进行计算。考虑到实际测试时线缆端口边界条件的多样性，将线缆上的共模电流分解为两个特征电流的线性组合，在边界条件未知的情况下计算 $D_{\max}$ 的取值范围。

4.3.1　线缆共模电流的理论推导

以中心位于原点、与直角坐标系 z 轴重合、长度为 L、导体半径为 a、间距为 d 的平行双线为研究对象，记两根导线上的电流分别为 I_1、I_2，电流产生的矢势为 $\boldsymbol{A}$，忽略导线端点的影响。对于平行双线，矢势 $\boldsymbol{A}$ 只有 z 方向分量 $A_z(z)$。在两根导线表面，$A_z(z)$ 的表达式为

$$\begin{cases} A_{z1}(z)=\dfrac{\mu_0}{4\pi}\displaystyle\int_{-L/2}^{L/2}\big[g_1(z-z')I_1(z')+g_2(z-z')I_2(z')\big]\mathrm{d}z' \\[2mm] A_{z2}(z)=\dfrac{\mu_0}{4\pi}\displaystyle\int_{-L/2}^{L/2}\big[g_2(z-z')I_1(z')+g_1(z-z')I_2(z')\big]\mathrm{d}z' \end{cases} \tag{4-11}$$

其中

$$g_1(z)=\frac{\mathrm{e}^{jk\sqrt{a^2+z^2}}}{\sqrt{a^2+z^2}}, \quad g_2(z)=\frac{\mathrm{e}^{jk\sqrt{d^2+z^2}}}{\sqrt{d^2+z^2}} \tag{4-12}$$

将式(4-11)中的两式求和，结合式(4-1)，可得

$$\begin{aligned} A_{z1}(z)+A_{z2}(z)&=\frac{\mu_0}{4\pi}\int_{-L/2}^{L/2}\big[I_1(z')+I_2(z')\big]\big[g_1(z-z')+g_2(z-z')\big]\mathrm{d}z' \\[2mm] &=\frac{\mu_0}{2\pi}\int_{-L/2}^{L/2}I_C\big[g_1(z-z')+g_2(z-z')\big]\mathrm{d}z' \end{aligned} \tag{4-13}$$

令

$$T_z(z)=\int_{-L/2}^{L/2}I_C\big[g_1(z-z')+g_2(z-z')\big]\mathrm{d}z' \tag{4-14}$$

则有

$$A_{z1}(z)+A_{z2}(z)=\frac{\mu_0 T_z(z)}{2\pi} \tag{4-15}$$

记电磁场的标势为 φ，根据洛伦兹规范

$$\frac{\mathrm{d}A_z(z)}{\mathrm{d}z}-\mathrm{j}\omega\mu_0\varepsilon_0\varphi=0 \tag{4-16}$$

以及

$$E_z = -\partial \varphi / \partial z + \mathrm{j}\omega A_z \tag{4-17}$$

得到

$$\frac{\mathrm{d}^2 A_z(z)}{\mathrm{d}z^2} + k^2 A_z(z) = -\mathrm{j}\omega\mu_0\varepsilon_0 E_z(z) \tag{4-18}$$

其中，μ_0 为真空中的磁导率。

假设导线为理想导体，则导线表面电场切向分量 $E_z(z) = 0$，因而在导线表面的矢势 A_z 满足一维波动方程：

$$\frac{\mathrm{d}^2 A_z(z)}{\mathrm{d}z^2} + k^2 A_z(z) = 0 \tag{4-19}$$

分别用 $A_{z1}(z)$、$A_{z2}(z)$ 替换式(4-19)中的 $A_z(z)$，并将得到的两个方程求和，可得

$$\frac{\mathrm{d}^2 \left[A_{z1}(z) + A_{z2}(z) \right]}{\mathrm{d}z^2} + k^2 \left[A_{z1}(z) + A_{z2}(z) \right] = 0 \tag{4-20}$$

将式(4-15)代入式(4-20)，得到共模电流满足的方程为

$$\frac{\mathrm{d}^2 T(z)}{\mathrm{d}z^2} + k^2 T(z) = 0 \tag{4-21}$$

该方程的通解可以表示为

$$T_z(z) = C_1 \mathrm{e}^{\mathrm{j}kz} + C_2 \mathrm{e}^{-\mathrm{j}kz} \tag{4-22}$$

其中，C_1、C_2 为常数，由导线的终端边界条件决定。

4.3.2 最大方向性系数计算

为了计算导线的 $D_{\max}$，需要对式(4-14)、式(4-22)进行求解，根据导线终端边界条件确定 C_1、C_2，进而得到共模电流 I_C。由于实际设备的复杂性和终端边界条件的多样性，仅计算个别确定边界条件下的 $D_{\max}$ 是不够的。另外，进行临界辐射干扰场强测试前获得线缆终端边界条件存在困难，而且会大大降低测试效率。为此，本节将 I_C 表示为特征电流的线性组合，在线缆边界条件不确定的情况下，通过特征电流的辐射场对 $D_{\max}$ 的范围进行估计。

1. 特征电流

由于式(4-14)、式(4-22)是线性的，所以可以令[3]

$$\begin{cases} \displaystyle\int_{-L/2}^{L/2}[g_1(z-z')+g_2(z-z')]I_{C1}(z')\,\mathrm{d}z' = \mathrm{e}^{\mathrm{j}kz} \\ \displaystyle\int_{-L/2}^{L/2}[g_1(z-z')+g_2(z-z')]I_{C2}(z')\,\mathrm{d}z' = \mathrm{e}^{-\mathrm{j}kz} \end{cases} \tag{4-23}$$

得到

$$I_C(z) = C_1 I_{C1}(z) + C_2 I_{C2}(z) \tag{4-24}$$

通过这种方法将求解式(4-14)、式(4-22)转换为求解式(4-23)，将共模电流 I_C 表示为 $I_{C1}(z)$、$I_{C2}(z)$ 的线性组合。$I_{C1}(z)$、$I_{C2}(z)$ 即为共模电流 I_C 的特征电流。

式(4-23)属于第一类 Fredholm 积分方程，除了个别情况下能找到解析解以外，该方程的解是不适定的，即在进行数值计算时，方程右侧数据的微小扰动会给计算结果带来较大的误差[7]。但计算机本身有舍入误差，所用数据的误差不可避免，因此正则化方法被用来计算其稳定解。Landweber 迭代法是一种常见的正则化方法[8]，当积分方程右端有较大扰动时，仍然可以得到稳定的计算结果，下面采用该方法对式(4-23)进行求解。

以式(4-23)中第一式为例，记 $G(z,z')=g_1(z-z')+g_2(z-z')$，首先对其进行离散，得到

$$h\sum_{q=0}^{n-1}G(z_p,z_q')I_{C1}(z_q') = \mathrm{e}^{\mathrm{j}kz_p} \tag{4-25}$$

其中，$p=1,2,\cdots,m$；$q=0,1,2,\cdots,n-1$；$h=L/n$；$z_p=-L/2+qh$；$m>n-1$ 且 m、n 均为正整数。

为了叙述方便，将式(4-25)写成矩阵的形式，记为

$$GI = b \tag{4-26}$$

其中，$G=(g_{pq})_{m\times n}$，$g_{pq}=hG(z_p,z_q')$；$I=\begin{bmatrix} I_{C1}(z_1') & I_{C1}(z_2') & \cdots & I_{C1}(z_{n-1}') \end{bmatrix}^{\mathrm{T}}$；$b=\begin{bmatrix} \mathrm{e}^{\mathrm{j}kz_1} & \mathrm{e}^{\mathrm{j}kz_2} & \cdots & \mathrm{e}^{\mathrm{j}kz_m} \end{bmatrix}^{\mathrm{T}}$。

Landweber 迭代法的迭代形式为

$$I_{t+1} = I_t + gG^*(b-GI_t) \tag{4-27}$$

其中，t 为非负整数；G^* 为 G 的伴随矩阵；$g \in (0, 1/\|G\|^2)$，$\|G\|$ 表示矩阵 G 的范数。对于给定的初始值 I_0，用 E 表示单位矩阵，在第 t 次迭代时，I_t 可以写为

$$I_t = I_{t-1} + gG^*(b - GI_{t-1}) = (E - gG^*G)I_{t-1} + gG^*b$$
$$= g\sum_{i=0}^{t-1}(E - gG^*G)^i G^*b + (E - gG^*G)^t I_0 \tag{4-28}$$

取初始迭代值 $I_0 = gG^*b$，得到

$$I_t = g\sum_{i=0}^{t}(E - gG^*G)^i G^*b \tag{4-29}$$

采用上述方法对式(4-23)进行求解，即可得到特征电流 I_{C1}、I_{C2}，计算过程中 100 次迭代时的结果已经基本稳定，实际计算时的迭代次数为 200 次。图 4-6 给出了参数为 $a = 1\text{mm}$、$d = 5\text{mm}$、$L = 1\text{m}$ 的平行双导线在频率 $f = 1.5\text{GHz}$ 时特征电流实部、虚部的大小。可以看到，特征电流 I_{C1}、I_{C2} 关于 $z = 0$ 对称。

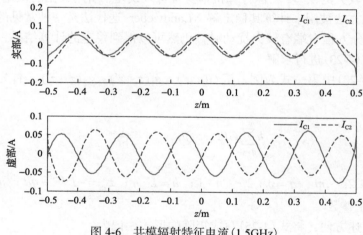

图 4-6　共模辐射特征电流(1.5GHz)

2. 特征电流辐射场

为了计算共模电流的最大方向性系数，先对特征电流 I_{C1}、I_{C2} 的辐射场进行计算。将导体分为 N_L 等份，当 N_L 足够大时，每一小段导体上电流的辐射场可以采用电偶极子的辐射场来近似。将所有小段导体的辐射场进行叠加，即可得到整个导体的辐射场。为方便计算，将电偶极子的辐射场写成直角分量形式。位于原点且与 z 轴平行的电偶极子的辐射场[9,10]可以表示为

$$
\begin{cases}
E_x(\omega) = \dfrac{lxzI_0\mathrm{e}^{-\mathrm{j}\omega r/c}}{4\pi\varepsilon_0 r^2}\left(\dfrac{3}{cr^2}+\dfrac{3}{\mathrm{j}\omega r^3}+\dfrac{\mathrm{j}\omega}{c^2 r}\right)\\[4mm]
E_y(\omega) = \dfrac{lyzI_0\mathrm{e}^{-\mathrm{j}\omega r/c}}{4\pi\varepsilon_0 r^2}\left(\dfrac{3}{cr^2}+\dfrac{3}{\mathrm{j}\omega r^3}+\dfrac{\mathrm{j}\omega}{c^2 r}\right)\\[4mm]
E_z(\omega) = \dfrac{lz^2 I_0\mathrm{e}^{-\mathrm{j}\omega r/c}}{4\pi\varepsilon_0 r^2}\left(\dfrac{3}{cr^2}+\dfrac{3}{\mathrm{j}\omega r^3}+\dfrac{\mathrm{j}\omega}{c^2 r}\right)-\dfrac{lI_0\mathrm{e}^{-\mathrm{j}\omega r/c}}{4\pi\varepsilon_0}\left(\dfrac{1}{cr^2}+\dfrac{1}{\mathrm{j}\omega r^3}+\dfrac{\mathrm{j}\omega}{c^2 r}\right)
\end{cases}
\tag{4-30}
$$

其中，l 为电偶极子长度；I_0 为电流幅值；(x, y, z) 为观察点的直角坐标；r 为观察点到电偶极子的距离。

根据式(4-30)，在计算 I_{C1}、I_{C2} 的基础上，将 N_L 个电偶极子的辐射场进行叠加，即可求得共模特征电流 I_{C1}、I_{C2} 的辐射场。图 4-7 给出了观测距离 $r = 10\mathrm{m}$ 时 I_{C1}、I_{C2} 的辐射场的计算结果，采用到原点距离的大小表征辐射场的强度。其中，$N_L = 200$、$f = 1.5\mathrm{GHz}$，导线参数与图 4-6 相同。

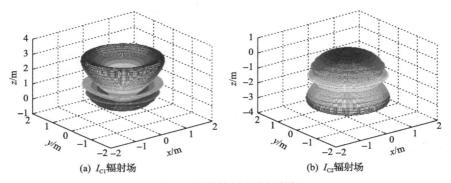

(a) I_{C1}辐射场　　　　　　　　　　(b) I_{C2}辐射场

图 4-7　共模特征电流辐射场

3. 最大方向性系数

记导线 1 上共模特征电流 $I_{C1}(z)$、$I_{C2}(z)$ 产生的辐射场为 $\boldsymbol{E}_{11}(r,\theta,\varphi)$、$\boldsymbol{E}_{12}(r,\theta,\varphi)$，导线 2 上共模特征电流 $I_{C1}(z)$、$I_{C2}(z)$ 产生的辐射场为 $\boldsymbol{E}_{21}(r,\theta,\varphi)$、$\boldsymbol{E}_{22}(r,\theta,\varphi)$，$\rho = C_2/C_1$，$(r,\theta,\varphi)$ 为球坐标系中的坐标，则导线的最大方向性系数可以表示为

$$
\begin{aligned}
D_{\max} &= \frac{4\pi\left|C_1(\boldsymbol{E}_{11}+\boldsymbol{E}_{21})+C_2(\boldsymbol{E}_{12}+\boldsymbol{E}_{22})\right|^2_{\max}}{\displaystyle\int_0^{2\pi}\int_0^{\pi}\left|C_1(\boldsymbol{E}_{11}+\boldsymbol{E}_{21})+C_2(\boldsymbol{E}_{12}+\boldsymbol{E}_{22})\right|^2\sin\theta\,\mathrm{d}\theta\,\mathrm{d}\varphi}\\[4mm]
&= \frac{4\pi\left|\boldsymbol{E}_{11}+\boldsymbol{E}_{21}+\rho(\boldsymbol{E}_{12}+\boldsymbol{E}_{22})\right|^2_{\max}}{\displaystyle\int_0^{2\pi}\int_0^{\pi}\left|\boldsymbol{E}_{11}+\boldsymbol{E}_{21}+\rho(\boldsymbol{E}_{12}+\boldsymbol{E}_{22})\right|^2\sin\theta\,\mathrm{d}\theta\,\mathrm{d}\varphi}
\end{aligned}
\tag{4-31}
$$

从式(4-23)可以看出，$I_{C1}(z)$、$I_{C2}(z)$关于$z=0$对称，因而$\boldsymbol{E}_{11}$与$\boldsymbol{E}_{12}$、$\boldsymbol{E}_{21}$与$\boldsymbol{E}_{22}$同样具有对称性，只需要取$0 \leqslant |\rho| \leqslant 1$，即可将线缆终端边界条件的所有可能情况包含在内。在计算特征电流I_{C1}、I_{C2}辐射场的基础上，结合式(4-31)，采用数值积分的方式可求得双线共模辐射时D_{max}的范围。图4-8(a)给出了不同长度导线D_{max}随L/λ的变化情况。从图中可以看出，共模辐射时导线的D_{max}只与导线的电尺寸有关，当长度变化而电尺寸不变时，D_{max}不发生变化；与图4-5结果比较，当导线电尺寸较大且共模辐射时，导线的D_{max}显著大于差模辐射。各个电尺寸D_{max}的最大值与最小值之间的差异在3dB左右，对于工程应用，取两者对数中值就能将所有可能的边界条件包含在内，且不会造成显著误差。为方便工程应用，对D_{max}的对数中值进行多项式拟合，并在图4-8(b)中将拟合值与实际值进行比较，可见拟合值误差较小。拟合的多项式为

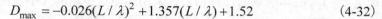

$$D_{max} = -0.026(L/\lambda)^2 + 1.357(L/\lambda) + 1.52 \tag{4-32}$$

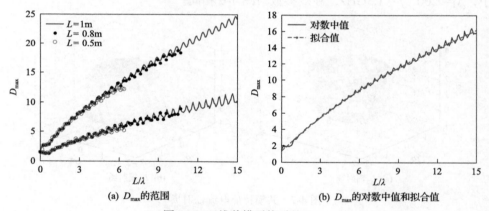

(a) D_{max}的范围　　　　　　　　　(b) D_{max}的对数中值和拟合值

图4-8　双线共模干扰时的D_{max}

比较差模干扰和共模干扰时线缆D_{max}的值可以看到，当L/λ较小时，无论是差模干扰还是共模干扰，线缆的D_{max}与电偶极子的D_{max}(约为1.64)基本一致。因此，电小尺寸线缆的D_{max}与电偶极子相当。

4.3.3　双线与单线最大方向性系数的等效

前面对双线共模干扰时的D_{max}进行了计算，采用类似的方法可以得到单线的D_{max}。对于线上电流为I_s、半径为a的单线，在导线表面，电流产生的矢势为

$$A_z(z) = \frac{\mu_0}{4\pi} \int_{-L/2}^{L/2} g_1(z-z') I_s(z') \mathrm{d} z' \tag{4-33}$$

$A_z(z)$显然满足式(4-19)，因此$A_z(z)$可以表示为

$$A_z(z) = C_1 e^{jkz} + C_2 e^{-jkz} \tag{4-34}$$

采用与 4.3.2 节中相同的方法，可以将电流 I_s 表示为特征电流的线性组合，将单线的特征电流记为 I_{s1}、I_{s2}，式(4-23)可改写为

$$\begin{cases} \displaystyle\int_{-L/2}^{L/2} g_1(z-z') I_{s1}(z') \mathrm{d}z' = e^{jkz} \\ \displaystyle\int_{-L/2}^{L/2} g_1(z-z') I_{s2}(z') \mathrm{d}z' = e^{-jkz} \end{cases} \tag{4-35}$$

首先采用 Landweber 迭代法求解特征电流，然后计算 D_{max} 的取值范围，计算结果如图 4-9 所示。可以看到，单线的特征电流基本为双线的两倍，单线的 D_{max} 与双线共模干扰时的 D_{max} 几乎没有差别。这一现象是由积分方程(4-23)和式(4-35)中核函数的近似倍数关系造成的：式(4-23)中的核函数为 g_1、g_2 之和，式(4-35)中的核函数为 g_1，但 g_1、g_2 形式接近，导致导线间距 d 较小时，式(4-23)解约为式(4-35)解的 1/2。由于特征电流大小增大一倍不会影响 D_{max} 的值，所以单线的 D_{max} 也就等于双线共模干扰时的 D_{max}。因此，对于混响室条件下的临界辐射干扰场强测试，双线共模干扰可以直接采用单线等效。

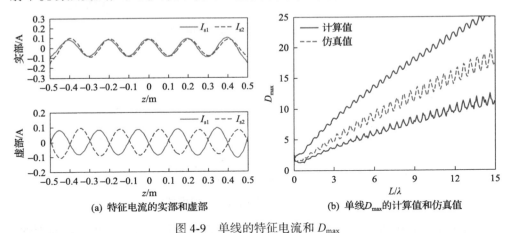

(a) 特征电流的实部和虚部　　　　(b) 单线 D_{max} 的计算值和仿真值

图 4-9　单线的特征电流和 D_{max}

为对计算结果进行检验，图 4-9(b) 中将单极子天线 D_{max} 的仿真值与 D_{max} 的计算值进行了比较。单极子天线作为一端电流为 0 的单线，其 D_{max} 的值应位于计算结果范围内。可以看到，计算值与仿真值符合较好。

4.4　影响线缆最大方向性系数的因素

前面线缆的 D_{max} 都是在理想长直导线条件下计算得到的，但是实际设备中的

线缆一般与附近的金属壳体同时存在，且会存在不同程度的弯曲，本节通过仿真软件对这两种典型情况进行仿真研究，总结复杂条件下线缆 D_{max} 的变化规律，为实装临界辐射干扰场强的测试奠定基础。

4.4.1　仿真模型及计算结果

本节建立位于金属壳体附近的长直单线、双线辐射模型以及不同弯曲弧度的两种导线辐射模型，计算金属壳体尺寸、导线弯曲弧度对线缆 D_{max} 的影响。计算线缆 D_{max} 的几何模型如图 4-10 所示，图 4-10(a) 为两个金属壳体之间的单线模型，图 4-10(b) 为单线弯曲 180°时的模型。线缆长度均为 1m，双线间距为 0.01m，线缆两端与金属壳体距离 0.05m，壳体为正方体。线缆一端接幅值为 1V 的激励源，另一端接 50Ω 的负载。

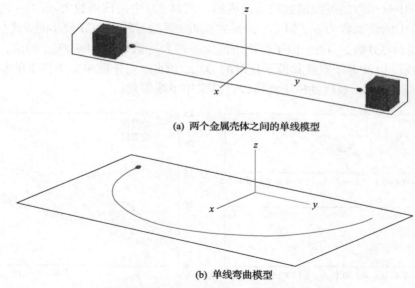

(a) 两个金属壳体之间的单线模型

(b) 单线弯曲模型

图 4-10　计算线缆 D_{max} 的几何模型

金属壳体对线缆 D_{max} 的影响如图 4-11 所示。可以看到，无论是单线还是双线，当壳体边长较小时，线缆 D_{max} 的值与无壳体时接近。随着壳体尺寸的增大，单线 D_{max} 的值趋于减小，而双线 D_{max} 的值趋于增大。这是由于壳体对电磁波的反射影响了线缆的辐射特性，线缆的 D_{max} 与无壳体时出现差异。

线缆弯曲对线缆 D_{max} 的影响如图 4-12 所示。与图 4-11 中的规律类似，当弯曲弧度较小时，线缆 D_{max} 的值与直线接近。当弯曲弧度增大时，单线 D_{max} 的值趋于减小，而双线 D_{max} 的值趋于增大。这是因为线缆弯曲影响了线缆的辐射特性，弯曲线缆的 D_{max} 与长直导线之间出现差异。

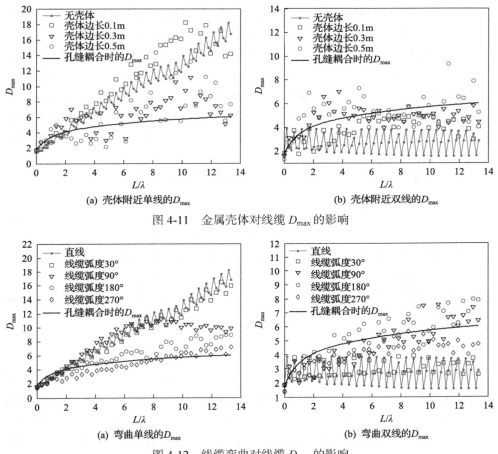

图 4-11　金属壳体对线缆 D_{max} 的影响

图 4-12　线缆弯曲对线缆 D_{max} 的影响

4.4.2　线缆最大方向性系数的变化趋势及原因分析

实际线缆形状及其周围金属壳体各异，对其 D_{max} 进行一一计算显然是不现实的。但是从仿真结果来看，线缆附近金属壳体以及线缆弯曲的存在似乎使 D_{max} 朝着同一数值靠近，且当该数值与孔缝为耦合通道时，D_{max} 的估计值相差不大。为了对两者的 D_{max} 进行比较，将孔缝为耦合通道时 D_{max} 的拟合公式进行改写。计算导线、孔缝 D_{max} 的共同之处是 D_{max} 的大小与电尺寸联系紧密，线缆的 D_{max} 与 L/λ 相关，腔体表面孔缝的 D_{max} 与 ka 相关。若将腔体的电尺寸采用与线缆类似的方法来表示，把 ka 改写为 $ka = 2\pi a/\lambda = \pi L/\lambda$，即 $L = 2a$ 表示腔体的线度，则可以将计算不同耦合通道 D_{max} 的变量统一用 L/λ 表示，统一后的公式为

$$D_{max} = 6.645 - 3.005e^{-0.038\pi L/\lambda} - 1.865e^{-0.359\pi L/\lambda} \qquad (4\text{-}36)$$

图 4-11、图 4-12 中画出了式(4-36)的曲线,将孔缝为耦合通道时的 D_{max} 与线缆 D_{max} 进行了比较。可以发现,随着壳体尺寸及线缆弯曲程度的增加,无论是差模耦合还是共模耦合,线缆 D_{max} 的值与孔缝为耦合通道时 D_{max} 的值逐渐接近。这可能的原因为:孔缝为耦合通道时 D_{max} 的估计方法是基于球面波模式系数的实(虚)部服从高斯分布的假设给出的,且孔缝越复杂,D_{max} 的估计值就越准确。对于线缆,金属壳体以及线缆弯曲的存在均可视为增大了线缆的复杂程度,因而随着壳体尺寸及线缆弯曲程度的增加,线缆 D_{max} 的值与孔缝耦合时 D_{max} 的值逐渐接近。

4.5　最大方向性系数计算结果的试验验证

为了验证前面计算得到的 D_{max} 的正确性以及以线缆为主要耦合通道时该混响室测试方法的可行性,本节进行两组试验:第一组试验以单线和双线为 EUT,比较线缆两种基本干扰模式下混响室和均匀场临界辐射干扰场强的测试结果;考虑到高频信号传输时线缆一般带有屏蔽层,第二组试验以同轴线为 EUT,进一步检验该混响室测试方法的实用性。由于线缆弯曲会影响 D_{max} 的值,所以试验中均采用长直导线。

4.5.1　单线和双线试验

试验所用单线和双线如图 4-13 所示,分别在混响室和开阔场中进行试验,实际试验场景见图 4-14。其中,单线长度为 0.82m,双线长度为 0.68m,间距约为 5mm。试验时导线一端接 50Ω 负载,另一端接电-光转换器,将导线接收的电信号转换为光信号,通过光纤传输再转换为电信号,由频谱仪接收后显示导线的接收功率 W。

本试验方案与第 3 章中相同:首先,在混响室中得到导线在一定干扰概率 P 时的临界干扰功率 W_s 及参数 σ,通过前面计算得到的 D_{max} 的上、下限 $D_{max,h}$、$D_{max,l}$ 来计算导线的临界辐射干扰场强 E_{sh}、E_{sl}。然后,在均匀场中对导线的多个角度进行辐射,得到均匀场中的最大接收功率 W_{max}。根据均匀场中辐射场强的平

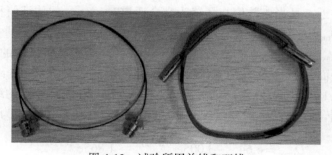

图 4-13　试验所用单线和双线

(a) 混响室试验　　　　　　　　　　　　(b) 开阔场试验

图 4-14　实际试验场景

方与 W_{max} 之间的线性关系，得到线缆接收功率为 W_s 时的最小辐射场强 E_u。若 E_u 位于 E_{sl}、E_{sh} 之间，则可验证 D_{max} 计算结果的正确性。试验时干扰概率 P 均取 20%，试验频段为 150～750MHz 以及 2.6～3.8GHz，频率间隔分别为 50MHz 以及 100MHz。单线电尺寸范围为 0.41～2.05、7.11～10.39，双线电尺寸范围为 0.34～1.70、5.89～8.61。

混响室中单线和双线接收功率的累积概率分布如图 4-15 所示。将试验数据的样本分布与理论分布(指数分布)进行比较，可以看到，无论是双线还是单线，终端负载的接收功率均服从指数分布，与理论相符。试验时混响室中的搅拌步数为 30 次，因而样本分布与理论分布之间的差异偏大。

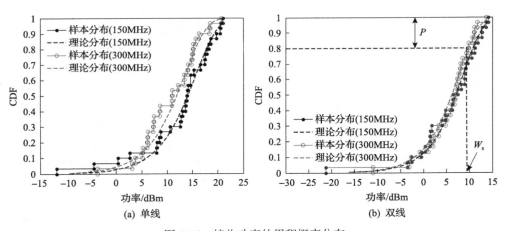

(a) 单线　　　　　　　　　　　　　　　(b) 双线

图 4-15　接收功率的累积概率分布

通过混响室中单线、双线的测试结果可以计算表 4-1、表 4-2 中的各个参数。其中，参数 σ 由各个搅拌位置的场强进行计算；临界干扰功率 W_s 由干扰概率 P 结合接收功率的概率分布得到；E_{sl}、E_{sh} 由式(2-46)和前面的 $D_{max,h}$、$D_{max,l}$ 计算得到。

表 4-1 混响室中单线试验的参数计算结果

频率/MHz	$D_{max,h}$	$D_{max,l}$	σ/(V/m)	W_s/dBm	E_{sh}/(V/m)	E_{sl}/(V/m)	频率/GHz	$D_{max,h}$	$D_{max,l}$	σ/(V/m)	W_s/dBm	E_{sh}/(V/m)	E_{sl}/(V/m)
150	2.72	1.28	5.73	17.76	9.86	8.95	2.6	16.49	8.16	9.46	−10.7	3.44	2.75
200	2.86	1.33	6.60	20.60	11.32	10.55	2.7	17.38	7.44	5.42	−6.56	4.73	3.99
250	3.36	1.64	5.01	15.06	10.01	8.71	2.8	18.09	7.38	9.30	−3.16	7.53	6.08
300	4.06	1.85	6.59	15.54	11.78	9.85	2.9	17.75	8.63	10.34	−2.20	7.38	5.71
350	4.18	1.89	4.38	14.67	9.79	7.61	3.0	18.56	8.16	8.91	−5.72	7.04	5.84
400	4.68	2.29	4.68	10.38	6.68	5.25	3.1	19.40	8.01	10.53	−4.96	8.83	7.32
450	5.30	2.28	5.40	10.77	7.99	6.63	3.2	18.97	9.16	10.55	−5.08	7.60	6.02
500	5.34	2.43	5.89	9.70	9.02	7.65	3.3	19.79	8.50	10.76	−9.74	7.71	5.94
550	5.86	2.77	6.76	12.15	10.36	8.77	3.4	20.70	8.60	9.15	−9.05	7.26	6.07
600	6.43	2.82	5.84	11.31	8.30	7.09	3.5	20.29	9.57	7.98	−12.65	6.23	5.08
650	6.38	3.01	5.76	9.78	7.51	6.04	3.6	20.87	9.10	7.38	−10.99	4.97	3.81
700	6.94	3.11	7.13	10.73	8.17	6.30	3.7	21.89	9.03	11.16	−1.89	7.95	6.41
750	7.48	3.06	7.41	11.83	8.35	6.56	3.8	21.34	10.12	8.15	−6.18	6.35	5.32

表 4-2 混响室中双线试验的参数计算结果

频率/MHz	$D_{max,h}$	$D_{max,l}$	σ/(V/m)	W_s/dBm	E_{sh}/(V/m)	E_{sl}/(V/m)	频率/GHz	$D_{max,h}$	$D_{max,l}$	σ/(V/m)	W_s/dBm	E_{sh}/(V/m)	E_{sl}/(V/m)
150	2.62	1.65	7.75	10.78	13.26	10.52	2.6	5.26	2.23	3.02	−20.1	4.45	2.90
200	4.98	1.71	8.29	14.07	13.94	8.17	2.7	2.15	1.84	3.41	−22.42	5.52	5.10
250	5.25	2.02	6.09	10.29	9.42	5.84	2.8	5.73	2.14	3.85	−22.32	5.79	3.54
300	2.16	1.81	7.44	9.85	12.15	11.12	2.9	2.17	1.36	3.61	−19.11	6.79	5.38
350	2.28	2.14	8.23	10.91	12.37	11.98	3.0	5.86	2.22	3.57	−24.03	5.26	3.24
400	4.98	2.26	5.12	8.88	7.49	5.05	3.1	2.18	1.41	4.32	−13.20	7.99	6.43
450	5.70	2.45	5.62	4.08	7.89	5.18	3.2	5.69	2.13	4.44	−25.61	6.69	4.09
500	2.90	2.38	6.45	10.56	9.19	8.33	3.3	2.17	1.91	4.15	−26.05	6.59	6.18
550	2.11	1.54	6.44	12.12	11.40	9.74	3.4	5.20	2.20	3.06	−31.15	4.53	2.95
600	4.29	1.98	6.08	7.15	9.50	6.45	3.5	2.79	2.21	3.97	−25.21	5.87	5.22
650	5.84	2.03	6.90	8.27	10.65	6.28	3.6	4.46	2.13	2.67	−31.27	4.02	2.78
700	3.73	2.13	7.87	13.05	11.85	8.96	3.7	3.65	2.17	3.46	−18.87	5.16	3.98
750	2.15	1.14	8.39	10.64	17.27	12.58	3.8	3.61	2.19	5.72	−20.62	8.50	6.62

图 4-16、图 4-17 将开阔场中测得的导线接收功率为 W_s 时的最小辐射场强 E_u 与 E_{sl}、E_{sh} 进行了比较。由于导线几何形状具有对称性且结构简单，所以开阔场中的最敏感方向相对容易找到。从图中可以看到，单线试验中 E_u 的值大多位于 E_{sh} 附近，双线试验中 E_u 的值更加靠近 E_{sl}。试验结果表明，在实际开阔场测试时，单线的 D_{max} 靠近 $D_{max,l}$，双线的 D_{max} 靠近 $D_{max,h}$。较为可能的原因是：试验中所

用单线本质上是单极子天线,从图 4-9(b)可以看到,单极子天线的 $D_{\max}$ 位于 $D_{\max,h}$、$D_{\max,l}$ 的中值附近;双线终端负载为 50Ω,根据线缆尺寸可以算得其特征阻抗 Z_c 约为 193Ω,终端反射系数在 -0.63 左右,结合图 4-4,试验中双线的 $D_{\max}$ 应当更靠近 $D_{\max,h}$。开阔场中找到的最敏感方向一般与导线的实际最敏感方向存在偏差,导致 E_u 的测试值大于真实值,在试验误差允许的范围内,前面 $D_{\max}$ 计算结果的正确性得到了验证。

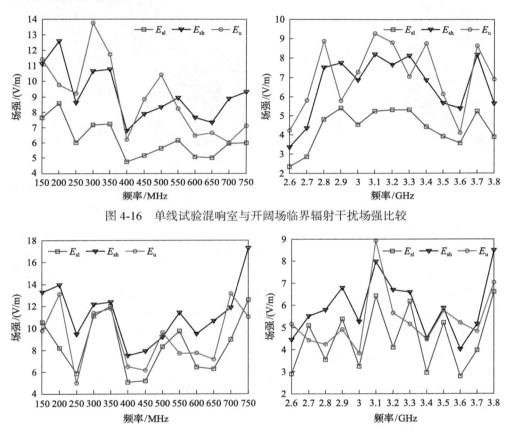

图 4-16　单线试验混响室与开阔场临界辐射干扰场强比较

图 4-17　双线试验混响室与开阔场临界辐射干扰场强比较

4.5.2　同轴线试验

为了实现微波信号的传输和降低外界干扰的影响,实际使用的线缆一般带有屏蔽层。当线缆受到外部电磁波辐射时,线缆的屏蔽层会产生感应电流,感应电流通过线缆的转移阻抗转换为差模电压对终端负载产生干扰。为了研究屏蔽线缆为主要耦合通道的 EUT 在混响室条件下进行临界辐射干扰场强测试的可行性,本节尝试将屏蔽线缆等效为单线,以常见的同轴线为 EUT,将上述内容中单线 $D_{\max}$

的计算结果应用于同轴线，分别在混响室和开阔场中进行试验，比较了两种场环境下的临界辐射干扰场强测试结果。

同轴线的试验方案与单线、双线相同，线缆一端接 50Ω 负载，另一端接电-光转换器，试验频率为 2.6~3.8GHz，各个测试频点间隔 100MHz。同轴线长度约为 0.965m，电尺寸范围为 8.36~12.22。同轴线混响室试验场景如图 4-18 所示。

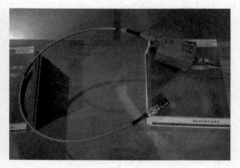

图 4-18　同轴线混响室试验场景

在单线、双线试验中，在混响室只对长直导线进行了测试，但是实际的线缆形状各异。为此，同轴线试验首先在混响室条件下研究线缆弯曲对测试结果的影响。直线和弯线接收功率比较如图 4-19 所示。其中，图 4-19(a)给出了 3GHz 时直线和弯线接收功率的概率分布与理想指数分布之间的差异。由于指数分布可以通过样本均值来描述，所以图 4-19(b)比较了直线和弯线接收功率的均值之间的差异。可以看到，由于屏蔽层的存在，同轴线的接收功率远小于单线和双线，并且无论是直线还是弯线，接收功率均近似服从指数分布，接收功率均值之间的差异最大约为 1.5dB。试验结果表明，混响室中线缆摆放形状对测试结果几乎没有影响，这是由混响室中电磁场的辐射、极化方向的统计均匀性决定的。

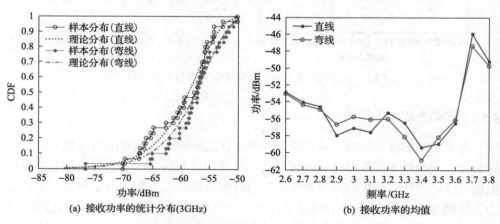

(a) 接收功率的统计分布(3GHz)　　　(b) 接收功率的均值

图 4-19　直线和弯线接收功率比较

根据混响室中的试验结果，采用单线、双线试验中相同的方法，可以得到表 4-3 中的各个参数。其中，同轴线 D_{max} 的上、下限 $D_{max,h}$、$D_{max,l}$ 是将其视为单线得到的。

表 4-3　混响室中同轴线试验参数计算结果

频率/GHz	$D_{max,h}$	$D_{max,l}$	$\sigma/(V/m)$	W_s/dBm	$E_{sh}/(V/m)$	$E_{sl}/(V/m)$
2.6	16.85	7.01	18.07	−50.82	15.00	9.67
2.7	16.49	7.89	21.06	−52.00	16.48	11.40
2.8	17.26	7.59	17.18	−52.50	13.70	9.09
2.9	17.98	7.67	19.97	−55.88	15.84	10.35
3.0	17.64	8.95	16.93	−55.01	12.43	8.85
3.1	18.54	7.78	13.18	−55.50	10.38	6.72
3.2	19.08	8.09	14.60	−53.20	11.28	7.34
3.3	18.75	9.25	15.23	−54.40	11.00	7.73
3.4	20.01	8.26	14.32	−57.29	10.95	7.03
3.5	20.14	8.61	13.95	−56.83	10.45	6.83
3.6	19.86	9.46	11.41	−54.43	8.15	5.63
3.7	21.16	9.03	12.54	−43.85	9.17	5.99
3.8	21.04	9.52	13.97	−47.08	9.95	6.69

同轴线开阔场试验场景如图 4-20 所示，可以得到同轴线接收功率为 W_s 时的最小辐射场强 E_u。图 4-21 比较了 E_u 与 E_{sl}、E_{sh} 的值。可以看到，在考虑开阔场中测试误差的情况下，混响室中计算得到的 E_{sl}、E_{sh} 与开阔场测得的 E_u 基本相符。因此，在混响室中对同轴线为主要耦合通道的 EUT 进行测试时，同轴线 D_{max} 的特性与单线是等效的。

图 4-20　同轴线开阔场试验场景

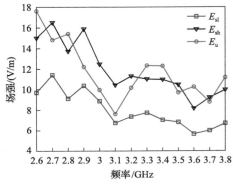

图 4-21　同轴线混响室与开阔场临界干扰场强比较

参 考 文 献

[1] Tkatchenko S V, Rachidi F, Ianoz M. High-frequency electromagnetic field coupling to long terminated lines[J]. IEEE Transactions on Electromagnetic Compatibility, 2001, 43(2): 117-129.

[2] Lugrin G, Tkachenko S V, Rachidi F, et al. High-frequency electromagnetic coupling to multiconductor transmission lines of finite length[J]. IEEE Transactions on Electromagnetic Compatibility, 2015, 57(6): 1714-1723.

[3] Brignone M, Delfino F, Procopio R, et al. An effective approach for high-frequency electromagnetic field-to-line coupling analysis based on regularization techniques[J]. IEEE Transactions on Electromagnetic Compatibility, 2012, 54(6): 1289-1297.

[4] Brignone M, Delfino F, Procopio R, et al. An equivalent two-port model for a transmission line of finite length accounting for high-frequency effects [J]. IEEE Transactions on Electromagnetic Compatibility, 2014, 56(6): 1657-1665.

[5] 周香, 曹玉梅, 臧家左. 基于 BLT 方程的外场照射下线缆终端耦合响应分析[J]. 东南大学学报(自然科学版), 2015, 45(6): 1061-1065.

[6] 佛雷德里卡·M·特奇, 米歇尔·V·艾诺茨, 托比杰恩·卡尔松. EMC 分析方法与计算模型[M]. 吕英华, 王旭莹, 译. 北京: 北京邮电大学出版社, 2009.

[7] 李星. 积分方程[M]. 北京: 科学出版社, 2008.

[8] 吕琪. 不适定问题的迭代正则化方法研究[D]. 武汉: 武汉理工大学, 2012.

[9] 孟进, 唐健, 李毅, 等. 基于偶极子近似方法的互联电缆辐射场研究[J]. 电工技术学报, 2014, 29(7): 32-37.

[10] Meng J, Teo Y X, David W P, et al. Fast prediction of transmission line radiated emissions using the hertzian dipole method and line-end discontinuity models[J]. IEEE Transactions on Electromagnetic Compatibility, 2014, 56(6): 1295-1303.

第 5 章　混响室辐射敏感度测试方法的试验验证

对实装而言,利用混响室进行辐射敏感度测试的前提是已知电磁干扰信号的耦合通道。但问题在于,大多数情况下装备的电磁辐射耦合通道是未知的,而且实装的耦合通道不同,最大方向性系数也会有所差异。若要确定电磁能量的耦合通道,除了依赖测试人员的经验外,还需对 EUT 的特性有充分的了解,这样不仅降低测试效率,也不利于电磁辐射临界辐射干扰场强混响室测试方法的推广应用。为解决上述问题,本章将基于装备电磁辐射耦合的基本规律,提出实装最大方向性系数 D_{max} 的估计方法及辐射敏感度测试的具体步骤,并对其准确性进行试验验证。

5.1　实装测试时最大方向性系数的估计方法

从前期研究中线缆差模、共模以及孔缝 D_{max} 的变化规律可以看出,虽然 D_{max} 是 EUT 自身的物理属性,但可以根据耦合通道来估计 D_{max} 的值。然而,实装的耦合通道通常是未知的,而且耦合通道不同时 D_{max} 的值差异显著,单纯根据 D_{max} 的数值很难给出适合工程应用的 D_{max} 的估计方法。为了能将 D_{max} 的计算结果应用于实际测试,本节根据不同耦合通道电磁辐射耦合的基本规律,结合孔缝、线缆 D_{max} 的计算结果,给出实装 D_{max} 的估计方法。

5.1.1　装备电磁辐射耦合的基本规律

虽然装备的类型多种多样,但电磁辐射的耦合通道总体可以分为三种——天线、线缆和孔缝。本节对三种通道的耦合规律进行分析,可以据此初步判断耦合通道,也为装备 D_{max} 的估计提供基本依据。

1. 天线为干扰通道时的耦合规律

天线用于电磁能量的发射或者接收,是各种用频装备的重要组成部分,如通信电台、雷达等。当天线为耦合通道时,最容易出现的是带内阻塞干扰,这是用频装备射频前端的工作机理造成的:天线接收的信号都会通过带通滤波器和限幅器,带通滤波器对接收信号进行滤波,限幅器限制接收信号的幅度。当干扰信号位于用频装备工作频带内时,较强的干扰信号会引起限幅器的增益降低,干扰信号和有用信号同时被抑制,导致有用信号无法通过,形成阻塞干扰。当干扰信号偏离用频装备的工作频带时，由于带通滤波器的选频作用，有用信号可以通过而干扰信号无法通过，用频装备可以正常工作。

带内阻塞干扰的特点是敏感频带窄、临界辐射干扰场强低，增大有用信号可以提高抗干扰能力。图 5-1 为某型通信电台带内阻塞干扰时临界辐射干扰场强[1]。可以看到，当干扰信号频率接近电台工作频率时，临界辐射干扰场强低于 1V/m；当干扰信号与有用信号的频差大于 25kHz 时，临界辐射干扰场强迅速增大至100V/m 以上，而且发射功率越小，临界辐射干扰场强越小。

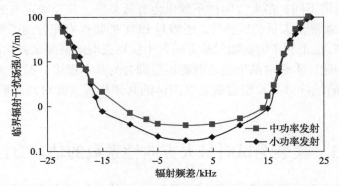

图 5-1　某型通信电台带内阻塞干扰时临界辐射干扰场强

2. 线缆为干扰通道时的耦合规律

线缆是电磁辐射的高效耦合通道，人们对场线耦合的规律进行了大量研究，发现谐振效应是其最显著的特征，即终端负载在谐振频点附近出现峰值响应，在其他频点的响应相对较弱。图 5-2 为计算得到的平面波辐射下单线和双线终端负载响应随线缆电尺寸的变化规律。其中，线缆长度均为 1m，负载为 50Ω，辐射场强为 1V/m，极化方向与线缆平行，L、λ 分别为线缆长度和电磁波的波长。可以看到，谐振频点位于 $2L/\lambda$ 为奇数的位置，且峰值响应随 L/λ 的增加逐渐降低，类似的规律可从文献[2]、[3]中对同轴线终端响应的试验结果中得到。另外，当线缆被局部辐射时，$2L/\lambda$ 为偶数的频点也可能会出现峰值响应，最大响应不位于第一谐振频点的情况同样可能出现，但谐振频点的峰值随线缆电尺寸的增加呈总体下降的趋势是不变的[4]。

线缆的干扰分为差模干扰和共模干扰。对于带有屏蔽层的线缆，干扰信号主要通过屏蔽层进入装备内部，可以将其视为共模干扰。但是当线缆未加屏蔽层时，即使是双线，也不能简单地将其视为差模干扰，因为双线可以成为对地回路的一部分，除了引入差模干扰外，也有引入共模干扰的可能。在实际测试时，可以通过效应类型来区分差模干扰和共模干扰：阻塞干扰、误差增大等效应一般与差模干扰对应，表现为设备技术性能恶化、技术指标降低；死机、重启、显示异常等效应往往是由共模干扰导致的,是决定设备能否正常工作的破坏性效应。线缆共模干扰也是导致 EUT 出现硬损伤的一个重要因素,与天线耦合不同的是损伤部位不一定出现在输入、输出端口,可能出现在中间部位。这是由于电磁辐射导致地电位波动,直接作用于受试设备的敏感部位,导致设备工作异常。总之,区分差模干扰、共模干扰主要看导致设备出现干扰的信号是如何传输的,若干扰信号逐级传输导致设备出现故障,则一般为差模干扰,否则,一般为共模干扰。

因此,当线缆为装备电磁干扰的主要耦合通道时,线缆的长度一般与电磁波的波长相当。无论是差模干扰还是共模干扰,只有当线缆长度与电磁波的波长差别不大($1/4 < L/\lambda < 4$)时,耦合能力才会较强。区分线缆的差模干扰、共模干扰需要一定的经验,不仅要看线缆的类型,还需要考虑设备的干扰效应,并结合干扰信号的传输方式来判断。

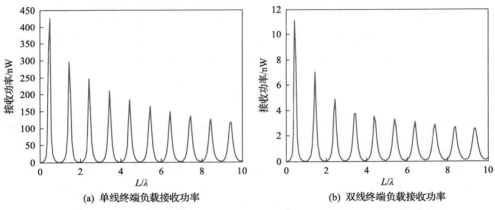

图 5-2　平面波辐射下单线和双线终端负载响应随线缆电尺寸的变化规律

3. 孔缝为干扰通道时的耦合规律

孔缝耦合包括电磁波穿过孔缝和电磁波在腔体中传播两个过程。本节采用波导理论,对常见的矩形孔进行简要分析。

假设矩形孔的边长为 l_1、l_2,顶点位于原点,两边与直角坐标系 x 轴、y 轴重合,电磁波垂直于矩形孔所在平面,沿 z 轴方向传播,则波数 k 及其直角分量 k_x、k_y、k_z 满足

$$k_x^2 + k_y^2 + k_z^2 = k^2 \tag{5-1}$$

其中

$$k_x = m\pi/l_1, \quad k_y = n\pi/l_2, \quad m,n = 0,1,2,\cdots \tag{5-2}$$

将式(5-2)代入式(5-1),整理得到

$$k_z = \sqrt{k^2 - (m\pi/l_1)^2 - (n\pi/l_2)^2} \tag{5-3}$$

假设 $l_1 \geqslant l_2$,将 $k = 2\pi / \lambda$ 代入式(5-3)。考虑波导的截止频率,$m=1$、$n=0$,得到

$$k_z = \pi\sqrt{\frac{4}{\lambda^2} - \frac{1}{l_1^2}} = \frac{\pi}{l_1}\sqrt{\frac{4}{(\lambda / l_1)^2} - 1} \tag{5-4}$$

记矩形孔的厚度为 z,穿过矩形孔的场强正比于 $e^{jk_z z}$。当 $\lambda / l_1 > 2$ 时,k_z 为虚数,穿过矩形孔的电场发生衰减。衰减幅度与 z / l_1、λ / l_1 的值相关,即孔缝厚度与长度之比越大、矩形孔的电尺寸越小,电场衰减幅度越大。通过孔缝的电磁能量要想不被显著衰减,除了孔缝不能太厚以外,还需要有较高的频率。

电磁波进入腔体内部以后,腔体的最低谐振频率成为其耦合能力的制约因素,低于腔体最低谐振频率的电磁波会发生衰减。最低谐振频率的计算公式为

$$f = 0.5c\sqrt{(1 / A)^2 + (1 / B)^2} \tag{5-5}$$

其中,A、B 为腔体较长两边的长度。腔体尺寸越小,最低谐振频率越高。进入腔体的电磁能量要想对腔体内部的元件造成显著影响,同样需要有足够高的频率。

因此,当电磁辐射的频率远低于孔缝的截止频率和腔体的谐振频率时,孔缝的耦合能力变弱。当频率较低的电磁波进入腔体内部时,首先经过孔缝衰减,然后经过腔体衰减,而且孔缝和腔体尺寸越小,衰减程度越大。由于实装表面的孔缝一般很小,腔体尺寸不会过大,所以若装备在频率较低时出现干扰,则可以不用考虑孔缝的作用。

综上所述,装备电磁辐射耦合的基本规律为:当天线为耦合通道时,敏感频点位于工作频率附近,且临界辐射干扰场强一般很小;当线缆的长度与电磁波的波长相当时,容易出现干扰,敏感频点一般位于半波长的整数倍的位置;当孔缝频率较高时,可能成为耦合通道,若电磁辐射的频率远低于孔缝截止频率及腔体的最低谐振频率,则可以不用考虑孔缝的作用。

5.1.2　装备最大方向性系数的估计方法

本节提出的基于混响室的辐射敏感度测试方法是将 EUT 敏感元件等效为接收天线负载得到的。D_{max} 的准确物理含义是敏感元件等效天线的最大方向性系数。因此严格来讲,应根据 EUT 的耦合通道,由敏感部位来确定 D_{max} 的值。但是从以上分析可以看到,除了天线阻塞干扰时耦合通道比较容易判定以外,当装备的

孔缝或线缆为耦合通道时，各个测试频点对应的敏感部位很难准确判定，尤其是对于含有多条线缆以及多个带孔缝腔体的复杂装备。为简化测试过程，给出一种使用方便的 D_{max} 的估计方法十分必要。本节首先比较前面不同耦合通道 D_{max} 的计算结果，然后讨论实际测试时可能遇到的几种情况，最后总结适用于实装的 D_{max} 的估计方法。

1. 不同耦合通道 D_{max} 的比较

图 5-3 用 L 表示腔体或者线缆的线度，比较了孔缝、线缆为主要耦合通道时 D_{max} 的计算结果。图 5-3(a) 为 D_{max} 的变化范围，包括线缆差模耦合、线缆共模耦合 D_{max} 的变化范围以及孔缝耦合 $D_{max}\pm 3dB$ 的变化范围。图 5-3(b) 为 D_{max} 的拟合值，拟合公式分别见式(4-10)、式(4-32)以及式(4-36)。为了方便叙述，将线缆共模耦合、孔缝耦合、线缆差模耦合对应的 D_{max} 的拟合值分别记为 D_{max1}、D_{max2}、D_{max3}。

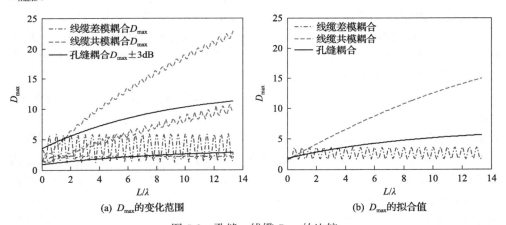

图 5-3　孔缝、线缆 D_{max} 的比较

从 D_{max} 的数值上来看，当耦合通道未知时，似乎很难给出统一的 D_{max} 选取标准，孔缝、线缆 D_{max} 的值相互之间存在差异，在线缆电尺寸较大时尤为明显。但是，图中线缆 D_{max} 的值是在线缆为长直导线、附近没有金属壳体的理想情况下得到的，实际测试中由于线缆弯曲、金属壳体的存在，电大尺寸时 D_{max1}、D_{max3} 趋于 D_{max2}(图 4-11 和图 4-12)。另外，从耦合效率来看，频率越高，线缆耦合效率越低，而孔缝耦合效率逐渐提高。因此，当耦合通道无法判断或者测试效率要求较高时，采用 D_{max2} 可以把绝大多数 EUT 的 D_{max} 值包含在内。

2. 几种实际情况的讨论

本节在以上分析的基础上，讨论几种可能遇到的实际情况，给出相应 D_{max} 的估计方法。

(1)敏感部位、干扰类型可以判断。当 EUT 比较简单、对 EUT 有充分了解或者通过干扰效应可以确定耦合的具体部位以及线缆的干扰类型时，直接根据敏感部位、干扰类型选取相应的 D_{max}。这是最简单的情况，可以准确估计 D_{max} 的值。

(2)判定为孔缝耦合，但是无法确定具体的敏感部位。当孔缝耦合时，D_{max} 需要根据孔缝所在腔体的尺寸进行估计，若装备包含多个带孔腔体，则有多个腔体尺寸可供选择。最优的方案是选取最大线度孔缝所在腔体的尺寸，因为孔缝线度越大，进入腔体内的电磁能量越多，成为敏感部位的可能性也就越大。另外，当电尺寸较大时，D_{max2} 随几何尺寸的变化速率很小，例如，L/λ=5 时 D_{max2}=3.9，L/λ=10 时 D_{max2}=5.1。这意味着，当选取的腔体尺寸偏差不大时，D_{max} 的估计值变化很小。

(3)判定为线缆耦合，但无法确定敏感部位、干扰类型。装备通常包含多条线缆，线缆干扰又分为差模干扰和共模干扰，而且线缆的 D_{max} 受到弯曲程度、金属腔体反射的影响。线缆长度与波长相当时最容易出现干扰，此时 D_{max2} 的值与 D_{max1}、D_{max3} 差别不大，而且线缆弯曲、金属腔体的存在会使 D_{max1}、D_{max3} 趋于 D_{max2}。当有多条线缆时，可以选取 L/λ 值较小且大于 $\lambda/4$ 的线缆，将其尺寸代入 D_{max2} 的表达式，得到 D_{max} 的估计值。

(4)无法区分孔缝耦合或者线缆耦合，也无法确定具体的敏感部位、干扰类型。此时 EUT 较为复杂，对 EUT 了解较少，仅能获得 EUT 的尺寸和敏感频点。当电磁辐射的波长远小于孔缝线度时，孔缝很难成为耦合通道，记最大孔缝的线度为 l_{max}，令 $\lambda<10l_{max}$ 时为孔缝耦合，采用情况(2)中的方法计算 D_{max}；令 $\lambda\geqslant10l_{max}$ 为线缆耦合，采用情况(3)中的方法计算 D_{max}。以 $10l_{max}$ 为界只是经验值，个别频点所判定的耦合通道可能与实际情况不一致，但是电尺寸较大时 D_{max2} 随几何尺寸的变化速率很小，即使判定的耦合通道与实际情况有出入，也不会对 D_{max} 的估计值造成显著影响。

在以上四种情况下，D_{max} 的估计误差是逐渐增大的：情况(1)的估计值最准确；情况(2)只需要判断敏感部位；情况(3)增加了干扰类型的判断和 D_{max} 值的近似；情况(4)还需要判断耦合通道。实际测试时应当尽可能地获取 EUT 耦合通道、干扰类型的相关信息，从而降低测试误差。

3. 估计装备 D_{max} 的具体步骤

对以上四种实际情况的讨论结果进行总结，得到估计装备 D_{max} 的具体步骤如下：

(1)若敏感部位、干扰类型可以判断，则测量敏感部位的尺寸，将其代入相应公式计算 D_{max}，装备 D_{max} 估计完毕；否则转入步骤(2)。

(2)测量尺寸。测量组成 EUT 的各个壳体、线缆的长度 L 以及最大孔缝的长度 l_{max}，计算 L/λ、l_{max}/λ。

(3)选取尺寸。选取 L/λ 的值较小且大于 $\lambda/4$ 的线缆尺寸和最大长度孔缝所在腔体的尺寸。

(4)计算 D_{max}。根据 D_{max2} 的公式计算 D_{max} 的值：若线缆耦合、孔缝耦合可以区分，则采用选取的线缆、腔体的尺寸分别计算线缆耦合、孔缝耦合时 D_{max} 的值；否则，先以 $\lambda = 10l_{max}$ 为界区分线缆耦合、孔缝耦合，再采用相应的尺寸计算 D_{max}。

需要注意的是，上述 D_{max} 针对的是孔缝耦合、线缆耦合的情况。当天线为耦合通道时，D_{max} 的值应当由天线参数确定。

5.2　临界辐射干扰场强测试的实施

5.2.1　试验设施及场地布置

混响室条件下临界辐射干扰场强测试的试验设施及场地布置示意图如图 5-4 所示，基本与《电磁兼容性（EMC）. 第 4-21 部分：试验和测量技术. 混响室试验方法》（IEC 61000-4-21）标准中相同：信号源产生的干扰信号由功率放大器进行放大，经过耦合器到达发射天线，发射天线将干扰信号辐射至混响室内部；功率计与耦合器相连，监测前向、反向功率，防止反向功率过大损坏设备；EUT、场强计置于混响室的工作区域；计算机与场强计、步进电机相连，显示场强计读数和控制搅拌器的转动；摄像头置于 EUT 附近，与混响室外部的显示器相连，用来观察 EUT 的工作状态。

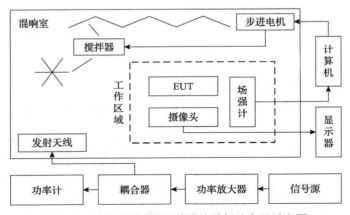

图 5-4　混响室测试的试验设施及场地布置示意图

为了确保测试结果的准确性，混响室中的场环境应当尽量与理想混响室接近，在高于 3 倍腔体最低谐振频率的频段进行测试。场强计、摄像头、EUT 之间的间

距应大于 $\lambda/2$，此时场强计以及 EUT 接收功率的统计特性受金属边界的影响较小[5]，场强计读数和 EUT 的响应基本不受附近金属反射的干扰。

5.2.2　测试的具体步骤

基于混响室的辐射敏感度测试方法的实施包括预估输入功率、正式试验以及数据处理三步，测试的流程如图 5-5 所示，具体测试步骤包括预估输入功率、正式试验、数据处理。

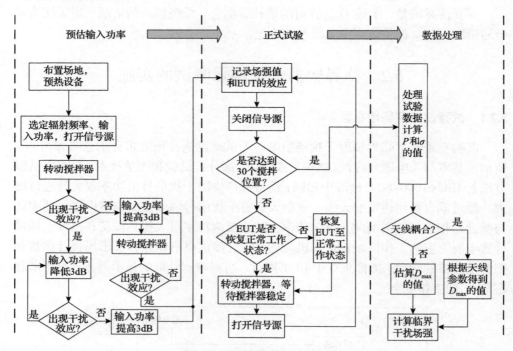

图 5-5　混响室测试的流程图

预估输入功率的步骤如下：

(1)按图 5-4 布置测试场地，场强计、EUT、摄像头相互之间的距离应大于 $\lambda/2$。

(2)使 EUT 处于正常工作状态，将各仪器打开并充分预热，关闭混响室。

(3)打开信号源，选定输入功率，转动搅拌器，观察 EUT 的工作状态。若 EUT 出现干扰效应，则以 3dB 为步进值逐渐降低输入功率至干扰效应消失，进而将输入功率提高 3dB；若未出现干扰效应，则以 3dB 为步进值提高输入功率，直至 EUT 出现干扰效应。这样就实现了输入功率的预估，使 EUT 的干扰概率不致过高，从而减小了测试误差。

正式试验的步骤如下：

保持输入功率不变，关闭信号源，转动搅拌器待其稳定，再打开信号源，记录场强以及 EUT 的干扰效应。若 EUT 有多种干扰效应，则每种干扰效应分开记录。重复该步骤直至搅拌位置达到 30 个，若期间 EUT 出现干扰效应，则需要恢复 EUT 至正常工作状态。

转动搅拌器前需关闭信号源，这是因为搅拌器转动时混响室内的场强会不断变化，场强计无法读数，EUT 出现干扰效应时的场强无法测得。搅拌器稳定后再打开信号源可以使 EUT、场强计有稳定的响应，保证测试结果的准确性。搅拌次数定为 30 次，是因为理想混响室中搅拌 20 次就能保证测试误差在 3dB 以内(图 3-3)，实际混响室中的测试误差大于理想混响室，所以将搅拌次数提高至 30 次。

数据处理的步骤如下：

(1)计算干扰概率 P 和参数 σ 的值，分别按式(2-39)和式(2-52)进行计算。

(2)根据 EUT 和干扰效应，判断是否为天线耦合。若为天线耦合，则根据天线参数得到 D_{max} 的值；否则，按照前面给出的方法估算 D_{max} 的值。

(3)将干扰概率 P、参数 σ 以及 D_{max} 的值代入临界辐射干扰场强计算公式，得到 EUT 的临界辐射干扰场强 E_s。

5.3　某型计算机的辐射敏感度测试试验

为了对 D_{max} 的估计方法以及混响室辐射敏感度测试方法进行验证，以某型计算机为 EUT 进行试验。先在混响室中进行试验，测试计算机的临界辐射干扰场强。然后在均匀场中进行试验，比较两种场地中的测试结果是否一致。计算机在均匀场中的临界辐射干扰场强是在多功能屏蔽室中测得的，屏蔽室内部贴有吸波材料，其性能符合《军用设备和分系统电磁发射和敏感度要求与测量》(GJB 151B—2013)电磁兼容测试要求[6]。

5.3.1　试验设置及计算机的干扰效应

分别按照图 5-4、图 5-6 布置混响室和屏蔽室中的试验场景，试验实际场景见图 5-7。在混响室试验中，将计算机、场强计、摄像头置于混响室的测试区域，相互之间的距离大于半波长。在屏蔽室试验中，计算机置于测试台上，天线主波束对准计算机，通过底部转台转动来改变辐射方向。试验所用功率放大器的最大输出功率为 250W，在混响室中的最大场强不低于 300V/m，在屏蔽室中产生的最大场强约为 200V/m。

由于能够产生的最大场强有限，所以需要先通过试验寻找计算机的敏感频点。该试验是在混响室中进行的，因为混响室中能够产生较大的场强，且 EUT 的响应

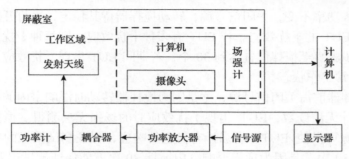

图 5-6　屏蔽室试验示意图

(a) 混响室试验

(b) 屏蔽室试验

图 5-7　计算机试验实际场景

与辐射方向无关，避免了辐射方向随机性的影响。试验频率范围为 1～4GHz，遗憾的是，在该频率范围内，计算机的运行并未出现任何异常。

为降低试验难度，将计算机主机壳体的一侧打开，使电磁能量尽可能多地耦合到计算机内部。最终确定的敏感频段为 1～2.1GHz，在该频段每隔 100MHz 对计算机进行测试。图 5-8 为计算机的正常状态和故障状态，故障状态包括黑屏、蓝屏两种，都属于显示异常，测试时是按同一种干扰效应类型记录的。当干扰场强达到一定强度时，计算机由正常状态跳变为故障状态，停止辐射后无法自动恢复，需手动重启，重启后计算机即可恢复正常状态。

(a) 正常状态

(b) 故障1(黑屏)

(c) 故障2(蓝屏)

图 5-8　计算机的正常状态和故障状态

5.3.2 混响室试验结果

混响室试验按照图 5-5 中的测试流程进行。从较小的输入功率开始，逐渐提高信号源的输入信号和功率放大器的输入功率，转动搅拌器并观察计算机。待计算机出现故障后，保持信号源和功率放大器输入功率不变，开始记录数据。测试完 30 个搅拌位置后处理试验数据，估算计算机的 D_{max}，得到计算机的临界辐射干扰场强。

测试结果的重复性是衡量测试方法优劣的重要指标。为检验混响室辐射敏感度测试方法的重复性，通过调整输入功率，在不同干扰概率下对计算机进行试验。图 5-9 给出了两次试验在 1.5GHz 时场强的统计规律和各个搅拌位置计算机的干扰情况。可以看到，场强的统计规律与理论基本一致，第二次测试时场强相对较大，两次测试时计算机故障出现的位置随机，场强增大时干扰次数增加。

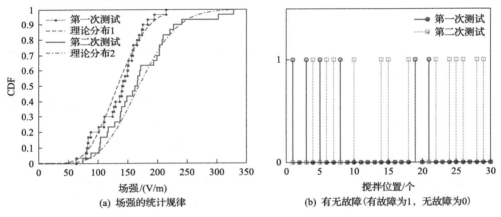

图 5-9 混响室中的两次测试结果(1.5GHz)

表 5-1 给出了混响室中计算机试验数据，包括 D_{max} 的估计值、参数 σ、干扰概率 P、临界辐射干扰场强 E_s 以及两次测试结果的相对误差。采用不同的下标来区分两次测试结果，例如，P_1、P_2 分别表示两次测试的干扰概率 P。参数 σ、P 根据前面的相应公式计算得到，D_{max} 采用 5.1.2 节中的方法进行估计。在预试验中，只有当壳体打开时才能出现干扰效应，这说明虽然该计算机可能的耦合通道较多，包括主机、显示器的电源线，键盘、鼠标的连接线等，但各种外部线缆并未成为耦合通道，只有计算机主机对电磁能量较为敏感，试验所用 EUT 的敏感部位已知。将主机壳体的尺寸 420mm×182mm×410mm 代入 D_{max2} 的公式，得到计算机 D_{max} 的具体数值。

从表 5-1 可以看到，虽然两次测试时 σ 值以及干扰概率 P 不同，但是最终得到的临界辐射干扰场强并未出现较大差异，两者相对误差的最大值为 2.76dB，多数误差小于 2dB，混响室测试结果表现出较好的重复性。

表 5-1　混响室中计算机试验数据

频率/GHz	D_{max}	σ_1/(V/m)	σ_2/(V/m)	P_1	P_2	E_{s1}/(V/m)	E_{s2}/(V/m)	相对误差/dB
1.0	4.11	52.25	58.61	0.067	0.133	73.49	71.11	0.29
1.1	4.20	45.07	60.14	0.200	0.333	48.32	53.26	−0.85
1.2	4.29	45.37	67.42	0.033	0.100	70.00	85.58	−1.75
1.3	4.37	38.55	46.98	0.167	0.300	42.77	42.74	0.01
1.4	4.44	56.74	78.04	0.100	0.133	70.79	91.08	−2.19
1.5	4.50	57.67	73.17	0.200	0.467	59.71	52.13	1.18
1.6	4.57	48.00	60.79	0.100	0.233	59.03	59.44	−0.06
1.7	4.63	46.41	52.04	0.233	0.300	45.09	45.98	−0.17
1.8	4.68	55.74	70.49	0.100	0.467	67.72	49.27	2.76
1.9	4.73	50.06	65.00	0.067	0.233	65.59	62.43	0.43
2.0	4.78	68.76	94.33	0.033	0.367	100.42	74.82	2.56
2.1	4.83	72.38	77.28	0.167	0.167	76.34	81.51	−0.57

5.3.3　屏蔽室试验结果

屏蔽室试验前，首先检验测试区域的场均匀性，确保场均匀性优于 3dB，然后布置试验场地，按照以下步骤测试计算机的临界辐射干扰场强：

（1）将计算机置于天线波束中心，随机选取初始辐射方向，由低到高增加信号源和功放的输出功率，直至计算机刚好出现故障。

（2）关闭信号源，重启计算机至正常工作状态，通过底部转台旋转计算机，保持信号源和功率放大器输出功率不变，打开信号源，对计算机进行辐射。

（3）若计算机出现故障，则减小信号源输入，直至计算机刚好出现故障；若计算机未出现故障，则转入步骤（2）。

（4）重复步骤（2）、（3），直至所有辐射方向测试完毕。

（5）将计算机移出测试区域，用场强计测量计算机移出前主机附近前、后、左、右四点的场强值，取平均得到计算机的临界辐射干扰场强。

在上述步骤中，根据《军用设备和分系统电磁发射和敏感度要求与测量》(GJB 151B—2013)[6]，计算机刚好出现故障的判定方法是：敏感现象出现后降低干扰信号电平至 EUT 恢复正常，继续降低干扰信号电平 6dB，逐渐增加干扰信号电平至敏感现象再次出现，认为此时计算机刚好出现故障。

通过重复步骤（2）、（3），信号源输入逐渐减小，在计算机较为钝感的方向上不再进行测试，避免了在每个辐射方向都测量一遍临界辐射干扰场强，有助于提高测试效率。在所有辐射方向测试完毕后，最后一次辐射时的场强即为计算机的临界辐射干扰场强。

　　由于电磁能量主要是通过计算机主机壳体打开的一侧来影响计算机的，所以试验中只对该区域进行了重点辐射。测试时对壳体打开一侧的 16 个等间隔的方向进行了辐射，电场极化方向先水平再垂直，即实际辐射次数为 32 次。

　　混响室与屏蔽室试验结果比较见图 5-10，记均匀场的临界辐射干扰场强为 E_u，图中比较了 E_u 与混响室测试结果 E_{s1}、E_{s2} 的大小及相对误差。可以看到，混响室与均匀场测试结果基本一致，两次测试与均匀场间的最大误差约为 4dB。与前期试验类似，在部分频点均匀场测试结果偏大，这可能是由均匀场辐射方向与 EUT 最敏感方向存在偏差以及混响室、屏蔽室中的测试误差造成的。

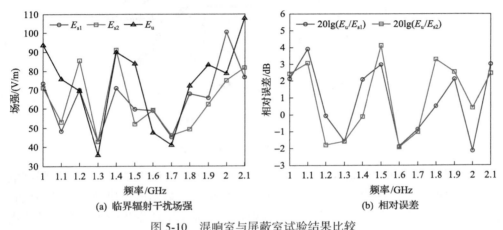

(a) 临界辐射干扰场强　　　　　　(b) 相对误差

图 5-10　混响室与屏蔽室试验结果比较

5.4　某型通信电台的辐射敏感度测试试验

5.4.1　试验设置及通信电台的干扰效应

　　为了进一步检验测试方法的可靠性，以某型通信电台为 EUT，去掉天线，并将天线接口屏蔽，进行带外干扰试验。只进行带外干扰试验的原因是该通信电台的通信频率低于 100MHz，在混响室的最低使用频率附近；带内干扰时耦合通道为天线，对外界电磁干扰非常敏感，在混响室中的强电磁场环境下极易损坏，导致试验无法进行。

　　通信电台结构示意图见图 5-11，其由电源模块、功率放大器模块、收发模块构成，共有三根线缆，包括电源模块与市电电源、功率放大器模块间的连接线，以及功率放大器模块与收发模块间的连接线，以下叙述中分别称其为线 1、线 2、线 3。线 1 为三芯非屏蔽线，是常见的三插孔电源线，长 1.37m；线 2 为非屏蔽平行双线，长 0.83m；线 3 为多芯屏蔽线，长 0.053m。电源模块的尺寸为 24.6cm×20.5cm×6.5cm，功率放大器模块的尺寸为 24.6cm×26.0cm×8.0cm，收发模块的尺寸为 24.6cm×13.5cm×8.0cm。通信电台带有多种孔缝，包括通电源模块、收发模块的通风孔以及显示窗口等。最大线度的孔缝为电源模块的电压显示窗口，几何尺寸为 5.7cm×2.8cm。通信电台试验分别在混响室和屏蔽室中进行，试验设备的配置与计算机试验相同。

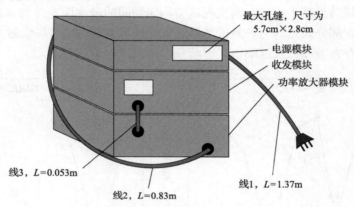

图 5-11　通信电台结构示意图

　　电源模块带有电压显示窗口，正常工作时显示的电压为 20V。在一定强度电磁波的辐射下，电源模块的电压显示窗口发生跳变，显示电压出现小幅升高或者降低，通信电台正常工作；继续增加辐射强度，显示电压发生较大跳变，甚至出现显示错误，电源模块掉电，通信电台关机而无法工作。若停止辐射，则电压显示正常，通信电台自动重启，恢复正常工作状态。

　　根据通信电台的干扰效应，测试时可选择两种指标作为干扰判据：第一种是通信电台重启；第二种是电源模块输出电压发生一定幅度的跳变。由于在较大场强下通信电台才会发生重启，所以测试时在较为敏感的频点以通信电台重启为干扰判据，在相对钝感的频点以电压跳变 2V 作为干扰判据。当采用第二种判据时，需满足电压跳变的幅度与干扰场强成正比，即场强越大，电压变化的幅度也越大。为此，在屏蔽室中选取部分频点测试电压变化幅度与场强之间的关系(图 5-12)，给出了 0.55GHz 和 3.2GHz 对通信电台的某一方向进行辐射时的测试结果。可以看到，虽然在不同频率的电磁波辐射下电源模块的显示电压出现升高或降低，但跳变的幅度与辐射场强均满足正比关系。因此，选择电压跳变作为干扰判据是可行的。

5.4.2　混响室试验结果

　　将通信电台置于混响室中进行辐射，试验频率范围为 0.17～3.3GHz。根据不

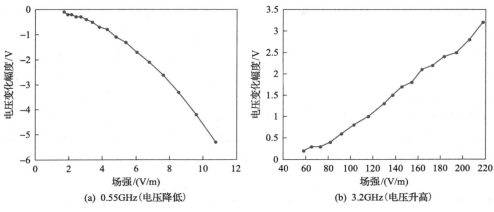

图 5-12　电压变化幅度与场强之间的关系

同测试频段通信电台的敏感程度，选择两种效应作为通信电台的干扰判据：在 0.17～2.3GHz，通信电台对外界电磁辐射较为敏感，以通信电台重启为干扰判据；在 2.4～3.3GHz，通信电台很难出现重启效应，但电压跳变依然存在，以电源模块输出电压跳变 2V 为干扰判据。

　　按照 5.2.2 节中的步骤进行试验，可以在混响室中测得通信电台的临界辐射干扰场强。图 5-13 给出了 0.6GHz、1.6GHz 时通信电台在混响室中的试验数据。其中，图 5-13（a）将场强测试值作为样本，与理想混响室场强的统计规律进行比较，图 5-13（b）为 30 个搅拌位置中通信电台的干扰情况。与计算机试验类似，场强测试值与理论值的统计规律基本相符，通信电台干扰出现的位置随机。

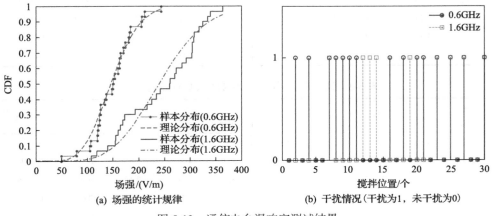

图 5-13　通信电台混响室测试结果

　　表 5-2 和表 5-3 分别给出了混响室中通信电台出现重启和电压跳变 2V 两种效应的详细试验数据，其中 D_{max} 的值根据 5.1.2 节中的方法估算得到。根据通信电

台的干扰效应，只能判断通信电台工作异常是电源模块受到干扰造成的，可能的耦合通道包括线 1、线 2 和电源模块自身的孔缝，具体的耦合部位及干扰类型无法确定。由于最大孔缝尺寸为 5.7cm×2.8cm 且 l_{max}=5.7cm，所以按照 5.1.2 节中的方法，认为低于 0.526GHz 时为线缆耦合，L/λ 较小且大于 1/4 的线缆为线 2，长度为 0.83m，以此估算 D_{max} 的值；认为高于 0.526GHz 时为孔缝耦合，以电源模块的线度来估算 D_{max} 的值，由电源模块的几何尺寸算得其线度为 0.327m。分别将线 2、电源模块的线度以及测试频率代入 D_{max2} 的公式中，得到各个测试频点的 D_{max} 值，进而由 E_s 的计算公式算得通信电台的临界辐射干扰场强。

表 5-2 通信电台混响室试验数据 1（通信电台重启）

频率/GHz	D_{max}	σ/(V/m)	P	E_s/(V/m)	频率/GHz	D_{max}	σ/(V/m)	P	E_s/(V/m)
0.17	2.71	65.25	0.17	91.44	1.0	3.46	84.95	0.13	112.98
0.20	2.83	87.59	0.03	168.79	1.1	3.56	45.32	0.50	34.65
0.30	3.19	44.81	0.47	37.75	1.2	3.65	40.47	0.17	48.86
0.35	3.34	17.02	0.17	21.46	1.3	3.73	40.35	0.47	31.44
0.40	3.48	18.80	0.33	18.39	1.4	3.81	79.85	0.23	85.94
0.45	3.60	34.80	0.47	27.62	1.5	3.88	76.45	0.17	89.52
0.50	3.71	71.97	0.07	105.60	1.6	3.94	103.70	0.30	99.25
0.55	2.90	55.80	0.37	56.61	1.7	4.00	99.44	0.10	130.60
0.60	2.97	63.09	0.50	52.76	1.8	4.06	73.86	0.13	90.66
0.65	3.04	70.56	0.13	100.05	1.9	4.12	84.13	0.07	117.11
0.75	3.18	73.27	0.13	101.70	2.0	4.17	118.93	0.07	164.53
0.80	3.24	84.34	0.07	132.37	2.1	4.22	119.51	0.07	164.38
0.85	3.30	73.42	0.10	106.26	2.2	4.26	123.97	0.13	148.55
0.90	3.35	82.79	0.03	146.61	2.3	4.31	112.36	0.10	142.31

表 5-3 通信电台混响室试验数据 2（电压跳变 2V）

频率/GHz	D_{max}	σ/(V/m)	P	E_s/(V/m)	频率/GHz	D_{max}	σ/(V/m)	P	E_s/(V/m)
2.4	4.35	62.05	0.13	73.62	2.9	4.53	81.13	0.23	80.03
2.5	4.39	81.36	0.13	96.10	3.0	4.56	76.66	0.10	94.31
2.6	4.43	73.35	0.13	86.26	3.1	4.60	90.12	0.03	136.35
2.7	4.46	84.77	0.20	88.18	3.2	4.63	79.24	0.03	119.49
2.8	4.50	85.86	0.07	114.36	3.3	4.66	80.62	0.03	121.18

5.4.3 屏蔽室试验结果

屏蔽室中临界辐射干扰场强测试步骤与 5.3.3 节中计算机试验相同，但是通信电台的整体线度较大(通信电台完全展开后的线度为市电电源线、电源模块、通信电台主机以及两者连接线的长度之和),且干扰通道未知,对其进行辐射时遇到了以下两个问题:①无法对通信电台整体进行均匀辐射。通信电台展开后整体线度大于 2m,发射天线在屏蔽室测试区域产生的较为均匀的场的区域直径约为 1m,很难实现对通信电台整体进行均匀辐射。②寻找最敏感方向存在困难。屏蔽室试验要求尽可能寻找通信电台最敏感的耦合方向,需要对通信电台进行多角度辐射,在干扰通道未知、电台线度较大时,寻找最敏感方向很难实现。为了解决上述问题,试验时将通信电台三个可能的耦合通道,即线 1、线 2 以及电源模块的孔缝分别置于发射天线的主波束内进行多角度辐射,取三个部分临界辐射干扰场强的最小值作为通信电台的临界辐射干扰场强。

为了提高测试效率和保证测试结果的重复性,根据电磁能量与线缆的耦合特性,在对线缆进行辐射时,将线缆拉直使之近似为水平直线,采用水平极化的电磁波进行多角度辐射;当对电源模块的孔缝进行辐射时,采用了水平、垂直两个极化方向。试验时通信电台通过底部转台的转动来改变方向,在 EUT 转动一周内均匀间隔的 36 个方向进行辐射。图 5-14、图 5-15 给出了通信电台重启以及电源模块电压跳变 2V 时屏蔽室中测得的临界辐射干扰场强,与混响室测试结果进行了比较,计算了两者的相对误差。

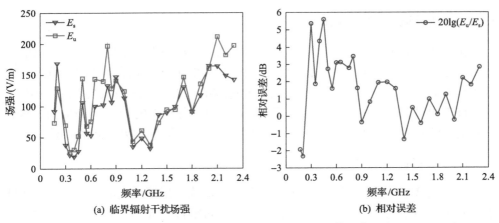

(a) 临界辐射干扰场强   (b) 相对误差

图 5-14 混响室、屏蔽室试验结果比较 1(通信电台重启)

从图中可以看出,无论是选择通信电台重启还是电压跳变 2V 作为通信电台的干扰判据,在混响室、屏蔽室中临界辐射干扰场强的测试结果基本一致,屏蔽室中的测试结果整体大于混响室。试验中的最大相对误差约为 5.6dB,相对误差偏大的频率范围位于 0.3~0.8GHz,当频率大于 1.5GHz 时,相对误差有增大的趋势。试验相对误差主要来源于:

(1)混响室中的测试误差,如场的统计非均匀性、参数 σ、干扰概率 P 的误差等。

（2）屏蔽室中的测试误差，如实际辐射方向与最敏感方向的差异、场的非均匀性等，前者在频率较高、EUT 的方向特性较为复杂时更为显著。

（3）D_{max} 的取值与真实值之间的误差，D_{max} 的取值为干扰通道未知时的估计值，与通信电台 D_{max} 的真实值存在偏差，可能是个别频点误差的主要来源。

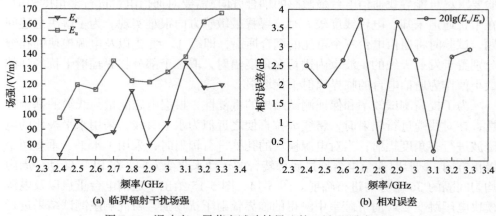

(a) 临界辐射干扰场强　　　　　　(b) 相对误差

图 5-15　混响室、屏蔽室试验结果比较 2（电压跳变 2V）

5.4.4　干扰通道已知时的测试结果

在上述试验中，在电磁能量耦合通道未知的情况下对通信电台的临界辐射干扰场强进行了测试，但两种不同的测试场地在个别频点测试结果的误差偏大，这可能是由 D_{max} 的取值与实际值之间的差异造成的。为了提高测试结果的准确性，本节首先通过试验判定通信电台的耦合通道，对部分频点的 D_{max} 重新取值，然后计算电台的临界辐射干扰场强，比较混响室和屏蔽室测试结果之间的差异。

1. 干扰通道的判定

由于线 2 长度为 0.83m，且为非屏蔽平行双线，根据线缆的耦合规律，在低于 1GHz 的频率范围内，线 2 成为耦合通道的可能性较大。为此，采用长度、外形均相同的屏蔽双线来代替线 2，保持试验条件不变，在混响室中进行试验。图 5-16 为试验中采用的屏蔽双线和非屏蔽双线实物图。

采用屏蔽双线代替线 2 后再次开展试验。试验现象为：当辐射信号的频率不高于 0.8GHz 时，通信电台重启效应消失，电压跳变仍然存在；当辐射信号的频率高于 0.8GHz 时，试验结果基本不变。为了对此进行具体说明，图 5-17 给出了线 2 屏蔽前后电源模块在 0.35GHz 和 0.4GHz 两个频点各个搅拌位置电压的变化。可以看到，线 2 屏蔽后电源模块的干扰程度显著降低（线 2 未屏蔽时部分电压变化超过 20V，这是因为显示电压为负数，此时通信电台出现重启效应）。图 5-18 给出了频率范围为 0.85～3.3GHz 线 2 屏蔽前后参数 σ 和干扰概率 P 的变化。在此频段，线 2 屏蔽前后混响室内场环境基本不变，干扰概率 P 也没有明显变化，线 2 屏蔽前后对测试结果几乎没有影响。通过以上现象可以判定：在 0.17～0.8GHz 频段，线 2 是通信电台的主要耦合通道；在 0.85～3.3GHz 频段，线 2 不是通信电台的主要耦合通道。

图 5-16　屏蔽双线和非屏蔽双线实物图

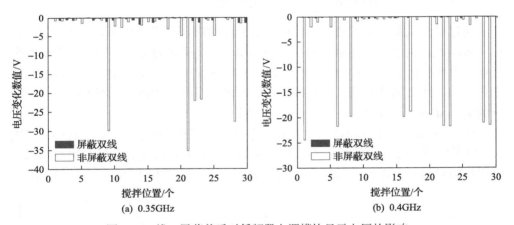

(a) 0.35GHz　　　　　　　　　　(b) 0.4GHz

图 5-17　线 2 屏蔽前后对低频段电源模块显示电压的影响

根据 5.4.3 节屏蔽室中的试验现象可以进一步确定耦合通道。屏蔽室中对通信电台的各个部分进行了分别辐射：在 0.17～0.8GHz 频段，对线 2 进行辐射可以得到最小的临界辐射干扰场强，表明线 2 为主要耦合通道；在 0.85～3.3GHz 频段，当辐射方向位于电源模块的电压显示窗口附近时，通信电台相对敏感，且通信电台在电场极化方向与电压显示窗口长边垂直时最为敏感，若将电压显示窗口用锡箔纸密封，则在相同的场强下，干扰效应消失，说明电源模块的电压显示窗口为主要耦合通道。

综合混响室、屏蔽室中的试验现象可以得出结论：在 0.17～0.8GHz 频段，线 2 是通信电台的主要耦合通道；在 0.85～3.3GHz 频段，电源模块的电压显示窗口是通信电台的主要耦合通道。

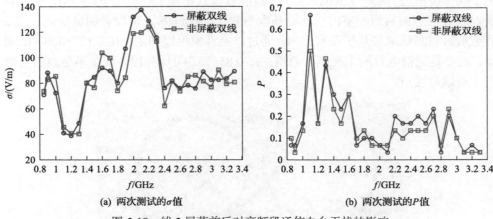

(a) 两次测试的σ值　　　　　　　　(b) 两次测试的P值

图 5-18　线 2 屏蔽前后对高频段通信电台干扰的影响

2. 干扰通道已知时两种场地试验结果比较

通过以上试验确定了通信电台在各个频段的耦合通道。在 0.85～3.3GHz 频段，估计 D_{max} 时所选取的耦合通道与通信电台的实际耦合通道一致，不需要再次分析。当频率低于 0.8GHz 时，线 2 为主要耦合通道，但是 D_{max} 的值是通过 D_{max2} 来估算的。线 2 为非屏蔽平行双线，无法确定是差模干扰还是共模干扰，相对准确的 D_{max} 值应当选取 D_{max1} 或者 D_{max3} 来估算。

图 5-19 给出了干扰通道已知时混响室与屏蔽室的测试结果比较。其中，将线 2 共模干扰、按 D_{max1} 算得的临界辐射干扰场强记为 E_{s1}，将线 2 差模干扰、按 D_{max3} 算得的临界辐射干扰场强记为 E_{s3}。可以看到，当干扰通道已知时，两种场地测试

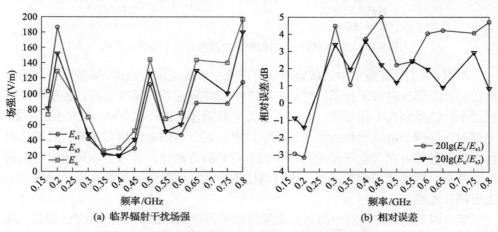

(a) 临界辐射干扰场强　　　　　　　　(b) 相对误差

图 5-19　干扰通道已知时混响室与屏蔽室的测试结果比较

结果的差异减小，认为线 2 共模干扰、差模干扰时的最大误差分别为 4.98dB、3.58dB。由于线 2 为耦合通道时的长度与波长相当，所以 D_{max1}、D_{max2}、D_{max3} 之间的差异不大，对测试结果的影响也并不显著。混响室测试结果普遍高于屏蔽室，这可能是由屏蔽室中的辐射方向与 EUT 的最敏感方向存在差异造成的。

从图 5-19 中也可以发现，通信电台较为敏感的频点出现在 0.17GHz、0.35GHz、0.55GHz 以及 0.75GHz，线 2 长度除以波长的值分别为 0.47、0.97、1.52、2.07，因此谐振是导致通信电台敏感的主要原因。随着频率的增加，临界辐射干扰场强逐渐升高，当波长与线 2 长度差别较大时，线 2 不再成为主要耦合通道，这与场线耦合的规律是一致的。

以上试验结果表明，虽然 D_{max1}、D_{max2}、D_{max3} 的数值在耦合通道为电大尺寸时有较大差异，但是对于实装，线缆通常在长度与波长比值不大时才会成为耦合通道，此时任选一种公式计算 D_{max} 都不会出现较大误差。选取 D_{max2} 来估算装备 D_{max} 的值，便于 D_{max} 估计方法的统一，而且 D_{max2} 随尺寸变化速率较慢，避免了线缆长度测量不准确时 D_{max} 的估计值出现较大波动。

参 考 文 献

[1] 魏光辉，耿利飞，潘晓东. 通信电台电磁辐射效应机理[J]. 高电压技术，2014，40(9)：2685-2692.

[2] 王庆国，王树嶠，贾锐. 混响室中漫射场对同轴电缆的耦合规律[J]. 高电压技术，2014，40(6)：1630-1636.

[3] 潘晓东，魏光辉，李新峰，等. 同轴电缆连续波电磁辐照的终端负载响应[J]. 强激光与离子束，2012，24(7)：1579-1583.

[4] 李新峰，魏光辉，潘晓东，等. 导线贯通金属腔体电磁辐射耦合电流的计算方法[J]. 北京理工大学学报，2016，36(6)：625-634.

[5] Hill D A. Boundary fields in reverberation chambers[J]. IEEE Transactions on Electromagnetic Compatibility, 2005, 47(2): 281-290.

[6] 中国人民解放军总装备部. 军用设备和分系统电磁发射和敏感度要求与测量：GJB 151B—2013[S]. 北京：总装备部军标出版发行部，2013.

第三部分　差模电流定向注入等效试验技术

第6章 差模电流注入等效强场电磁辐射 效应基础

目前,电磁兼容测试标准中用于等效强场电磁辐射的注入方法主要是 BCI 法。DCI 法试验误差较大,目前还没有获得广泛的认可。BCI 法是一种共模电流注入试验方法,该方法的优势是,使用电感耦合原理的注入和监测探头,可在不改变原有互联设备连接状态的情况下,实现共模干扰信号的注入和监测,操作方便、快捷。这种共模电流注入试验方法同时存在较大的局限性,主要表现为高频时注入探头效率明显降低、监测探头测量结果受线缆驻波分布的影响过大。

为解决传统共模电流注入试验方法存在的问题,尝试采用差模电流注入试验方法的等效强场电磁辐射方法[1]。本章首先分析 BCI 法的不足及其存在原因,研究线缆上驻波分布对测试结果的影响,测试同轴线缆上 BCI 监测探头的测量结果随频率的变化情况。然后提出差模电流注入试验方法,分析不同干扰耦合通道下差模电流注入等效强场电磁辐射的可行性,给出实现注入等效强场电磁辐射效应的技术途径。最后根据差模电流注入试验方法的特点,研究所需注入/监测耦合装置应当具备的基本功能,为下一步耦合装置的实际研制提供依据。

6.1 BCI 等效强场电磁辐射方法的不足

BCI 法除用于传导敏感度测试外,国外电磁兼容标准《高强度辐射场(HIRF)环境中飞机认证指南》(ED-107)同时将其用于高强度辐射场的辐射敏感度评估,认为 BCI 法与强场辐射试验是等效的。试验过程主要分为低场强辐射预试验和注入外推试验两部分。首先,开展低场强辐射预试验,目的是获取此时同轴线缆的感应电流,得到辐射场强 E_1 和感应电流 I_1 的对应关系 $H=I_1/E_1$。其次,采取电流注入的方式进行等效高场强辐射试验,认为 H 在高场强条件下保持不变,通过调节注入源输出使线缆感应电流值 I_2 等于低场强时的电流值乘以场强的放大倍数,即 $I_2 = HE_2$,认为此时得到的注入试验结果与场强为 E_2 时的辐射试验结果一致。当 EUT 出现干扰效应时,对应的临界辐射干扰场强即为此时线缆的感应电流 I_3 除以 H。

目前,该试验方法主要用于飞机的 HIRF 试验,为方便工程试验的开展,测试标准中给出了归一化场强和线缆感应电流间通用的对应关系曲线,这样可省去低场强辐射预试验，从而提高试验效率。但在一般情况下，上述通用曲线与实际某一受试系统自身的关系曲线存在差别，所以这种简便的试验方法可能会导致试验误差增大。

　　BCI 法试验配置图如图 6-1 所示，其中监测探头靠近 EUT 输入端口放置。一般情况下,《军用设备和分系统电磁发射和敏感度要求与测量》(GJB 151B—2013)规定监测探头距离 EUT 输入端口 5cm。在频率较低的情况下，监测探头所测电流与 EUT 输入端口电流相等。高频时线缆上存在驻波效应，可得监测探头位置线缆上的电流 I_M 与 EUT 输入端口电流 I_{EUT} 之间的关系为

$$I_M = \frac{e^{\gamma l}(1 - \Gamma_{EUT} e^{-2\gamma l})}{1 - \Gamma_{EUT}} I_{EUT} \tag{6-1}$$

其中，Γ_{EUT} 为 EUT 输入端口反射系数；γ 为线缆的传播系数；l 为监测探头与 EUT 输入端口之间的距离；I_{EUT} 为 EUT 输入端口电流，其与辐射场强 E 间的关系受 EUT 特性的影响，进一步，根据式(6-1)可得一般情况下 E 和 I_M 间关系同样受 Γ_{EUT} 的影响。因此，对于 EUT 响应为非线性的情况，E 与 I_M 间不满足线性外推条件。《高强度辐射场(HIRF)环境中飞机认证指南(ED-107)》中给出的试验方法对于同轴线缆两端设备响应为线性的情况是正确的，但对于非线性 EUT，可能导致外推过程中试验误差不断增大。

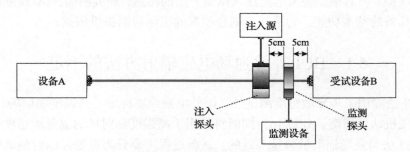

图 6-1　BCI 法试验配置图

　　BCI 法是一种共模电流注入试验方法，对于两芯线缆和多芯线缆，监测探头测试的是线缆上的共模电流。由于在两根芯线中差模电流幅值相等，方向相反，所以 BCI 探头无法监测到差模电流。例如，对于同轴线缆，监测探头仅能测量线缆屏蔽层上的共模电流，无法测量线缆上传输的差模电流。

　　若辐射试验时同轴线缆为主要耦合通道，则由于线缆屏蔽层上感应的是共模干扰，所以采用 BCI 法可以监测到该干扰信号并进行等效注入。对于天线系统，天线为重要的耦合通道，其在辐射试验中的响应一般为差模干扰，该干扰信号可能通过同轴线缆传导耦合至电子设备内部。由于 BCI 探头无法监测到该差模干扰，

所以难以进行等效注入，这是 BCI 法的另一局限性。

　　此外，BCI 法的应用频率受限，测试标准中规定该方法的应用频率上限一般为 400MHz。根据现有国内外文献，BCI 法应用频率受限的主要原因为：一是频率过高，注入探头的耦合效率会明显下降；二是高频时线缆上存在明显的驻波分布，导致监测探头的测试结果对位置的变化十分敏感，使试验结果的重复性变差。为明确同轴线缆为同轴线缆时 BCI 法的实用性，按照图 6-1 所示配置开展试验研究。使用 BCI 注入探头(Solar, 9142-1N, 2～450MHz)和监测探头(Solar, 9123-1N, 10kHz～500MHz)对一根长为 1.7m 的同轴线缆进行 BCI 试验。当各频率下注入探头的输入功率均为 0dBm 时，得到终端响应和监测探头响应曲线，如图 6-2 所示。从图中可以看出，从约 70MHz 开始到将近 400MHz，监测探头的响应随频率变化呈现明显的谐振特性，证明了线缆上的驻波分布对其监测结果有显著影响。此外，在 400MHz 以上，监测探头响应和终端响应明显减小，说明两探头的耦合效率在 400MHz 以上显著降低。因此，对于同轴线缆为同轴线缆的情况，BCI 法不适合在 400MHz 以上应用。

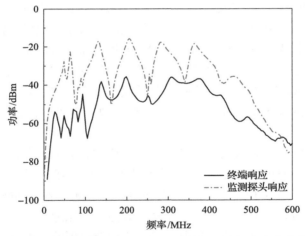

图 6-2　BCI 试验得到的终端响应曲线和监测探头响应曲线

　　首先，上述 BCI 法的局限性使得其在工程中的应用受限，对很多互联系统而言，天线可能成为主要电磁辐射耦合通道，但 BCI 法难以在这种情况下开展等效注入试验。其次，天线和同轴线缆接收的干扰信号的频率在很多情况下高于 400MHz，在大于 400MHz 频率范围内开展注入等效试验是必要的。最后，保证注入等效试验结果的准确性是提高注入试验方法工程实用性的重要前提，由于强场电磁辐射下受试设备响应表现出非线性是普遍的，所以需要提出适用于非线性互联系统的强场电磁辐射效应等效试验方法。针对上述问题，本书提出一种差模电流注入试验方法，尝试在更多情况下利用电流注入技术等效传统的强场电磁辐射效应试验方法。

6.2　差模电流注入试验方法的理论基础

本节提出的差模电流注入试验方法主要用于互联系统的敏感度测试，天线系统是典型的受试对象。对于同轴线缆的类型，主要以同轴线缆为适用对象，提出的差模电流注入试验方法用于天线和同轴线缆为主要耦合通道的强场电磁辐射敏感度试验，对于孔缝为主要耦合通道的情况，该差模电流注入试验方法并不适用。实际上，不适用于孔缝为主要耦合通道的情况，是目前各种注入试验方法共同存在的局限性。

6.2.1　差模电流注入等效强场电磁辐射原理

共模干扰和差模干扰是电磁干扰存在的两种形式，而最终对受试设备产生干扰效应的是差模干扰，共模干扰需要通过一定的途径转换为差模干扰之后才会对受试设备产生效应[2,3]。对于共模电流注入试验方法，其等效思路是将辐射时感应出的共模干扰进行等效注入，这样最终转换成的差模干扰也可以保证一致，从而实现等效。与共模电流注入试验方法不同，差模电流注入试验方法直接向受试设备端口注入差模干扰。由于最终导致干扰效应产生的是差模干扰，所以无论辐射时受试设备首先感应出的是共模干扰还是差模干扰，只要注入试验施加的差模干扰能够与辐射试验时最终起作用的差模干扰一致，就可以保证辐射和注入的等效性。

对于互联系统，如果天线和同轴线缆为主要耦合通道，那么在电磁辐射试验时，干扰信号主要通过 EUT 输入端口进入设备内部。因此，为进行等效注入，需要首先监测辐射时进入 EUT 输入端口内部的差模干扰大小。以同轴线缆是同轴线缆为例，进一步分析不同耦合通道下实现等效注入的原理。

对于天线为主要耦合通道的情况，经天线耦合得到的差模电流 I_1 会通过同轴线缆传导耦合至 EUT 输入端口内部，如图 6-3 所示。此时，只要在 EUT 的输入

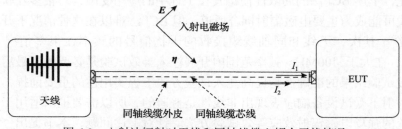

图 6-3　入射波辐射时天线和同轴线缆上耦合干扰情况

端口监测到 I_1 的值，之后通过注入使进入 EUT 输入端口内部的差模电流同样为 I_1，就可以保证辐射和注入时 EUT 的响应相等。

对于同轴线缆为主要电磁辐射耦合通道的情况，辐射时线缆耦合的干扰信号可能主要为共模干扰，如图 6-3 中共模电流 I_2 所示。同轴线缆耦合得到的共模干扰一般通过同轴线的转移阻抗和转移导纳转换为差模干扰。研究表明，线缆上共差模的转换过程是分布式的，即沿着整条线缆均有模式转换[4]。此时，需要在线缆终端处监测最终进入 EUT 输入端口的差模干扰，之后通过等效注入同样可以保证辐射和注入时的 EUT 响应相等。

上述研究表明，若天线和线缆为主要电磁辐射耦合通道，则通过在 EUT 输入端口处监测辐射试验产生的差模干扰，之后采用差模电流注入试验方法能够保证辐射和注入时 EUT 出现同样的效应。因此，差模电流注入试验方法可解决 BCI 法不适用于天线为耦合通道的问题。

6.2.2　差模电流注入等效强场电磁辐射效应试验方法

6.2.1 节的分析指出，对于非线性受试系统，BCI 等效强场电磁辐射时采用的外推方法可能导致误差增大。究其原因，主要是选取的外推依据会受到 EUT 响应特性的影响，对于非线性设备，线性外推条件不再成立。针对这一问题，应注意选取的外推依据要避免受 EUT 响应特性的影响，因此不适合选取源参量与 EUT 响应参量间的关系作为外推依据，可以考虑将辐射和注入时源参量(如场强和注入电压)间的等效关系用作外推依据。

互联系统的简化模型如图 6-4 所示。以 EUT 位于线缆一端(此处假设位于右端)为例进行分析，在只关心 EUT 响应特性的前提下，电磁辐射和注入时受试系统均可简化为图 6-5 所示的等效电路。图中的电压源 U_{OC1} 和 U_{OC2} 分别代表电磁辐射和注入时的等效电压源，$Z_S^{(W)}$ 和 $Z_S^{(I)}$ 代表 EUT 端口左侧的等效源阻抗，Z_{EUT} 为 EUT 端口的输入阻抗。在设备内部器件响应出现非线性后，一般会直接导致整个设备的输入输出响应间的关系变为非线性，同时输入阻抗也会随端口输入功率的增大而发生变化，即图中 Z_{EUT} 为非线性负载。下面分析如何在这种情况下选取合适的线性外推依据。

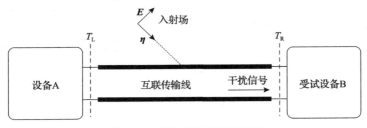

图 6-4　互联系统的简化模型

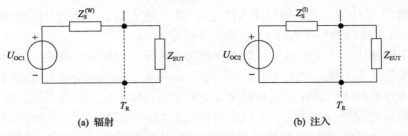

(a) 辐射　　　　　　　　　　　　　　　(b) 注入

图 6-5　电磁辐射和注入时受试系统的等效电路

在进行电磁辐射试验时，若天线为主要的电磁辐射耦合通道，则可得天线终端开路电压 U_1 与场强 E 间的关系[5]为

$$U_1 = El_e F(\theta, \varphi) \tag{6-2}$$

其中，l_e 为天线的有效长度；$F(\theta, \varphi)$ 为方向性函数，它们均为天线的固有参量。U_1 为图 6-4 中参考面 T_L 左侧的开路电压，而 U_{OC1} 为图 6-5(a) 中参考面 T_R 左侧的开路电压，可得两者间的关系为

$$U_{OC1} = \frac{e^{-\gamma L}(1 - \Gamma_A)}{1 - \Gamma_A e^{-2\gamma L}} U_1 \tag{6-3}$$

其中，Γ_A 为天线输出端口的反射系数，其值在高低场强下保持不变；L 为线缆长度。因此，由式(6-2)和式(6-3)可知，此时 E 与 U_{OC1} 间的关系是线性的。需要说明的是，有些天线内部含有非线性器件，其端口输出阻抗在强电磁场环境下可能发生改变，这种情况不在本书的讨论范围之内。

对于同轴线缆为主要耦合通道的情况，当线缆左端设备响应为线性时，根据 BLT 方程可得 U_{OC1} 为

$$U_{OC1} = \frac{2(e^{-\gamma L}S_1 + \Gamma_A e^{-2\gamma L}S_2)}{1 - \Gamma_A e^{-2\gamma L}} \tag{6-4}$$

其中，S_1 和 S_2 为激励源项，无论选用何种计算模型，均可得到激励源项与场强间呈线性关系[6,7]，所以可得此时 U_{OC1} 与 E 同样呈线性关系。这一结论的成立本质上是因为场线耦合过程是线性的。

在进行注入试验时，只要耦合装置可保证注入能量的过程是线性的，实际注入电压 $U^{(I)}$ 与 U_{OC2} 间就呈线性关系，即

$$U^{(I)} = kU_{OC2} \tag{6-5}$$

其中，k 为常数。

对于如图 6-5 所示的等效电路,不论 EUT 响应特性如何,若电磁辐射和注入时的无源网络模型相同,即有 $Z_S^{(W)} = Z_S^{(I)}$,则只要保证 $U_{OC1} = U_{OC2}$,就可以保证 EUT 响应相等,此时根据式(6-3)~式(6-5),可得 E 与 $U^{(I)}$ 的等效关系是线性的,这一结论的成立与 EUT 响应特性无关。否则,若 $Z_S^{(W)}$ 和 $Z_S^{(I)}$ 不相等,则 U_{OC1} 和 U_{OC2} 的等效关系会受到 EUT 响应特性的影响,E 与 $U^{(I)}$ 的等效关系也难以始终保证为线性。因此,在辅助设备响应特性为线性且 $Z_S^{(W)} = Z_S^{(I)}$ 的条件下,不论 EUT 响应特性是否为线性,E 和 $U^{(I)}$ 间的等效关系均为线性,本书的差模电流注入等效强场辐射方法将采用该关系作为外推依据。

需要说明的是,上述研究均是在不考虑设备 A 传输工作信号的情况下开展的,若设备 A 向设备 B 传输工作信号,则场强和注入电压的等效关系难以在严格意义上保证为线性。因此,在实际试验中,需要排除工作信号对试验方法的影响。

6.3 差模电流注入/监测耦合装置的基本功能需求

为实现差模电流注入技术,需要使用能够实现差模电流注入和监测功能的耦合装置,现有的注入装置以共模电流注入方式为主,因此需要重新设计满足功能要求的注入/监测耦合装置,根据差模电流注入等效强电磁场辐射效应的原理,将耦合装置需要具备的基本功能概括如下。

(1)能够实现差模电流的注入和监测。具体表现为:能够将差模干扰直接注入 EUT 输入端口,同时能够监测电磁辐射和注入时 EUT 输入端口差模干扰的大小,为确定电磁辐射和注入的等效性提供依据。

(2)能够应用在 400MHz 以上的频率范围。为此,首先需要保证耦合装置能在更宽的频率范围内保持较高的注入和监测效率。其次耦合装置的监测值应避免受线缆上驻波分布的影响。

(3)能够承受高功率连续波和高压电磁脉冲的注入,为实现差模电流注入等效强场连续波和强电磁脉冲辐射效应奠定基础。

为实现差模电流注入功能,耦合装置可使用侵入式结构,这种结构便于实现差模电流的注入和对差模干扰的监测。然而,为避免对工作信号的传输产生影响,耦合装置应同时配备供工作信号传输的通道。此外,耦合装置的接入应对原系统的影响尽量小,保证所得试验结果与不接入耦合装置时的结果基本一致。为此,耦合装置的插入损耗和等效线长度应有较小值。

为实现耦合装置监测结果不受线缆上驻波分布的影响,应首先保证监测位置固定,这样可在一定程度上避免监测位置改变而使得测试结果重复性变差的问题。此外,需要注意的是,线缆上的驻波是由入射波和反射波叠加形成的。为避免驻波分布的影响，可以通过选用某些具备特殊功能的器件，实现只对线缆某一方向传播（入射波或反射波）的电压或电流进行监测，由于监测的只是单向传输波，所以监测结果同样不会受到线缆上驻波分布的影响。

为满足上述需求，可根据定向耦合器原理研制耦合装置。原因主要包括以下方面：一是可以设计出满足上述宽频带要求的定向耦合器；二是定向耦合器本身具备定向耦合功能，且耦合端口可以对主通道的入射波信号或反射波信号进行监测；三是定向耦合器的高功率设计技术相对成熟。因此，设计出满足上述功能需求的耦合装置在工程中具备可行性。

<h1 style="text-align:center">参 考 文 献</h1>

[1] 魏光辉, 潘晓东, 卢新福. 注入与辐照相结合的电磁安全裕度试验评估技术[J]. 高电压技术, 2012, 38(9): 2213-2220.

[2] 邹澎, 周晓萍. 电磁兼容原理、技术和应用[M]. 北京: 清华大学出版社, 2007.

[3] 郑军奇. EMC(电磁兼容)设计与测试案例分析[M]. 北京: 电子工业出版社, 2006.

[4] Crovetti P S, Fiori F. Distributed conversion of common-mode into differential-mode interference[J]. IEEE Transactions on Microwave Theory and Techniques, 2011, 59(8): 2140-2150.

[5] 周希朗. 微波技术与天线[M]. 南京: 东南大学出版社, 2009.

[6] Tesche F M, Lanoz M V, Karlsson T. EMC Analysis Methods and Computational Models[M]. New York: John Wiley & Sons, 1997.

[7] Tesche F M. Development and use of the BLT equation in the time domain[J]. IEEE Transactions on Electromagnetic Compatibility, 2007, 49(1): 3-11.

第7章　差模电流注入/监测耦合装置的设计

差模电流注入/监测耦合装置是实现差模电流注入等效强场电磁辐射效应的关键硬件设备。第 6 章分析了耦合装置的基本功能需求，本章将在此基础上进行连续波和电磁脉冲耦合装置的具体设计。耦合装置将为后续章节进一步提出具体的差模电流注入等效强场连续波和强电磁脉冲辐射效应试验方法奠定基础。

考虑到传统注入和监测装置的局限性，本章将采用定向耦合器原理设计耦合装置。目前，定向耦合器主要用于信号功率和频谱的监测，将其用作注入耦合装置的研究并不多见。

本章首先从理论上研究耦合装置的网络特性，从便于工程实现和应用的角度，确定耦合装置的各项指标；然后分别设计连续波和电磁脉冲耦合装置，测试样机的 S 参数，研究耦合装置端口间相位特性的影响；最后针对 BCI 法用于传导敏感度测试时存在的不足，利用设计的耦合装置，提出提高传导敏感度上限适用频率的新方法。

7.1　耦合装置的设计方案与网络特性分析

7.1.1　耦合装置的设计方案

由第 6 章的分析可知，耦合装置应具备主通道端口、注入端口和监测端口。其中，主通道端口应包含输入端口和输出端口，用于主通道工作信号的传输。为避免耦合装置接入后对工作信号传输的影响过大，输入端口和输出端口间的插入损耗(以下简称插损)应尽量小。注入端口和监测端口应具备定向性，注入端口应能够将干扰信号定向注入 EUT 输入端口，监测端口则应能监测到向 EUT 输入端口传播的入射波电压信号。在将耦合装置接入系统后，具体的试验配置如图 7-1 所示。耦合装置接在同轴线缆终端和 EUT 输入端口之间，目的是能够监测到所有进入 EUT 输入端口的差模干扰，并将等效干扰信号直接定向注入 EUT 输入端口。

为实现上述功能，首先考虑使用单个双向定向耦合器，其结构如图 7-2 所示。其中，定向耦合器的输入端口 (1#) 和直通端口 (2#) 可以作为主通道端口使用。若耦合器的输入端口连接同轴线缆，直通端口连接 EUT 输入端口，则根据定向耦合器的耦合端口 (3#) 和隔离端口 (4#) 的方向性，为了将干扰信号注入 EUT 输入端口，应将隔离端口 (4#) 作为注入端口。此时，在理想情况下，注入的干扰信号将只会耦合到 EUT 输入端口，因此将隔离端口作为注入端口符合要求。

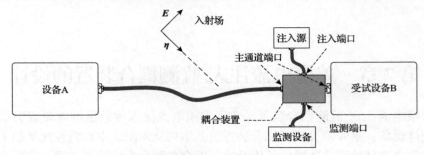

图 7-1　耦合装置接入系统后的试验配置

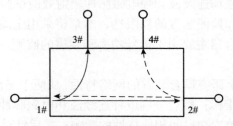

图 7-2　单个双向定向耦合器结构

接下来考虑将 3# 端口作为监测端口是否可行。辐射时入射波电压干扰信号从 1# 端口向 2# 端口传播，此时该信号可以被 3# 端口监测到。注入时，耦合装置需要监测注入 EUT 输入端口的入射波电压信号。由定向耦合器的特性可知，从 4# 端口注入的信号可以被 3# 端口监测到，但在一般情况下难以保证监测的信号为入射波信号。此外，从 4# 端口注入的功率主要耦合至 3# 端口，2# 端口耦合的功率较少。因此，当干扰信号分别从 1# 端口和 4# 端口输入时，在 EUT 输入端口输入功率 (2# 端口的输出功率) 相等的情况下，一般 3# 端口的监测功率不一致。从便于工程应用的角度考虑，希望在辐射和注入所得 EUT 响应相等的情况下，监测端口的功率同样相等。综上所述，直接选取单个双向定向耦合器作为耦合装置难以满足需求，需要对设计方法进行改进。

针对上述问题，可以选取两个级联的定向耦合器来构建耦合装置，其配置图如图 7-3 所示。此时，将位于主通道的 1# 端口和 2# 端口作为主通道端口，1# 端口通过同轴线缆连接设备 A，2# 端口连接受试设备 B。将图 7-3 中左侧耦合器的 4# 端口 (与 1# 端口相互隔离) 作为注入端口，根据定向耦合器的性质，从该端口注入的能量将定向耦合至 2# 端口。将 5# 端口作为监测端口 (与 2# 端口相互隔离)，此时从 1# 端口和 4# 端口输入的入射波电压信号均能被 5# 端口监测到。在辐射和注入对应 EUT 输入端口的入射波电压相等的条件下，可得监测端的响应同样相等。此外，4# 端口注入的能量将主要耦合至 3# 端口，对 5# 端口连接的监测设备影响较小。因此，耦合装置将采用图 7-3 所示方案进行设计。在实际使用时，耦合装置的 3# 端口和 6# 端口应当根据端口承受功率的情况连接不同功率的匹配负载。例如，若从 4# 端口注入高功率信号，则 3# 端口需要连接大功率匹配负载。

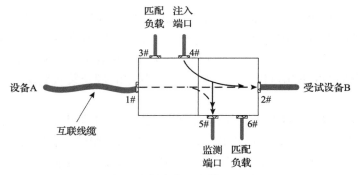

图 7-3　耦合装置具体配置图

7.1.2　耦合装置的网络特性分析

根据耦合装置的功能需求，该装置应当具备以下特性：

(1)注入效率较高，实现用较小的注入功率等效强电磁场辐射。

(2)监测端口耦合度不能过小，要保证在低场强辐射及其等效注入试验中，该端口均能准确监测主通道上的入射波电压信号。

(3)耦合装置主通道的插损较小，尽量降低对工作信号的影响。

需要注意的是，根据定向耦合器的性质，若注入端口和监测端口的耦合度增大，则对应主通道的插损相应增大。因此，耦合装置的注入端口和监测端口的耦合度需要折中选取。

耦合装置为 6 端口网络，下面在理想无损耗条件下对该网络的 S 参数进行分析。首先，各端口均设计成阻抗匹配，由于本方法主要用于同轴线缆情况，所以各端口的特性阻抗均设计成 50Ω，可得

$$S_{jj} = 0, \quad j = 1, 2, \cdots, 6 \tag{7-1}$$

此外，对于相互之间隔离的端口，端口间的 S 参数值为 0，具体如下：

$$S_{41} = S_{61} = S_{32} = S_{52} = S_{53} = S_{63} = S_{64} = 0 \tag{7-2}$$

该 6 端口网络是互易的，可得

$$S_{ij} = S_{ji}, \quad i, j = 1, 2, \cdots, 6 \tag{7-3}$$

根据工程实际，选取注入端口的耦合度为 10dB，此时注入能量的耦合效率较高。选取监测端口的耦合度为 20dB，此时在低场强辐射和等效注入试验中，该端口的功率或电压仍可准确监测。根据耦合装置的一元性，可得

$$|S_{21}|^2 + |S_{31}|^2 + |S_{51}|^2 = 1 \tag{7-4}$$

计算得到 $|S_{21}| = 0.506\text{dB}$，此时主通道的插损为 0.506dB，这是理想无损耗条件下的值，在实际情况下，耦合装置本身是有损耗的，该插损值略大。上述分析表明，当注入端口和监测端口的耦合度分别为 10dB 和 20dB 时，主通道的插损较小，对工作信号传输的影响可以接受，因此实际制作的耦合装置将采用上述耦合度指标。

此外，还需要确定耦合装置的应用频率范围，对于常用的宽带电磁脉冲，其主要频谱范围从千赫兹到几百兆赫兹，因此将电磁脉冲耦合装置的频率范围选为100kHz~1GHz。对于连续波的情况，《军用设备和分系统电磁发射和敏感度要求与测量》(GJB 151B—2013)中规定电场辐射敏感度测试的全部适用频率范围为10kHz~18GHz，因此对应的耦合装置将依据此频段范围进行设计。对于 1GHz 以下频段，可将电磁脉冲注入耦合装置用于连续波注入。对于 1GHz 以上频段，连续波信号是窄带的，为降低设计难度，将耦合装置分频段进行设计。下面分别研制这两类耦合装置。

7.2　连续波注入/监测耦合装置设计

1GHz 以下频段可使用电磁脉冲耦合装置，因此不再设计低频段的连续波耦合装置。综合考虑，分别设计频段为 600MHz~3GHz、2~6GHz、5~18GHz 的耦合装置，三个耦合装置的部分应用频段重叠，目的是保证耦合装置在整个频段均有良好的特性。上述频率范围均位于微波频段，设计时可借助微波频段定向耦合器的设计方案。常用的微波频段定向耦合器主要有平行耦合线结构和波导结构等，平行耦合线结构一般体积较小，承受功率有限；波导结构功率容量较大，体积也较大。为便于工程应用，耦合装置的体积应较小。另外，即使在强场电磁辐射条件下，经天线和缆缆耦合的干扰信号功率一般不会过高。因此，选取平行耦合线结构中承受功率较大的带状线定向耦合器构建耦合装置。

7.2.1　耦合装置设计的理论分析

对于平行线耦合器的设计，首先确定其奇偶模阻抗，计算公式[1]为

$$\begin{cases} Z_{0e} = Z_0 \sqrt{\dfrac{1+10^{C/20}}{\left|1-10^{C/20}\right|}} \\[4mm] Z_{0o} = Z_0 \sqrt{\dfrac{\left|1-10^{C/20}\right|}{1+10^{C/20}}} \end{cases} \tag{7-5}$$

其中，Z_{0e} 和 Z_{0o} 分别为偶模阻抗和奇模阻抗；C 为耦合度，单位是 dB。由式(7-5)可看出

$$Z_{0e}Z_{0o} = Z_0^2 = 2500\Omega^2 \tag{7-6}$$

进一步，根据奇偶模阻抗可以计算出带状线的尺寸。带状线结构一般有窄边耦合、宽边耦合、交错耦合等类型，本节设计的耦合装置将采用窄边耦合的设计方案。

在工程实际中，使用公式逐步计算带状线的尺寸比较麻烦，一般直接采用查表法和相应的计算软件获取带状线的尺寸，本节也采用该方法进行具体设计。以 600MHz～3GHz 耦合装置为例进行说明，该装置由两个耦合度分别为 10dB 和 20dB 的定向耦合器级联构成。耦合器的带宽比 B 为

$$B = f_{\max} / f_{\min} = 3 / 0.6 = 5 \tag{7-7}$$

其中，$f_{\max}$ 和 $f_{\min}$ 分别为应用频率上限和下限。因为使用单节耦合器设计上述带宽的耦合器比较困难，所以这里采用多节耦合器方案。连续波耦合装置对注入和监测耦合系数的平坦度要求相对较低，因此耦合器节数不必过多。简便起见，采用两节定向耦合器来构建耦合装置。

根据查表法[2]，可以得到两节定向耦合器的归一化偶模阻抗分别为 1.6025Ω 和 1.194Ω，对应的耦合波纹为 $\delta = 0.871\text{dB}$，根据式(7-6)可得这两节定向耦合器对应的奇偶模阻抗分别为

$$\begin{cases} Z_{0e1} = 80.125\Omega, \ Z_{0o1} = 31.2\Omega \\ Z_{0e2} = 59.7\Omega, \quad\ \ Z_{0o2} = 41.88\Omega \end{cases} \tag{7-8}$$

根据上述方法计算得到各频段耦合装置所用 10dB 和 20dB 耦合器的奇偶模阻抗值如表 7-1 所示，表中 Z_{0e1} 和 Z_{0e2} 分别表示两节偶模阻抗，Z_{0o1} 和 Z_{0o2} 分别表示对应的奇模阻抗。需要说明的是，5～18GHz 耦合装置实际的设计频段为 4.5～18GHz，对应的带宽比为 4，应用查表法比较方便。为证明所取奇偶模阻抗的正确性，下面通过仿真进行验证。

表 7-1　耦合器各节对应的奇偶模阻抗值

频率范围/GHz	10dB 耦合器				20dB 耦合器			
	Z_{0e1}/Ω	Z_{0o1}/Ω	Z_{0e2}/Ω	Z_{0o2}/Ω	Z_{0e1}/Ω	Z_{0o1}/Ω	Z_{0e2}/Ω	Z_{0o2}/Ω
0.6～3	80.125	31.2	59.7	41.88	57.81	43.25	52.85	47.31
2～6	77.06	32.44	56.05	44.6	57.12	43.77	51.81	48.25
5～18	78.65	31.79	57.87	43.2	57.48	43.49	52.33	47.77

7.2.2 耦合装置网络参数的仿真分析

根据 7.2.1 节计算得到的奇偶模阻抗，利用先进设计系统(advanced designed system，ADS)仿真软件分析所得耦合装置的特性。搭建各频段耦合装置的仿真模型，其中 0.6～3GHz 耦合装置仿真模型如图 7-4 所示。图中，10dB 和 20dB 定向耦合器均由两节级联的理想平行耦合线构成，整个耦合装置由这两个耦合器级联而成。

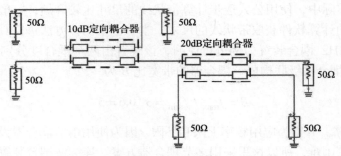

图 7-4 0.6～3GHz 耦合装置仿真模型

通过仿真得到各频段耦合装置的 S 参数仿真结果，如表 7-2 所示。从表中可以看出，各频段耦合装置的注入耦合度、监测耦合度、主通道插损均与理论设计值十分接近，同时，S_{14} 和 S_{25} 的值均很小，说明耦合装置 1# 端口和 4# 端口以及 2# 端口和 5# 端口间的隔离度很高，满足了定向注入和入射波电压监测的需求。同时，各端口的电压驻波比(standing wave ratio, SWR)均接近 1，说明各端口匹配良好。上述仿真结果表明，本节所采取的设计方案是可行的，为下一步样机设计奠定了基础。

表 7-2 连续波耦合装置 S 参数仿真结果

网络参数	0.6～3GHz 耦合装置			2～6GHz 耦合装置			5～18GHz 耦合装置		
	平均值	最大值	最小值	平均值	最大值	最小值	平均值	最大值	最小值
S_{12}/dB	−0.52	−0.41	−0.62	−0.5	−0.47	−0.53	−0.51	−0.44	−0.57
S_{15}/dB	−20.33	−19.61	−21.33	−20.43	−20.23	−20.69	−20.37	−19.94	−20.98
S_{24}/dB	−9.9	−9.18	−10.91	−10.02	−9.82	−10.27	−9.96	−9.52	−10.57
S_{45}/dB	−29.71	−28.17	−31.84	−29.95	−29.51	−30.48	−29.82	−28.89	−31.11
S_{14}/dB	−92.54	−90.9	−97.27	−215.7	−213.8	−219.3	−152.7	−150.3	−158
S_{25}/dB	−104.05	−101.08	−111.3	−224.1	−223.5	−226.1	−160.6	−159.5	−164.7

首先，利用 ADS 中的计算工具 Linecalc 或者其他软件，将奇偶模阻抗和应用频率等参数代入软件中，可得到带状线的实际尺寸。然后，利用高频结构仿真

(high frequency structure simulator，HFSS)软件进行实物仿真建模。接着，根据仿真结果，对带状线结构做进一步调整，优化耦合装置的 S 参数曲线。

7.2.3　耦合装置样机的性能测试

根据上述理论分析和仿真计算，本节设计制作连续波耦合装置的样机，照片如图 7-5 所示。以 2～6GHz 耦合装置为例，其内部带状线结构如图 7-5(d)所示。

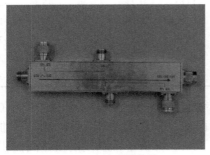

(a) 0.6~3GHz耦合装置

(b) 2~6GHz耦合装置

(c) 5~18GHz耦合装置

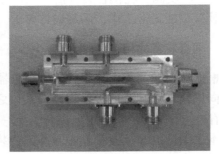

(d) 2~6GHz耦合装置内部带状线结构

图 7-5　各频段耦合装置样机照片

为判断耦合装置的性能是否满足要求，利用矢量网络分析仪(vector network analyzer, VNA)Agilent N5230A 对耦合装置的 S 参数进行测试，试验结果如表 7-3 所示。从表中可以看出，耦合装置样机的主通道插损在大部分频段均小于 1dB，注入端口和监测端口耦合度分别接近 10dB 和 20dB。S_{14} 和 S_{25} 分别比 S_{24} 和 S_{15} 小约 10dB，说明耦合装置有较好的定向特性。0.6～3GHz 耦合装置、2～6GHz 耦合装置和 5～18GHz 耦合装置各端口的 SWR 分别小于 1.2、1.5 和 1.5，说明各端口均匹配良好。比较表 7-2 和表 7-3 中的数据可知，仿真数据和实测数据中的 S_{12}、S_{15}、S_{24} 和 S_{45} 有着较好的一致性，但对应的 S_{14} 和 S_{25} 的误差较大，这是因为 S_{14} 和 S_{25} 代表的是耦合装置的隔离特性，仿真给出的是理想情况下的隔离特性，没有考虑高频时电路的分布参数特性，此时 S_{14} 和 S_{25} 的值非常小。但是在实际情况下，理想隔离是无法实现的，所以表 7-3 中 S_{14} 和 S_{25} 的值相对较大。因此，实测结果表明，设计的耦合装置满足指标要求，可应用于实际测试。

表 7-3　连续波耦合装置 S 参数实测结果

网络参数	0.6~3GHz 耦合装置			2~6GHz 耦合装置			5~18GHz 耦合装置		
	平均值	最大值	最小值	平均值	最大值	最小值	平均值	最大值	最小值
S_{12}/dB	−0.96	−0.66	−1.15	−0.72	−0.67	−0.84	−0.93	−0.76	−1.53
S_{15}/dB	−20.62	−19.72	−21.97	−20.70	−19.83	−21.73	−20.36	−18.86	−22.24
S_{24}/dB	−9.97	−8.99	−11.47	−10.48	−9.48	−11.75	−11.60	−10.63	−12.18
S_{45}/dB	−29.71	−27.68	−32.69	−29.63	−28.38	−30.35	−30.57	−28.29	−32.61
S_{14}/dB	−29.42	−25.27	−35.20	−25.17	−19.45	−33.81	−20.89	−18.56	−36.18
S_{25}/dB	−36.88	−29.78	−86.03	−32.69	−26.12	−50.21	−29.73	−25.05	−33.10

此外，耦合装置应能够承受高功率连续波注入，为实现此功能，需要在不影响其他指标的前提下增大带状线的横截面面积。综合考虑实际需求和设计难度，选取耦合装置承受功率的上限指标至少为 50W。样机中带状线的横截面面积约为 10mm^2，经实测，在耦合装置输入端口和注入端口分别注入 50W 连续波功率后，耦合装置仍能正常工作，满足设计要求。

7.2.4　耦合装置的相位特性分析

根据端口间的相位关系，定向耦合器可分为对称和非对称两种类型。对于对称定向耦合器，其直通端口与耦合端口之间存在 90°的移相，且该移相在整个频段均存在[1]。单节带状线定向耦合器是一种对称定向耦合器，存在上述相位特性。对于本书设计的连续波和电磁脉冲耦合装置，要求注入信号不出现失真，因此需要分析耦合装置的相位特性是否导致波形畸变。

连续波信号本身为单频信号，由傅里叶变换的性质可知，频域的移相在时域上表现为时延。连续波信号经过 90°相位突变后，其波形会产生 1/4 周期的时延差，而波形本身不会产生畸变。这说明，对于单频连续波信号，定向耦合器的相位特性不会导致波形畸变。此外，连续波耦合装置还要用于高功率微波的注入，而高功率微波是方波调制的连续波信号，是有一定带宽的窄带信号，需要分析移相对波形的影响。

仿真得到的方波调制连续波经 90°移相后(各单频信号相位均增加 90°)的波形如图 7-6 所示，可以看出，该波形只在包络的前沿位置和后沿位置存在一定程度的畸变，波形的其他部分没有畸变，只是存在一定的时延。整体而言，移相后的波形基本不失真，满足效应试验的需求。因此，将对称定向耦合器用于高功率微波的注入和监测是可行的。

实际情况下，为达到宽带要求，设计的连续波耦合装置由两节不对称带状线

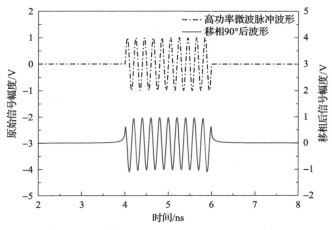

图 7-6　高功率微波 90°移相前后波形对比

定向耦合器构建。该类定向耦合器的直通端口和耦合端口之间同样存在移相，但其值可能不严格为 90°。测试得到不同频率下连续波耦合装置 2# 端口与 5# 端口间的相位差 $\Delta\theta$（即 S_{21} 与 S_{51} 间相位差）如表 7-4 所示。表中各频率相位差均接近 90°，数值上存在差别可归结为以下原因：一是耦合器采用两节不对称结构，不同频率下的移相值可能存在差别；二是 1# 端口、2# 端口间与 1# 端口、5# 端口间通道的等效线长度可能存在差别，随着频率的升高，线长差引起的相位差逐渐增大，导致 $\Delta\theta$ 发生变化。为排除线长差的影响，移相值可主要参考低频时的 $\Delta\theta$ 值，因为此时的波长值较大，等效线长差引起的相位变化对 $\Delta\theta$ 的影响可以忽略。可以看出，低频时 $\Delta\theta$ 接近 90°，所以连续波耦合装置的 2# 端口与 5# 端口间存在约 90°的移相。

表 7-4　连续波耦合装置 2# 端口和 5# 端口间相位差

频率/MHz	11.55	22.8	52.79	101.53	202.76
相位差/(°)	89.35	90.05	89.42	88.9	87.71

当高功率微波从耦合装置 1# 端口输入时，实测 2# 端口和 5# 端口的输出波形如图 7-7 所示。图中上侧（示波器 2 通道）和下侧（示波器 1 通道）的波形分别代表耦合装置输出端口（2#）和监测端口（5#）的输出。由于示波器 2 通道前端添加 20dB 衰减器，所以两波形幅值相差较小。输出端口和监测端口的波形特征一致，证明了连续波耦合装置用于高功率微波的注入和监测是可行的。

然而，对于宽带电磁脉冲信号，由于信号的频谱范围宽，90°移相后的时域波形可能会发生畸变。根据傅里叶变换的性质，时域非周期信号 $g(t)$ 可以表示为

$$g(t) = \frac{1}{2\pi} \int_{-\infty}^{\infty} G(j\omega) e^{j\omega t} d\omega$$
$$= \frac{1}{\pi} \int_{0}^{\infty} |G(j\omega)| \cos[\varphi(\omega) + \omega t] d\omega \qquad (7\text{-}9)$$

其中，$G(j\omega)$ 为 $g(t)$ 的傅里叶变换形式；$\varphi(\omega)$ 为 $G(j\omega)$ 的相位。如果 $g(t)$ 的所有频率成分均移相 90°，那么得到的信号为

$$h(t) = \frac{1}{\pi} \int_{0}^{\infty} |G(j\omega)| \cos\left[\varphi(\omega) + \omega t + \frac{\pi}{2}\right] d\omega$$
$$= -\frac{1}{\pi} \int_{0}^{\infty} |G(j\omega)| \sin[\varphi(\omega) + \omega t] d\omega \qquad (7\text{-}10)$$

$g(t)$ 和 $h(t)$ 的表达式不同，说明在一般情况下，移相 90° 后的波形会发生畸变。

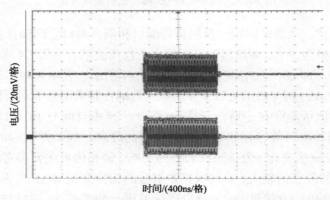

图 7-7　高功率微波注入时输出端口（2#）和监测端口（5#）波形

通过仿真得到了方波和双指数脉冲移相 90° 后的波形，如图 7-8 所示。由该

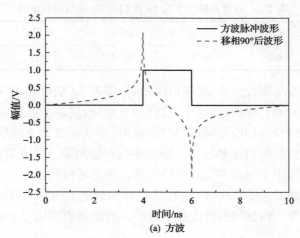

(a) 方波

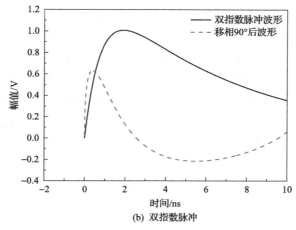

(b) 双指数脉冲

图 7-8   宽带脉冲波形移相 90°前后对比

图可知，方波和双指数脉冲移相后的波形均发生畸变。实际上，宽频时域信号可以看成各单频信号在时域的叠加，时域时延对应频域移相，即 $f(t + \Delta t) \leftrightarrow F(j\omega)\mathrm{e}^{j\omega\Delta t}$，若所有频率成分均移相 90°，则不同频率的信号会有不同的时延，导致再次叠加之后的信号与原始信号不同。因此，对称定向耦合器不适用于构建电磁脉冲耦合装置。

7.3   电磁脉冲注入/监测耦合装置设计

连续波耦合装置所用的带状线定向耦合器一般应用于微波频段，耦合器的尺寸与其应用频率对应的波长可比拟。宽带电磁脉冲一般有着丰富的低频成分，若采用传统的微波定向耦合器设计方案，则会导致耦合装置的尺寸过大，且存在移相问题。因此，电磁脉冲耦合装置需另行设计。

为实现所需频带范围，可使用传输线变压器设计定向耦合器。设计的耦合装置的应用频率上限相对较高，所用变压器结构是将磁芯套在同轴线缆上，这种结构分布电容小，因而具有更好的高频特性，但体积相对较大。

为适用于多种宽带电磁脉冲情况，将电磁脉冲耦合装置的带宽设置为 100kHz～1GHz。目前，各大定向耦合器生产商的产品均难以达到本书所需电磁脉冲耦合装置的全部要求，为满足宽带、高耦合度、耐高压性的需求，需要设计新的定向耦合器。

7.3.1   耦合装置设计的理论分析

耦合装置所用定向耦合器以变比为 1∶1 的变压器为核心器件，进一步使用电阻搭建网络，以实现定向耦合器的功能，设计的 10dB 定向耦合器等效电路如图 7-9 所示。图中的 1：1 变压器为传输线变压器的等效电路，为便于分析，假设其为理想无损耗变压器，R_1、R_2 和 R_3 为纯阻抗。该耦合器共有 3 个端口，当信号从 1# 端口输入时，3# 端口为耦合端口，当信号从 2# 端口输入时，3# 端口为隔离端口，实际使用时 3 个端口均连接 50Ω 匹配负载。下面具体分析该电路的原理。

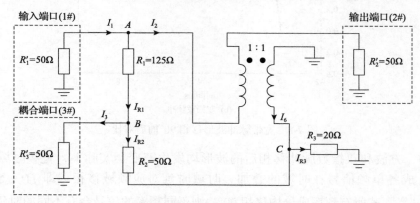

图 7-9　　10dB 定向耦合器等效电路

首先分析 3# 端口对 1# 端口的耦合特性。根据理想 1：1 变压器的性质，可得

$$I_2 = I_6 \tag{7-11}$$

当信号从 1# 端口输入时，根据基尔霍夫定律，可得图 7-9 中节点 A、B、C 处的电压和电流关系为

$$I_{R1}R_1 + I_{R2}R_2 = I_2R_2' \tag{7-12}$$

$$I_3R_3' = I_{R2}R_2 + I_{R3}R_3 \tag{7-13}$$

$$I_{R1} = I_3 + I_{R2} \tag{7-14}$$

$$I_{R3} = I_6 + I_{R2} \tag{7-15}$$

根据以上等式，可解得

$$\begin{cases} I_{R1} = 0.4I_{R3} = 0.4I_2 = I_3 \\ I_{R2} = 0 \end{cases} \tag{7-16}$$

上述结果说明，此时 R_2 上没有电流流过。进而，得到耦合端口的输出功率 P_3 为

$$P_3 = I_3^2R_3' = 50I_{R1}^2 \tag{7-17}$$

而 1# 端口的输入功率 P_1 等于电阻 R_1、R_2、R_3、R_2' 和 R_3' 上消耗功率的总和，即

$$P_1 = I_{R1}^2 R_1 + I_{R2}^2 R_2 + I_{R3}^2 R_3 + I_2^2 R_2' + I_3^2 R_3' = 612.5 I_{R1}^2 \tag{7-18}$$

所以可得 3# 端口的耦合度为

$$L = 10\lg \frac{P_1}{P_2} = 10.88\text{dB} \tag{7-19}$$

进一步分析 2# 端口和 3# 端口间的隔离特性，此时式 (7-11) 和式 (7-13) 同样成立，此外依据节点 A 处的电压和电流关系可得

$$I_1 = I_2 + I_{R1} \tag{7-20}$$

$$I_{R1}R_1 + I_{R2}R_2 + I_{R3}R_3 + I_1R_1' = 0 \tag{7-21}$$

可解得

$$\begin{cases} I_{R1} = I_{R2} = -0.4I_{R3} = -0.4I_1 \\ I_3 = 0 \end{cases} \tag{7-22}$$

由于流过电阻 R_3' 的电流为 0，所以当电流从 2# 端口注入时，在理想条件下 3# 端口的输出功率为 0，即 2# 端口和 3# 端口在理论上是完全隔离的。

上述分析表明，图 7-9 给出的电路可以实现定向耦合器的功能。本质上，当信号从 1# 端口注入时，该电路通过电阻分压原理使耦合端口的功率达到需要的分贝数；当信号从 2# 端口注入时，该电路同样应用电阻分压原理使节点 B 处 I_{R1} 和 I_{R2} 大小相等且方向相同，从而导致 I_3 为 0。为实现上述功能，理想的 1:1 变压器起到了关键作用，该变压器初、次级线圈上的电流等幅反向，从而可以得到 $I_2=I_6$。进一步，为使 $I_{R1}=I_{R2}$ 成立，在节点 A 和 C 处应有相同的阻抗分压比，即需要使 R_2 与 R_3 阻值的比例关系与 R_1 与 R_1' 的比例关系一致，可表示为

$$\frac{R_2}{R_3} = \frac{R_1}{R_1'} \tag{7-23}$$

对于 20dB 定向耦合器，仍采用图 7-9 所示电路进行设计，只是 R_1、R_2 和 R_3 的阻值分别为 500Ω、50Ω 和 5Ω。当信号从 1# 端口注入时，同样可得式 (7-11) ～式 (7-15) 均成立，进而可得

$$\begin{cases} I_{R1} = I_3 = 0.1I_2 = 0.1I_{R3} \\ I_{R2} = 0 \end{cases} \tag{7-24}$$

进一步得到

$$\begin{cases} P_1 = 60.5I_2^2 \\ P_3 = 0.5I_2^2 \end{cases} \tag{7-25}$$

因此耦合度为

$$L = 10\lg\frac{P_1}{P_3} = 20.83\text{dB} \tag{7-26}$$

此时式 (7-23) 依然成立，因此隔离特性同样得到了满足。

　　将上述 10dB 和 20dB 电路级联即可构建出满足要求的电磁脉冲耦合装置，与连续波耦合装置不同的是，电磁脉冲耦合装置没有设置连接匹配负载的端口。为使该耦合装置在高频时依然拥有良好的性能，需要保证所使用的变压器和电阻器有良好的高频特性，使得其在高频时产生的寄生参数可以忽略。

7.3.2　耦合装置性能参数的仿真分析

　　利用 ADS 开展仿真，验证理论分析的正确性，搭建的电磁脉冲耦合装置仿真电路图如图 7-10 所示。其中，TF 表示变压器，T 表示匝数比。实际制作的耦合装置样机中部分电阻是焊接在微带板上的，图 7-10 中 50Ω 特性阻抗传输线 (标号为 TLIN) 代表的是电路板上的微带线。7.3.1 节在进行等效电路的理论分析时没有考虑这些微带线，原因是这些微带线的尺寸远小于波长，其影响可以忽略。

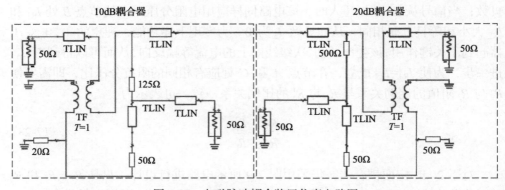

图 7-10　电磁脉冲耦合装置仿真电路图

　　电磁脉冲耦合装置仿真得到的 S 参数值如表 7-5 所示。需要说明的是，图 7-10 中的仿真电路图给出的是一个 4 端口网络，但为了全书的一致性，表 7-5 中 S 参数的定义方式与图 7-3 一致。可以看出，S_{12}、S_{15}、S_{24} 和 S_{45} 在整个频带内均有良好的平坦度。S_{14} 和 S_{25} 的值远小于 S_{24} 和 S_{15}，说明耦合装置有着良好的方向性。

此外，测试得到各端口 SWR 的最大值为 1.018，说明端口匹配良好。然而，需要说明的是，仿真给出的是理想情况下的结果，在实际情况下，传输线变压器和电阻器在高频时均会产生寄生参数，此时其性能参数可能会变差。因此，在实际制作耦合装置的样机时，除选用高频特性良好的器件外，还要注意器件的安装位置等问题。

表 7-5　电磁脉冲耦合装置仿真得到的 S 参数值　　　（单位：dB）

参数	S_{12}	S_{15}	S_{24}	S_{45}	S_{14}	S_{25}
平均值	−3.750	−23.751	−11.710	−31.710	−57.703	−66.220
最大值	−3.750	−23.750	−11.709	−31.709	−49.036	−57.574
最小值	−3.751	−23.752	−11.711	−31.713	−115.059	−123.578

此外，需要注意的是，该耦合装置主通道的插损较大，原因主要是图 7-10 中的 R_3 和 R_4 在耦合装置的工作过程中会损耗一部分能量，实际上这是该耦合装置存在的不足。在部分效应试验中这一不足可能会影响敏感度测试结果的准确性，为避免这一问题，需要考虑对试验结果进行补偿。

7.3.3　耦合装置样机的性能测试

本节根据理论分析和仿真研究，进一步设计制作耦合装置的样机。对于传输线变压器，采取将铁氧体磁芯套在硬同轴线缆上的方式来实现变压器的功能。由于同轴线缆在高低频时均无泄漏磁通，所以该变压器的耦合系数为 1。在选用电阻时，首先需要保证电阻在整个频带内保持纯阻特性。此外，将高压电磁脉冲注入耦合装置内部后，电阻两端的分压升高，为避免损坏，所用电阻应能耐受高压。为满足上述需求，选用厚膜电阻作为部件。经过合理设计，该类电阻的高频特性和耐压性能可以满足需求。使用微带电路板将变压器和电阻连接，有利于电路在整个频带内保持良好特性。设计的耦合装置样机的外观结构及内部结构如图 7-11所示。

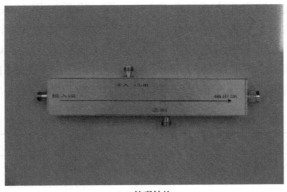

(a) 外观结构

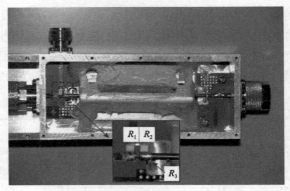

(b) 内部结构

图 7-11　电磁脉冲耦合装置样机

　　图 7-11(b) 中同轴线缆变压器外侧的金属片起固定和保护作用。耦合装置内部电路的具体连接关系如图 7-12 所示，其中节点 A、B 和 C 的位置与图 7-9 中节点 A、B 和 C 是对应的。可以看出，同轴线缆的芯线和外皮实际上分别作为图 7-9 中变压器的初级线圈和次级线圈。

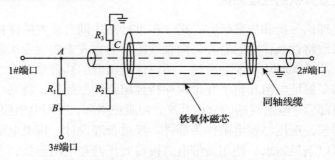

图 7-12　耦合装置内部电路的具体连接关系

　　使用 VNA（Agilent E5061A）测试耦合装置的 S 参数，结果如表 7-6 所示。需要说明的是，各端口的定义方式与图 7-3 中一致，5# 端口和 6# 端口可认为隐藏在耦合装置内部。此外，VNA（Agilent E5061A）的测试带宽为 300kHz～1.5GHz，受试验条件的限制，100～300kHz 频带内的 S 参数是使用信号源（R&S SML01）和频谱仪（Agilent E4440A）测试得到的。测试时将需要测试的两个端口分别连接信号源和频谱仪，其余端口连接匹配负载，则频谱仪的读数与信号源输出（两者单位均为

表 7-6　100kHz～1GHz 电磁脉冲耦合装置样机的 S 参数值（单位：dB）

参数	S_{12}	S_{15}	S_{24}	S_{45}	S_{14}	S_{25}
平均值	−3.83	−23.4	−12.33	−31.87	−36.81	−48.09
平坦度	<±0.16	<±0.46	<±0.48	<±0.23	<±6.34	<±24.55

dB)的差值即为所测频点的 S 参数模值(单位为 dB)。

从表 7-6 中可以看出，耦合装置主通道插损、注入端口耦合度和监测端口耦合度的平坦度良好，均小于±0.5dB，因此可以保证注入端口和监测端口的电磁脉冲波形不发生畸变。此外，S_{14} 和 S_{25} 的值远小于 S_{24} 和 S_{15}，说明注入端口和监测端口均有良好的方向性。此外，测试得到各端口 SWR 的最大值为 1.39，说明各端口匹配良好。

进一步测试耦合装置的耐压性。经试验验证，将峰值电压为 1000V、脉宽为 50ns 的快沿方波脉冲分别注入耦合装置的输入端口和监测端口，耦合装置依然可以正常工作。《军用设备和分系统电磁发射和敏感度要求与测量》(GJB 151B—2013)中瞬态电磁场辐射敏感度测试要求的峰值场强为 50kV/m，根据天线和线缆的耦合能力，本耦合装置在一般情况下可以满足强电磁脉冲场的测试需求。

为保证注入端口和监测端口波形的准确性，还要求耦合装置端口间不能存在移相特性。为此，这里测试了监测端口和输出端口间的相位差 $\Delta\theta$(等于 S_{21} 与 S_{51} 间的相位差)，其模值如表 7-7 所示。可以看出，不同频率的测试结果存在差异，这是因为 1# 端口到 2# 端口与 1# 端口到 4# 端口的通道等效长度存在差异。由于低频时等效线长差引起的移相可忽略不计，所以为排除线长差的影响，可主要参考低频时的测试结果。1MHz 和 11MHz 时 $\Delta\theta$ 模值均接近 0，证明了该耦合装置不存在移相特性。

表 7-7　电磁脉冲耦合装置监测端口和输出端口间的相位差模值

频率/MHz	1	11	51	101	200
相位差模值/(°)	0.02	0.8	3.54	6.76	12.7

下面将方波脉冲注入耦合装置的输入端口和注入端口，观察监测端口和输出端口的波形是否失真。当方波从输入端口注入时，输出端口和监测端口得到的波形如图 7-13 所示。由图可知，监测端口波形相对于输出端口波形几乎没有发生畸

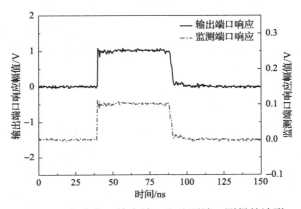

图 7-13　耦合装置输出端口和监测端口测得的波形

变，证明了耦合装置可以实现无失真地注入和监测电磁脉冲。

本节测试结果说明，设计的电磁脉冲耦合装置满足指标要求，可用于差模电流注入等效强电磁脉冲辐射效应试验。然而，需要说明的是，该耦合装置样机存在主通道插损偏大的不足，应针对性地进行优化改进或提出补偿其影响的方法。

7.4　提高传导敏感度上限适用频率的新方法

耦合装置可用于连续波和电磁脉冲的注入和监测，因此可首先用于传导敏感度测试。《军用设备和分系统电磁发射和敏感度要求与测量》（GJB 151B—2013）和《分系统和设备电磁干扰特性控制要求》（MIL-STD-461G）中的测试项目 CS114、CS115 和 CS116 主要应用 BCI 法开展传导敏感度试验，试验的频率上限为400MHz。《电磁兼容测量和试验技术射频场感应的传导骚扰抗扰度》（GB/T 17626.6—2008）（等效采用《电磁兼容（EMC）第 4-6 部分：测试与测量技术-射频场感应的传导干扰的抗扰度试验》（IEC-61000-4-6））中还使用耦合/去耦合网络和电磁钳开展传导敏感度测试，适用频率上限为 230MHz。对于《军用设备和分系统电磁发射和敏感度要求与测量》（GJB 151B—2013）中的 CS103、CS104 和 CS105，虽然规定通过天线端口对接收机开展传导敏感度试验的频率达到了 20GHz，但其关注的主要是互调干扰、无用信号抑制和交调干扰情况。在 400MHz 以上，目前的电磁兼容测试标准还没有给出针对其他干扰或损伤情况的传导敏感度测试方法。

相比于辐射敏感度测试，传导敏感度测试操作更为简便，非常适合在设备研制阶段用于电磁兼容预试验测试。在工程实际中，将传导敏感度测试应用于400MHz 以上是有必要的[3]。例如，在射频前端系统中，为保护低噪声放大器和后续信号处理电路中的敏感设备，一般会在天线接收主通道上添加一级防护或多级防护电路。在研制阶段，通过注入方法研究射频前端主通道的防护能力是十分方便的。然而，此类系统的干扰信号频率可能大于 400MHz，如高功率微波和超宽带电磁脉冲等。因此，有必要研究 400MHz 以上开展传导敏感度测试的方法。

为解决上述问题，可将设计的连续波耦合装置和电磁脉冲耦合装置应用于传导敏感度测试中，下面进行具体阐述。

7.4.1　基于耦合装置的传导敏感度测试方法

试验时将耦合装置与 EUT 输入端口连接，具体配置如图 7-14 所示。耦合装置 1# 端口连接辅助设备，保证正常工作信号等可通过耦合装置主通道传输到 EUT 输入端口。4# 端口作为注入端口，可实现在不影响正常信号传输的情况下将干扰信号注入 EUT 输入端口。5# 端口作为监测端口，通过在该端口连接监测设备，可以实时监测传输到 EUT 输入端口的信号大小。

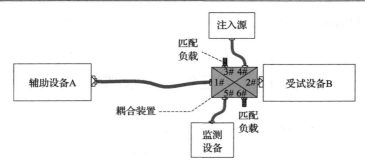

图 7-14 耦合装置用于传导敏感度试验时的配置

在传导敏感度试验中，当 EUT 出现干扰或损伤效应时，需要确定此时 EUT 输入端口的电流值或电压值，即传导敏感度阈值。为获得这一阈值，BCI 法首先通过预试验进行校准，获取监测探头的转移阻抗，之后在正式试验中根据转移阻抗和监测探头所测电压，换算出传导敏感度阈值。文献[4]指出，这种获取阈值方法的有效应用频率上限约为 100MHz，当频率继续升高时，由于寄生参数的出现，该方法确定的传导敏感度阈值与真实传导敏感度阈值之间的误差可能达到 30dB。

对于本节方法，为准确获得 EUT 输入端口的电流值，需借助耦合装置的监测端口电压和图 7-14 中系统的网络参数。简便起见，将整个系统除 EUT 和注入源外的部分视作一个 3 端口网络，其中耦合装置的注入端口、监测端口和输出端口分别视为 1# 端口、2# 端口和 3# 端口。可得这 3 个端口的入射波分别为

$$\begin{cases} a_1 = \dfrac{U_S}{2\sqrt{Z_0}} \\ a_2 = \Gamma_{EUT} b_2 \\ a_3 = 0 \end{cases} \tag{7-27}$$

其中，U_S 为注入源电压；Γ_{EUT} 为 EUT 输入端口的反射系数；b_2 为 2# 端口的反射波；Z_0 为各端口的输入阻抗。根据 S 参数的性质，可得 2# 端口和 3# 端口的反射波分别为

$$\begin{cases} b_2 = S'_{21}a_1 + S'_{22}a_2 = \dfrac{S'_{21}U_S}{2\left(1 - S'_{22}\Gamma_{EUT}\right)\sqrt{Z_0}} \\ b_3 = S'_{31}a_1 + S'_{32}a_2 = \dfrac{\left[S'_{32}S'_{21}\Gamma_{EUT} + S'_{31}\left(1 - S'_{22}\Gamma_{EUT}\right)\right]U_S}{2\sqrt{Z_0}\left(1 - S'_{22}\Gamma_{EUT}\right)} \end{cases} \tag{7-28}$$

其中，S'_{21}、S'_{22}、S'_{31} 和 S'_{32} 为上述 3 端口网络的 S 参数。根据各端口的入射波和

反射波，可得监测端口电压 U_m 和 EUT 输入端口电流 I_{EUT} 分别为

$$\begin{cases} U_m = \sqrt{Z_0}b_3 \\ I_{EUT} = \dfrac{b_2 - a_2}{\sqrt{Z_0}} = \dfrac{(1 - \Gamma_{EUT})b_2}{\sqrt{Z_0}} \end{cases} \tag{7-29}$$

根据式(7-27)～式(7-29)，可得 U_m 和 I_{EUT} 的关系为

$$I_{EUT} = \frac{\left[(1 - \Gamma_{EUT})S'_{21}\right]U_m}{Z_0\left[S'_{31}(1 - S'_{22}\Gamma_{EUT}) + \Gamma_{EUT}S'_{32}S'_{21}\right]} \tag{7-30}$$

因此，通过测试 S 参数、U_m 和 Γ_{EUT} 可以计算出 I_{EUT}。

　　下面通过试验证明理论分析的正确性。需要注意的是，工程中直接监测 I_{EUT} 一般比较困难，而 EUT 输出端口的电压便于监测，因此可通过计算输出端口的电压来获取 I_{EUT}。

　　为此，将包含单个输入端口和输出端口的 EUT 等效为 2 端口网络。为便于获取各端口电压和电流间的关系，该网络使用 Z 参数表示。令 I_1 和 I_2 分别为流过 EUT 输入端口和输出端口的电流，U_1 和 U_2 分别为 EUT 输入端口和输出端口的电压。根据 Z 参数的性质，可得

$$\frac{U_2}{\sqrt{Z_0}} = z_{21}I_1\sqrt{Z_0} + z_{22}I_2\sqrt{Z_0} \tag{7-31}$$

其中，z_{21} 和 z_{22} 为网络的 Z 参数；本试验中 Z_0 其实是监测设备的输入阻抗，其值为 50Ω。I_2 和 U_2 的关系为

$$I_2 = -\frac{U_2}{Z_0} \tag{7-32}$$

根据式(7-31)和式(7-32)，可解得

$$I_1 = \frac{1 + z_{22}}{z_{21}Z_0}U_2 \tag{7-33}$$

根据 Z 参数与 S 参数的等效关系，可得

$$I_{EUT} = I_1 = \frac{1 - S''_{11}}{S''_{21}Z_0}U_2 \tag{7-34}$$

其中，S''_{11} 和 S''_{21} 均为 EUT 等效的 2 端口网络的 S 参数。通过式(7-34)可将 EUT 输出端口电压换算为 I_{EUT}。

验证试验按照图 7-14 所示配置开展，辅助设备为 75Ω 的负载，同轴线缆为长 1.7m 的同轴线缆，EUT 为某型限幅器。利用 VNA 分别测量整个受试系统和 EUT 的 S 参数。试验分为连续波和电磁脉冲两种情况，对于连续波情况，将 VNA 的 1# 端口连接耦合装置的注入端口，各频点下 1# 端口的输出功率均为 0dBm，VNA 的 2# 端口连接监测端口。对于电磁脉冲情况，注入端口连接方波源，监测端口连接示波器，实物照片如图 7-15 所示。

图 7-15　利用耦合装置开展传导敏感度试验配置实物照片

需要说明的是，限幅器为非线性器件，若输入端口电压过高，则其输出端口电压会被限幅，此时输入输出电压间为非线性关系。上述方法需要获知 Γ_{EUT}，而在非线性响应情况下 Γ_{EUT} 为变量，因此为保证试验结果的准确性，限幅器输入端口电压应较小，使得试验过程中限幅器工作在线性区。

在连续波和电磁脉冲情况下，两种方法所得 I_{EUT} 对比如图 7-16 所示。可以看

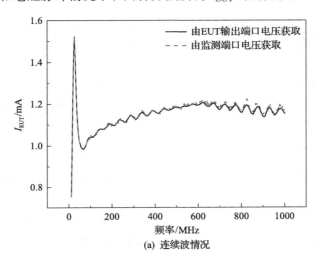

(a) 连续波情况

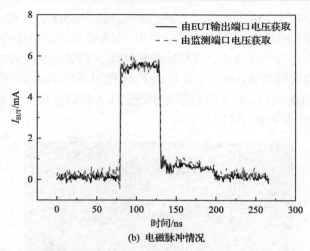

图 7-16　通过监测端口电压和 EUT 输出端口电压得到的 I_{EUT} 对比

出，图中两种方法所得 I_{EUT} 间的误差均很小，证明了利用监测端口电压获取 EUT 输入端口电流是可行的。

　　需要注意的是，图 7-16(a) 中的波形在 30MHz 附近有一个峰值点，这是因为在该频点限幅器输入阻抗有极小值，导致在同样的功率下 I_{EUT} 变大。当图 7-16(a) 中的频率高于 400MHz 时，I_{EUT} 仍有较高的准确性，证明了本节方法在 400MHz 以上是可行的。此外，图 7-16(b) 中方波的上升沿小于 1ns，说明该方波 400MHz 以上的频谱成分不可忽略，图中两种情况所得电流波形具有良好的一致性，进一步说明了 400MHz 以上本节方法的准确性。

7.4.2　非线性情况下试验方法的改进

　　7.4.1 节的分析已指出，本节方法要求试验过程中 EUT 不能表现出非线性，否则会导致试验误差增大。对于 EUT 响应为非线性的情况，式(7-30)中 Γ_{EUT} 可能是变化的，采用式(7-30)给出的方法获取 I_{EUT} 似乎并不可行。在实际的电磁敏感度试验中，EUT 表现出的非线性是普遍的，因此需要在非线性情况下对 7.4.1 节的方法进行改进。I_{EUT} 为 EUT 输入端口电流，其值必然会受到 EUT 响应特性的影响。为避免这一问题，试验时可将 EUT 输入端口的入射波电流 I_{EUT}^{+} 作为判断是否出现效应的参量，未经 EUT 反射的 I_{EUT}^{+} 与 EUT 特性无关，因此可避免以 I_{EUT} 为判断参量时存在的问题，而且通过 I_{EUT}^{+} 同样可以准确获知 EUT 的抗干扰能力。下面分析获取 I_{EUT}^{+} 的方法。

　　在辅助设备端口匹配或者反射可忽略的情况下，可得 S_{22}' 为 0，又因为耦合装置的输出端口和监测端口是隔离的，所以 S_{32}' 近似为 0，此时式(7-30)可简化为

$$I_{EUT} = \frac{[(1-\Gamma_{EUT})S'_{21}]U_m}{Z_0 S'_{31}} \tag{7-35}$$

而 I^+_{EUT} 与 I_{EUT} 的关系为

$$I_{EUT} = I^+_{EUT}(1-\Gamma_{EUT}) \tag{7-36}$$

需要说明的是，由于 Γ_{EUT} 为电压反射系数，所以式 (7-36) 括号中 Γ_{EUT} 的系数为负。由式 (7-35) 和式 (7-36) 可得

$$I^+_{EUT} = \frac{S'_{21}U_m}{S'_{31}Z_0} \tag{7-37}$$

式 (7-37) 说明，I^+_{EUT} 与 EUT 响应特性无关，可由 U_m 计算得到。需要注意的是，式 (7-37) 成立的条件是辅助设备端口的反射可以忽略，否则会导致试验误差增大。对于电磁脉冲情况，同样可以根据监测端口电压波形 $u_m(t)$ 获取入射波电流波形 $i^+_{EUT}(t)$，即

$$i^+_{EUT}(t) = \frac{1}{2\pi}\int_{-\infty}^{\infty} \frac{S'_{21}U_m}{S'_{31}Z_0}e^{j\omega t}d\omega \tag{7-38}$$

其中

$$U_m = \int_{-\infty}^{\infty} u_m(t)e^{-j\omega t}dt \tag{7-39}$$

下面开展方波注入试验，验证上述方法的正确性。具体配置与 7.4.1 节的试验基本一致，仍选用限幅器作为 EUT，只是辅助设备端口换接 50Ω 匹配负载。通过增大方波脉冲幅值，使限幅器在试验时工作在明显的限幅状态，代表其响应表现出了显著的非线性。首先，测试耦合装置监测端口电压，通过式 (7-38) 计算出 $i^+_{EUT1}(t)$。然后，为能够直接测量到 $i^+_{EUT}(t)$，将 EUT 直接改接为示波器，即 EUT 换为 50Ω 匹配负载，此时示波器所得电压波形 $u_{EUT}(t)$ 与接限幅器时的入射波电压波形一致，进而可得到真实的入射波电流为 $i^+_{EUT2}(t)=u_{EUT}(t)/50$。比较两次得到的电流波形 $i^+_{EUT1}(t)$ 和 $i^+_{EUT2}(t)$，结果如图 7-17 所示。可以看出，两种情况下所得入射波电流波形之间有良好的一致性，证明了本节方法对非线性情况的可行性。

本节方法的优势在于不必关心试验时 EUT 的响应特性是否发生变化，通过测试得到的入射波电流就可以判断 EUT 是否出现干扰或损伤效应。相比之下，当以 I_{EUT} 为判断变量时，需要准确获知 EUT 的响应特性，但这在很多情况下是难以实现的。因此，本节方法具有一定的优势，更便于工程应用。

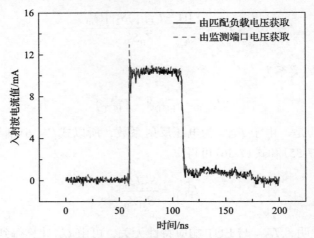

图 7-17　监测端口电压和匹配负载电压所得入射波电流对比

7.4.3　效应测试实例

　　下面结合效应测试实例，对试验方法的应用进行具体说明。本节方法适合测试微波系统中电路的电磁敏感性，例如，低噪声放大器(low-noise amplifier, LNA)是射频前端中的敏感器件，确定其电磁敏感性十分必要。从输入端口进入的干扰信号是 LNA 干扰的重要来源，因此可采用注入的方式确定其电磁敏感度。

　　当注入强电磁脉冲时，LNA 会产生增益压制效应，具体表现为当从 LNA 输入端口进入的电磁脉冲信号幅值达到一定数值时，LNA 增益开始下降，随着干扰信号的增大，增益逐渐减小直至为 0。电磁脉冲作用完之后，LNA 的增益仍需要一段时间才能恢复到正常水平。在一定的幅值范围内，脉冲峰值电压越高，对应 LNA 的增益恢复时间越长。增益被压制，正常工作信号无法得到放大，会导致一段时间内正常工作信号无法被正常接收。出现上述效应是因为 LNA 内部的晶体管在强脉冲注入下会出现过饱和效应，导致其不能工作在放大状态。研究表明，恢复时间的长短与 LNA 外围电路参数有关[5]。

　　使用本章设计的电磁脉冲耦合装置，对 LNA 开展方波脉冲注入试验，试验配置如图 7-18 所示，连续波信号源连接耦合装置的输入端口(1#)，用于向 LNA 提供正常工作信号，方波源连接耦合装置的注入端口(4#)，用于向 LNA 注入干扰信号。方波源输出正脉冲，脉冲幅值由小逐渐增大，观察 LNA 效应。当注入端口的方波峰值为 6V 时，得到的 LNA 响应如图 7-19 所示。从图中可以看出，LNA 响应出现了明显的压制效应，正常工作信号在一段时间内被完全压制，之后逐渐恢复到原有幅值水平。工作信号从被压制到完全恢复正常所用时间定义为总压制时间，其中工作信号被完全压制的时间定义为完全压制时间。图 7-19 中波形的完全压制时间为 11.65μs。由本节方法可知，利用此时的监测端口电压，并根据式(7-38)可以得到

LNA 输入端口的入射波电流值。此时入射波电流信号如图 7-20 所示，其峰值为

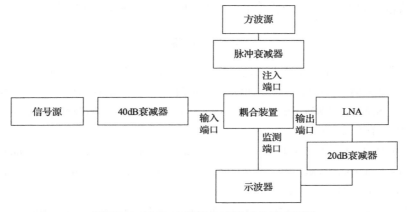

图 7-18　对 LNA 开展效应测试的试验配置

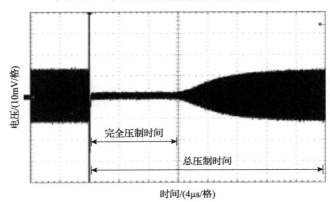

图 7-19　方波作用下 LNA 响应

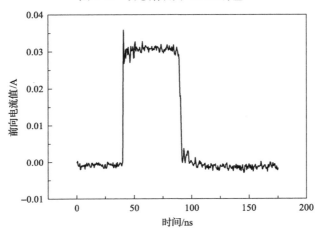

图 7-20　图 7-19 中响应对应的入射波电流信号

0.03586A。若实际工程中以完全压制时间等于 t 为干扰门限，则根据上述方法可以得到对应的入射波电流值，该值可以为进一步的电磁兼容设计提供参考。

参 考 文 献

[1] 周萌. 带状线定向耦合器的分析与设计[D]. 西安: 西安电子科技大学, 2009.

[2] 高葆新, 洪兴楠, 陈兆武, 等. 微波电路计算机辅助设计[M]. 北京: 清华大学出版社, 1988.

[3] 潘晓东, 魏光辉, 李新峰, 等. 同轴电缆连续波电磁辐照的终端负载响应[J]. 强激光与离子束, 2012, 24(7): 1579-1583.

[4] Crovetti P S, Fiori F. A critical assessment of the closed-loop bulk current injection immunity test performed in compliance with ISO 11452-4[J]. IEEE Transactions on Instrumentation and Measurement, 2011, 60(4): 1291-1297.

[5] 许立刚. 低噪声放大器有意电磁干扰效应研究[D]. 成都: 电子科技大学, 2010.

第8章 连续波强场电磁辐射效应差模
电流注入试验方法

第 7 章阐述了连续波耦合装置的设计方法和试验结果,本章将针对 BCI 等效连续波强场电磁辐射效应试验方法存在的适用频率低于 400MHz、天线耦合信号难以等效注入、非线性设备外推试验误差增大等问题,借助前述耦合装置,提出连续波强场电磁辐射效应差模电流注入试验方法,扩大注入试验方法的适用范围,提高等效试验的准确性。

本章首先提出适用于 EUT 位于线缆某一端(如天线系统)的单端差模电流注入等效连续波强场辐射效应试验方法。然后提出适用于 EUT 位于线缆两端的双端差模电流注入等效连续波强场辐射效应试验方法。对于单端、双端连续波差模电流注入方法,均详细验证 EUT 表现不同非线性响应特性情况下试验方法的准确性,并研究耦合装置接入位置对辐射和注入等效性的影响。耦合装置接入系统后会引起系统状态的少许改变,因此本章分析天线和线缆分别为主要耦合通道时,耦合装置接入对试验结果的影响,提出校正试验结果的方法。

8.1 单端差模电流注入等效连续波强场电磁
辐射效应试验方法

用频装备是互联系统中重要的一类,主要由天线、同轴线缆和发射机/接收机组成。用频装备广泛应用于工程中,也大量存在于武器系统平台(如舰船和飞机等)中。用频装备主要用于通信、侦测等,因此天线一般暴露在外界环境中,而发射机/接收机一般会屏蔽良好。因此,对于用频装备,在很多情况下,天线和同轴线缆是其主要的耦合通道,尤其是天线。一般而言,用频装备的电磁辐射敏感度试验主要关心的是发射机/接收机的电磁敏感性,天线和线缆本身一般不会出现干扰效应,因此将发射机/接收机作为 EUT,辐射和注入的等效依据是两种情况下发射机/接收机的响应相等。为实现等效电磁辐射效应试验,只需直接对 EUT 这一端接收到的干扰进行等效注入,因此本节首先提出单端差模电流注入试验方法。

8.1.1 理论分析

由 6.2 节的理论分析可知,对于以天线和同轴线缆为电磁辐射耦合通道的 EUT,

通过在 EUT 输入端口监测差模干扰信号并进行等效注入即可实现与电磁辐射的等效。为此，应将设计的差模耦合装置接入 EUT 输入端口。此外，为等效强场辐射，可选取线性外推方法。强场辐射试验中 EUT 可能表现出非线性，因此线性外推方法应对非线性 EUT 同样适用。由 6.2 节的分析可知，可将电磁辐射场强和等效注入电压的关系作为外推依据，两者的线性关系不受 EUT 响应特性的影响，但要求辐射和注入的无源网络模型相同。为在一般情况下满足上述条件，需要在辐射和注入时均接入耦合装置。

辐射和注入时的试验配置如图 8-1 所示。在无源情况下，辐射和注入的试验配置相同，只是进行辐射试验时系统会受到外界电磁场的干扰，而进行注入试验时信号源会通过 4# 端口向 EUT 注入干扰信号。

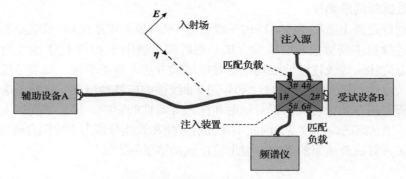

图 8-1　辐射和注入时的试验配置

注入试验方法的关键是要实现对强电磁场辐射试验的等效，因此下面通过理论分析证明以场强和注入电压的等效关系作为线性外推依据的正确性。辐射和注入时的等效电路模型如图 8-2 所示，其中 6 端口网络代表耦合装置，其中 3#～6# 端口均匹配，下面的分析中用 $S_{ij}(i,j=1,2,\cdots,6)$ 表示耦合装置的散射参数。根据微波网络理论，将辐射和注入源等效为电波源，由于天线和同轴线缆为主要耦合通道，所以辐射时等效源位于 1# 端口。注入源连接在 4# 端口，注入时等效源也位于 4# 端口，此外，两个网络的其他部分相同。依据等效电源波定理，将图 8-2(a) 中参考面 T_1 左侧等效为电源波 $\hat{a}_1^{(\mathrm{W})}$ 和反射系数 Γ_1，图 8-2(b) 中 T_4 上端等效为电源波 $\hat{a}_4^{(\mathrm{I})}$ 和反射系数 Γ_4。依据电路理论，T_1 左侧也可等效为电压源 $U^{(\mathrm{W})}$ 和源阻抗 Z_1，T_4 上端也可等效为电压源 $U^{(\mathrm{I})}$ 和源阻抗 Z_4。由于只关心受试设备 B 的响应，所以将图 8-2 模型中参考面 T_2 的左侧进一步简化，辐射和注入的等效电源波分别为 $\hat{b}_2^{(\mathrm{W})}$ 和 $\hat{b}_2^{(\mathrm{I})}$，反射系数分别为 $\Gamma_2^{(\mathrm{W})}$ 和 $\Gamma_2^{(\mathrm{I})}$，如图 8-3 所示。类似地，T_2 左侧同样可用等效电压源 $U_2^{(\mathrm{W})}$ 和 $U_2^{(\mathrm{I})}$ 以及等效源阻抗 $Z_2^{(\mathrm{W})}$ 和 $Z_2^{(\mathrm{I})}$ 表示。

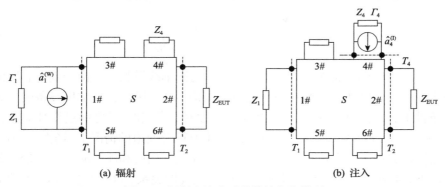

(a) 辐射　　　　　　　　　　　　(b) 注入

图 8-2　辐射和注入时的等效电路模型

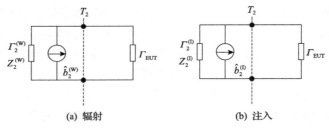

(a) 辐射　　　　　　　　　　　　(b) 注入

图 8-3　只关心 EUT 响应时的等效电路模型

根据等效电源波定理，计算得到图 8-2 和图 8-3 中电源波参数之间的关系为[1,2]

$$\begin{cases} \hat{b}_2^{(\mathrm{W})} = S_{12}\hat{a}_1^{(\mathrm{W})} \\ \hat{b}_2^{(\mathrm{I})} = S_{24}\hat{a}_4^{(\mathrm{I})} \\ \varGamma_2^{(\mathrm{W})} = \varGamma_2^{(\mathrm{I})} = S_{12}^2\varGamma_1 \end{cases} \tag{8-1}$$

进而根据电源波参数和电路参数的关系，可得

$$U_2^{(\mathrm{W})} = \frac{U^{(\mathrm{W})}(1-\varGamma_1)S_{12}}{1-S_{12}^2\varGamma_1} \tag{8-2}$$

$$U_2^{(\mathrm{I})} = \frac{S_{24}U^{(\mathrm{I})}}{1-S_{12}^2\varGamma_1} \tag{8-3}$$

$$Z_2^{(\mathrm{W})} = Z_2^{(\mathrm{I})} = Z_0\frac{1+S_{12}^2\varGamma_1}{1-S_{12}^2\varGamma_1} \tag{8-4}$$

由式 (8-4) 可知，辐射和注入的等效源阻抗相等，因此为实现等效，需满足 $U_2^{(\mathrm{W})} = U_2^{(\mathrm{I})}$，此时 $U^{(\mathrm{W})}$ 和 $U^{(\mathrm{I})}$ 的关系为

$$\frac{U^{(\mathrm{W})}}{U^{(\mathrm{I})}} = \frac{S_{24}}{(1 - \varGamma_{\mathrm{AE}}\mathrm{e}^{-2\gamma L})S_{12}} \tag{8-5}$$

其中，$\varGamma_{\mathrm{AE}}$ 为辅助设备端口的反射系数；L 为同轴线缆长度。由于耦合装置的响应是线性的，所以其 S 参数在高低功率下保持不变。因此，在辅助设备响应为线性的条件下，由式 (8-5) 可得辐射和注入等效时 $U^{(\mathrm{W})}$ 和 $U^{(\mathrm{I})}$ 之间是线性关系。又由式 (6-2)～式 (6-4) 可知，在天线和线缆为主要耦合通道的情况下，场强 E 和 $U^{(\mathrm{W})}$ 间满足线性关系。综上可得，在辅助设备为线性且辐射和注入时均接入耦合装置的条件下，场强 E 和等效注入电压 $U^{(\mathrm{I})}$ 间满足线性关系，这一结论与 EUT 响应是否为线性无关。

　　上述结论的正确性也可通过波动理论角度进行解释。以同轴线缆作为主要耦合通道为例，辐射时耦合的干扰信号将沿着同轴线缆分别向其两端传输，之后会在同轴线缆两端不断反射（同轴线缆终端不匹配的情况下），最终形成稳态。这说明，EUT 输入端口的入射波电压 U_{EUT}^{+} 是由未经 EUT 端口反射的初始入射波电压 U_{EUT1}^{+} 和经过两端口多次反射后的入射波电压 U_{EUT2}^{+} 叠加而成的，即 $U_{\mathrm{EUT}}^{+} = U_{\mathrm{EUT1}}^{+} + U_{\mathrm{EUT2}}^{+}$。为避免注入源电压受到 EUT 响应特性的影响，应直接使辐射和注入时 EUT 输入端口的初始入射波电压相等，即 $U_{\mathrm{EUT1}}^{(\mathrm{W})+} = U_{\mathrm{EUT1}}^{(\mathrm{I})+}$。在此条件下，由于辐射和注入时同轴线缆两端设备一致，所以经过多次反射后的入射波电压同样可保证相等，即 $U_{\mathrm{EUT2}}^{(\mathrm{W})+} = U_{\mathrm{EUT2}}^{(\mathrm{I})+}$。

　　对于单端注入方法，注入源模拟的初始入射波电压 U_{s}^{+} 包括两部分：一部分是辐射时首次向 EUT 端口传输的入射波电压 U_{R1}^{+}；另一部分是 U_{L1}^{+} 经过辅助设备端反射后传播到 EUT 输入端口的入射波电压 U_{R2}^{+}。如图 8-4 所示，U_{L1}^{+} 是辐射时首次向辅助设备端传输的电压波，即 $U_{\mathrm{s}}^{+} = U_{\mathrm{R1}}^{+} + U_{\mathrm{R2}}^{+}$。由于这两部分电压波均没有在 EUT 端口发生反射，所以 U_{s}^{+} 不受 EUT 响应特性的影响。但是，因为 U_{R2}^{+} 在辅助设备端发生过一次反射，所以正如式 (8-5) 所示，场强和等效注入电压呈线性关系的条件是辅助设备的响应为线性。

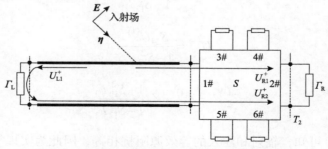

图 8-4　单端注入时信号源所需模拟信号的示意图

根据理论分析结果，可考虑将试验分为两部分，即低场强辐射和等效注入预试验，以及注入电压线性外推的注入等效强场电磁辐射效应试验。首先开展低场强辐射和等效注入预试验，获取 E 和 $U^{(\mathrm{I})}$ 的等效关系，由于两者的关系为线性，因此在高场强情况下该等效关系保持不变。然后根据高低场强值之间的比例关系，计算得到等效的注入电压，所得注入试验结果与强场辐射试验结果是等效的。

需要注意的是，上述 E 和 $U^{(\mathrm{I})}$ 等效关系的获取是在 EUT 响应相等的条件下得到的，然而在实际情况下，EUT 可能为黑箱，其响应不便于监测。由于式(8-5)中涉及的参数较多，所以采用计算的方法获取该等效关系在工程上并不可取。耦合装置的监测端口电压便于获取，若能以该监测端口电压为等效依据，则可以解决 EUT 为黑箱的问题，下面研究这种方法的正确性。

计算得到耦合装置 5# 监测端口电压 $U_5^{(\mathrm{W})}$ 和 $U_5^{(\mathrm{I})}$ 分别为

$$
\begin{cases}
U_5^{(\mathrm{W})} = \dfrac{U^{(\mathrm{W})}S_{15}(1-\Gamma_{\mathrm{AE}}\mathrm{e}^{-2\gamma L})}{2(1-S_{12}^2\Gamma_{\mathrm{AE}}\mathrm{e}^{-2\gamma L})} \\[3mm]
U_5^{(\mathrm{I})} = \dfrac{U^{(\mathrm{I})}S_{45}}{2(1-S_{12}^2\Gamma_{\mathrm{AE}}\mathrm{e}^{-2\gamma L})}
\end{cases}
\tag{8-6}
$$

式(8-6)的成立利用了耦合装置的如下性质：

$$
S_{15}S_{24} = S_{12}S_{45}
\tag{8-7}
$$

容易证明，在 $U^{(\mathrm{W})}$ 和 $U^{(\mathrm{I})}$ 满足式(8-5)的条件下，同样可得 $U_5^{(\mathrm{W})}$ 和 $U_5^{(\mathrm{I})}$ 相等。这说明，若辐射和注入时的监测端口电压相等，则 EUT 响应同样相等，以监测端口电压为等效依据是可行的，可以提高试验方法的工程实用性。

此外，在获取场强和注入电压的等效关系时，需要消除工作信号的影响。然而，实际情况下，工作信号的强度相比于干扰信号是很微弱的，即使是在低场强电磁辐射干扰的情况下，工作信号的强度一般也远小于干扰信号的强度，此时其影响可忽略。如果工作信号的强度不可忽略，那么可通过事先开展试验消除其影响。采取的方法是，先在仅施加工作信号的情况下测量辐射强场和耦合装置监测端电压，再在施加干扰信号的预试验中将测得的辐射场强和监测端口电压进行校准，消除工作信号对测量值的影响即可，这样仍可保证场强和注入电压等效关系的准确性。

根据上述分析，可将连续波强场电磁辐射效应单端差模电流注入试验方法总结如下：

(1)开展低场强辐射预试验。按照图 8-1 给出的配置搭建试验系统，保持高低场强情况的试验配置不变。首先在 EUT 响应为线性的条件下开展低场强辐射预试验，记录场强 E_L 和对应的耦合装置监测端口电压 $U_M^{(W)}$ 。

(2) 开展与低场强辐射等效的注入预试验。调节注入源的输出，保证耦合装置监测端口电压 $U_M^{(I)}$ 与辐射时相等，即 $U_M^{(W)} = U_M^{(I)}$ ，记录此时的注入源电压 $U_L^{(I)}$ ，计算 E_L 和 $U_L^{(I)}$ 的比例系数，即 $k = U_L^{(I)}/E_L$ 。进行多次试验，求取 k 的平均值。

(3) 开展注入等效强场辐射试验。若强场辐射试验的场强值为 E_H ，则对应的等效注入电压为 $U_H^{(I)} = kE_H$ ，开展注入试验，调节信号源输出使注入电压值为 $U_H^{(I)}$ ，得到的试验结果与强场辐射试验结果等效。

8.1.2　试验方法可行性验证

试验时首先验证对于非线性 EUT 情况辐射场强和等效注入电压间满足线性关系，然后在天线和线缆分别为主要耦合通道的情况下，研究提出的单端注入等效强场辐射效应试验方法的准确性。

1. 场强与等效注入电压线性关系验证

在强场电磁辐射试验中，EUT 响应一般会表现出非线性，设备内部敏感器件特性会发生改变。EUT 响应的非线性表现在两个方面：一是 EUT 输入响应和输出响应间的关系表现出非线性；二是 EUT 输入端口的伏安关系表现出非线性，即 EUT 输入阻抗随输入功率的增大而改变。由于 EUT 输入阻抗主要取决于 EUT 内部直接与 EUT 输入端口连接的器件或电路[3,4]，后续电路中器件特性的改变有时难以对 EUT 输入阻抗值产生较大影响，所以当 EUT 响应表现出非线性时，其输入阻抗 Z_{EUT} 不一定同时发生明显改变。根据 8.1.1 节的分析，Z_{EUT} 发生变化是影响辐射场强和等效注入电压线性关系的主要原因。因此，需要选用输入阻抗在实验室条件下能发生明显变化的设备作为 EUT。

为此，选取某型 LNA 作为 EUT，其在不同输入功率下的特性如图 8-5 所示。在功率升高后，S_{21} 降低说明输入输出功率间的关系发生了非线性变化，而输入端口的 SWR 增大表明 LNA 的输入阻抗随功率的增大而改变。在输入功率从–30dBm 增大到 9dBm 的过程中，SWR 发生了明显改变，因此所选 LNA 满足试验需求。需要说明的是，在试验过程中，当 SWR 出现明显变化时，LNA 的工作状态进入饱和区，不同的输入功率会得到几乎相等的输出。因此，以 LNA 输出响应相等作为获取场强和注入电压等效关系的依据可能导致误差增大。对此，试验时使用监测端口电压作为判断依据，该端口监测的是入射波电压信号，其值受 EUT 的影响较小。由 8.1.1 节分析可知，在监测端口电压相等的前提下，EUT 的响应同样相等，本试验首先证明这一分析的正确性，在此基础上，验证场强和等效注入电压的线性关系。

此外，同轴线缆的耦合能力较弱，在现有辐射试验条件下难以使该 LNA 输入阻抗发生明显改变，因此本试验主要对以天线为主要耦合通道的情况进行验证。

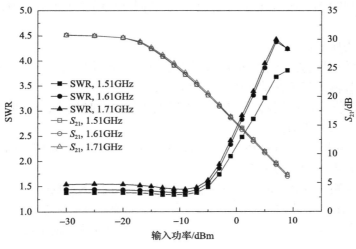

图 8-5　不同输入功率下 LNA 特性

单端差模电流注入等效连续波强场辐射试验配置图如图 8-6 所示。受试系统是由某接收天线、同轴线缆和上述 LNA 组成的天线系统，辐射系统由微波信号源（R&S SMR20）、功率放大器（AR 200T1G3A）和发射天线构成。辐射和注入时耦合

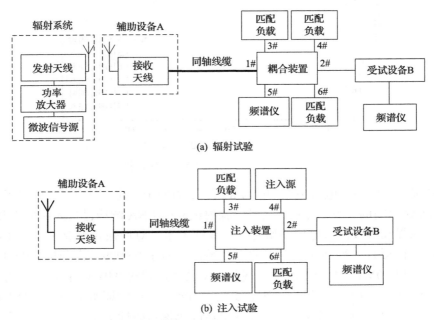

图 8-6　单端差模电流注入等效连续波强场辐射试验配置图

装置注入端口分别连接匹配负载和注入源，频谱仪（Agilent E4440A）同时监测耦合装置 5# 端口和 LNA 输出响应。试验时天线和同轴线缆位于辐射区内，LNA 位于辐射区外。

试验方法如下：

（1）开展辐射试验，辐射场强逐渐增大，使 LNA 响应由线性区一直变化到深度饱和区，其输入阻抗在试验中发生明显变化。

（2）开展等效注入试验，保证监测端口电压与辐射时相等，得到对应的 LNA 响应和等效注入电压值。

（3）更换频点，重复（1）和（2），比较辐射和注入时 EUT 响应间的关系以及场强和等效注入电压的对应关系。

在保证监测端口电压相等的前提下，辐射和注入时 LNA 响应间的关系如图 8-7 所示。可以看出，此时 EUT 响应间的差别很小，计算得到所选 3 个频点下 LNA 响应的最大误差为 1.16%，证明了以监测端口电压作为等效依据是可行的。

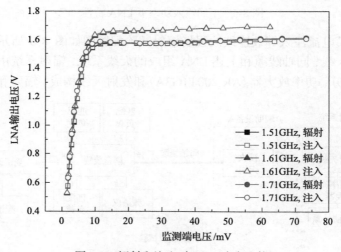

图 8-7　辐射和注入时 LNA 响应比较

场强和等效注入电压关系如图 8-8 所示，为便于对比，图中同时给出了场强和 LNA 输出间的关系。显然，高场强辐射试验中 LNA 响应已进入深度饱和区，但对应场强和等效注入电压间始终保持线性关系。对场强和等效注入电压的关系进行线性拟合，得到 3 个频点的拟合系数均高于 0.9999。由分析数据可知，当场强达到 30V/m 时，LNA 输入端口功率已经达到约 0dBm，由图 8-5 可知，此时 LNA 输入阻抗已经发生了明显变化。因此，本试验证明了即使针对上面两种非线性 EUT 情况，场强和等效注入电压间仍保持线性关系。

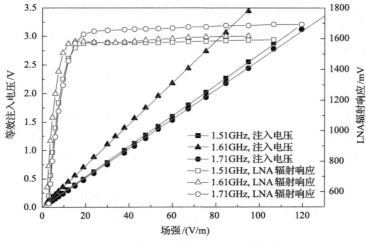

图 8-8　场强和等效注入电压的关系

2. 试验方法准确性验证

在之前试验的基础上，研究单端差模电流注入等效强场电磁辐射效应试验方法的准确性。

当天线为主要耦合通道时，试验配置与图 8-6 基本一致，区别是将 EUT 换为某实际设备的射频前端组件，其内部包含限幅器和 LNA 等典型非线性器件。按照 8.1.1 节总结的方法开展预试验，获取场强和注入电压的等效关系。之后将场强和注入电压均线性外推，得到辐射和注入时 EUT 响应间的关系，如图 8-9 所示。

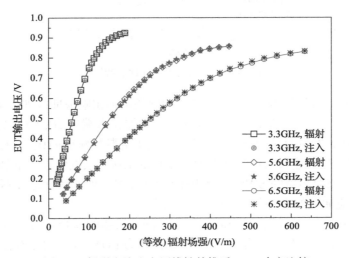

图 8-9　场强和注入电压线性外推后 EUT 响应比较

　　为便于比较，图中注入电压用等效辐射场强表示。由图 8-9 可知，EUT 响应间保持了良好的等效性，得到不同频点下辐射和注入时 EUT 响应的最大误差为2.33%，证明了试验方法的准确性。

　　经过验证发现，试验过程中射频前端组件的输入阻抗变化较小，为验证在 EUT 输入阻抗发生明显变化的情况下试验方法的准确性，应选取输入阻抗能在较小输入功率下发生明显变化的 EUT。为此，进一步选用 MACOM MD158 混频器作为EUT，在其本振端口接匹配负载的情况下，得到其射频输入端口的特性，如图 8-10 所示。由该图可知，不同频率下，当功率增大时，输入端口的 SWR 均发生明显变化，所需输入功率相对较小，因而该混频器满足试验需求。另外，从 S_{21} 的曲线规律可以看出，当功率增大时，混频器输入和输出响应间的关系也表现出非线性。需要注意的是，所测 SWR 在低输入功率时的值较大，原因是所选频点位于混频器的工作频带之外。

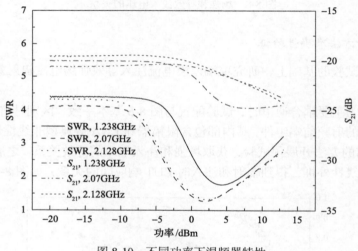

图 8-10　不同功率下混频器特性

　　按照与 LNA 试验相同的方法，得到的混频器输出响应曲线如图 8-11 所示。根据实测数据，当辐射场强为 20V/m 时，混频器输入端口功率约为 0dBm，此时其输入阻抗开始发生明显变化。由于 3 个频点下混频器响应间误差最大为 3.62%，所以即使对于 EUT 输入阻抗随功率明显变化的情况，该试验方法也是准确的。需要说明的是，该混频器的 SWR 变化规律与 LNA 等一般非线性器件不一致，导致图 8-11 中响应曲线的走势与 LNA 等存在差别。

　　当同轴线缆为主要耦合通道时，考虑到同轴线缆的耦合能力一般远小于接收天线，故选取另一灵敏度更高的射频前端组件作为 EUT。试验时原有接收天线仍作为辅助设备，但将其置于辐射区域外，只对同轴线缆进行电磁辐射。按照与 LNA 试验相同的方法开展试验，得到的结果如图 8-12 所示。通过计算得到所测 3 个频率下 EUT 响应间的最大误差小于 3%，证明了试验方法在同轴线缆为主要耦合通道的情况下仍然具有很高的准确性。

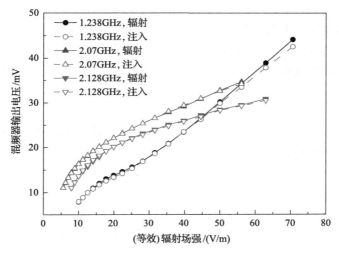

图 8-11　辐射和注入时混频器响应比较

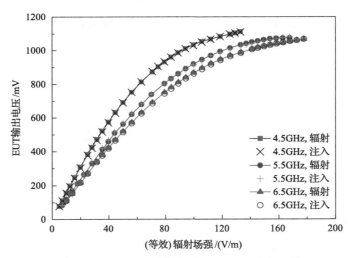

图 8-12　线缆为主要耦合通道时 EUT 响应比较

8.2　双端差模电流注入等效连续波强场电磁辐射效应试验方法

单端差模电流注入试验方法适用于只关心线缆某一端设备敏感性的情况，然而有的情况下需同时测试两端设备的电磁敏感性。为此，在 8.1 节单端差模电流注入试验方法的基础上，本节提出双端差模电流注入等效连续波强场电磁辐射效应试验方法，目的是通过注入试验使线缆两端设备的响应均与辐射时相等。本节首先比较单端注入和辐射时辅助设备的响应，然后提出双端注入试验方法，最后试验验证该方法的可行性。

需要说明的是，本节提到的等效是在线缆为主要耦合通道的前提下得到的，适用于在以下两种情况下实现对强场电磁辐射效应试验的等效：一是单独研究线缆引入的干扰对互联系统的影响；二是互联系统线缆两端设备屏蔽完好。

8.2.1　理论分析

在单端注入等效辐射试验中，按照图 8-1 所示试验配置，根据 BLT 方程，可得辐射时线缆两端设备的响应为

$$\begin{cases} U_{\mathrm{L}}^{(\mathrm{W})} = \dfrac{\left(1+\varGamma_{\mathrm{L}}\right)\mathrm{e}^{-2\gamma L}\left(S_{12}^2\varGamma_{\mathrm{R}}S_1+\mathrm{e}^{\gamma L}S_2\right)}{1-S_{12}^2\varGamma_{\mathrm{L}}\varGamma_{\mathrm{R}}\mathrm{e}^{-2\gamma L}} \\[4mm] U_{\mathrm{R}}^{(\mathrm{W})} = \dfrac{\left(1+\varGamma_{\mathrm{R}}\right)S_{12}\mathrm{e}^{-2\gamma L}\left(\mathrm{e}^{\gamma L}S_1+\varGamma_{\mathrm{L}}S_2\right)}{1-S_{12}^2\varGamma_{\mathrm{L}}\varGamma_{\mathrm{R}}\mathrm{e}^{-2\gamma L}} \end{cases} \tag{8-8}$$

其中，$\varGamma_{\mathrm{L}}$ 和 $\varGamma_{\mathrm{R}}$ 分别为左、右两端设备输入端口的反射系数。在注入试验中，注入电压 $U^{(\mathrm{I})}$ 和右端设备响应电压 $U_{\mathrm{R}}^{(\mathrm{I})}$ 之间的关系为

$$U_{\mathrm{R}}^{(\mathrm{I})} = \frac{\left(1+\varGamma_{\mathrm{R}}\right)S_{24}U^{(\mathrm{I})}}{2\left(1-S_{12}^2\varGamma_{\mathrm{L}}\varGamma_{\mathrm{R}}\mathrm{e}^{-2\gamma L}\right)} \tag{8-9}$$

在 $U_{\mathrm{R}}^{(\mathrm{W})}$ 和 $U_{\mathrm{R}}^{(\mathrm{I})}$ 相等的条件下，可得注入源需要满足

$$U^{(\mathrm{I})} = \frac{2S_{12}\mathrm{e}^{-2\gamma L}\left(\mathrm{e}^{\gamma L}S_1+\varGamma_{\mathrm{L}}S_2\right)}{S_{24}} \tag{8-10}$$

此时可解得注入时左端设备的响应为

$$U_{\mathrm{L}}^{(\mathrm{I})} = \frac{\left(S_{12}^2\varGamma_{\mathrm{R}}S_1+S_{12}^2\varGamma_{\mathrm{L}}\varGamma_{\mathrm{R}}\mathrm{e}^{-\gamma L}S_2\right)\left(1+\varGamma_{\mathrm{L}}\right)\mathrm{e}^{-2\gamma L}}{1-S_{12}^2\varGamma_{\mathrm{L}}\varGamma_{\mathrm{R}}\mathrm{e}^{-2\gamma L}} \tag{8-11}$$

比较式 (8-8) 和式 (8-11) 可知，$U_{\mathrm{L}}^{(\mathrm{I})}$ 和 $U_{\mathrm{L}}^{(\mathrm{W})}$ 在一般情况下不相等。因此，单端差模电流注入和辐射时，若使右端设备响应相等，则难以保证左端设备响应相等。这是因为单个注入源参数仅有一个自由度，难以保证两端响应均与辐射时一致。为解决这一问题，可在线缆两端同时接入耦合装置进行注入，将注入源参数的自由度增加到 2 个。试验配置如图 8-13 (a) 所示，将这种方法称为双端差模电流注入

试验方法，下面分析该方法的可行性。

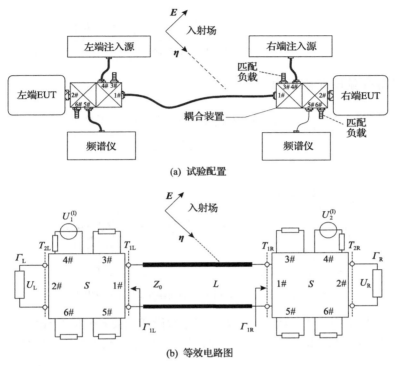

(a) 试验配置

(b) 等效电路图

图 8-13 双端差模电流注入方法试验配置

试验配置的等效电路图如图 8-13(b) 所示，图中耦合装置的 3#～6# 端口均匹配。首先计算辐射时两端 EUT 的响应，以左端 EUT 为例，利用 BLT 方程，得到线缆左端 (即参考面 $T_{1\mathrm{L}}$ 位置) 的响应电压为[5]

$$U_{1\mathrm{L}}^{(\mathrm{W})} = \frac{\left(1 + \Gamma_{1\mathrm{L}}\right)\left(\Gamma_{1\mathrm{R}} S_1 + \mathrm{e}^{\gamma L} S_2\right)\mathrm{e}^{-2\gamma L}}{1 - \Gamma_{1\mathrm{L}}\Gamma_{1\mathrm{R}}\mathrm{e}^{-2\gamma L}} \tag{8-12}$$

其中，$\Gamma_{1\mathrm{L}}$ 和 $\Gamma_{1\mathrm{R}}$ 分别为参考面 $T_{1\mathrm{L}}$ 和 $T_{1\mathrm{R}}$ 向 EUT 侧看去的反射系数。利用等效电源波定理，将 $T_{2\mathrm{L}}$ 右侧部分等效为电源波 $\hat{b}_{2\mathrm{L}}$ 和反射系数 $\Gamma_{2\mathrm{L}}$，如图 8-14 所示，计算得到 $\hat{b}_{2\mathrm{L}}$ 和 $\Gamma_{2\mathrm{L}}$ 的表达式为

$$\begin{cases} \hat{b}_{2\mathrm{L}} = \dfrac{S_{12}}{\sqrt{Z_0}}\left(S_{12}^2 \Gamma_{\mathrm{R}} \mathrm{e}^{-2\gamma L} S_1 + \mathrm{e}^{-\gamma L} S_2\right) \\ \Gamma_{2\mathrm{L}} = S_{12}^4 \Gamma_{\mathrm{R}} \mathrm{e}^{-2\gamma L} \end{cases} \tag{8-13}$$

进而可得左端 EUT 的响应为

$$U_{\mathrm{L}}^{(\mathrm{W})} = \frac{S_{12}\left(1+\varGamma_{\mathrm{L}}\right)\left(S_{12}^2\varGamma_{\mathrm{R}}\mathrm{e}^{-2\gamma L}S_1 + \mathrm{e}^{-\gamma L}S_2\right)}{1 - S_{12}^4\varGamma_{\mathrm{L}}\varGamma_{\mathrm{R}}\mathrm{e}^{-2\gamma L}} \tag{8-14}$$

同理，可得右端 EUT 响应为

$$U_{\mathrm{R}}^{(\mathrm{W})} = \frac{S_{12}\left(1+\varGamma_{\mathrm{R}}\right)\left(\mathrm{e}^{-\gamma L}S_1 + S_{12}^2\varGamma_{\mathrm{L}}\mathrm{e}^{-2\gamma L}S_2\right)}{1 - S_{12}^4\varGamma_{\mathrm{L}}\varGamma_{\mathrm{R}}\mathrm{e}^{-2\gamma L}} \tag{8-15}$$

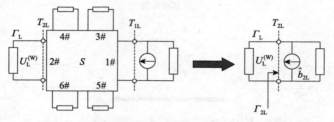

图 8-14　只考虑左端 EUT 辐射响应时的等效电路

在双端注入试验中，为便于分析，首先假设两端设备响应为线性，此时 EUT 响应为两注入源单独作用时响应的叠加，计算得到两端 EUT 的响应分别为

$$\begin{cases} U_{\mathrm{L}}^{(\mathrm{I})} = \dfrac{S_{24}\left(1+\varGamma_{\mathrm{L}}\right)\left(U_1^{(\mathrm{I})} + S_{12}^2\varGamma_{\mathrm{R}}\mathrm{e}^{-\gamma L}U_2^{(\mathrm{I})}\right)}{2\left(1 - S_{12}^4\varGamma_{\mathrm{L}}\varGamma_{\mathrm{R}}\mathrm{e}^{-2\gamma L}\right)} \\[4mm] U_{\mathrm{R}}^{(\mathrm{I})} = \dfrac{S_{24}\left(1+\varGamma_{\mathrm{R}}\right)\left(S_{12}^2\varGamma_{\mathrm{L}}\mathrm{e}^{-\gamma L}U_1^{(\mathrm{I})} + U_2^{(\mathrm{I})}\right)}{2\left(1 - S_{12}^4\varGamma_{\mathrm{L}}\varGamma_{\mathrm{R}}\mathrm{e}^{-2\gamma L}\right)} \end{cases} \tag{8-16}$$

其中，$U_1^{(\mathrm{I})}$ 和 $U_2^{(\mathrm{I})}$ 分别为左右两注入源电压。当辐射和注入等效时，应有 $U_{\mathrm{L}}^{(\mathrm{W})} = U_{\mathrm{L}}^{(\mathrm{I})}$ 和 $U_{\mathrm{R}}^{(\mathrm{W})} = U_{\mathrm{R}}^{(\mathrm{I})}$ 成立，此时可得两注入源满足

$$\begin{cases} U_1^{(\mathrm{I})} = \dfrac{2S_{12}\mathrm{e}^{-\gamma L}S_2}{S_{24}} \\[4mm] U_2^{(\mathrm{I})} = \dfrac{2S_{12}\mathrm{e}^{-\gamma L}S_1}{S_{24}} \\[4mm] \Delta\varphi = \angle U_{\mathrm{I}1} - \angle U_{\mathrm{I}2} = \angle S_2 - \angle S_1 \end{cases} \tag{8-17}$$

其中，$\Delta\varphi$ 为两注入源间的相位差；$\angle S_1$ 和 $\angle S_2$ 分别为两激励源项的相位。激励源项与场强间的关系是线性的，因此式(8-17)说明场强与两等效注入电压间均呈线性关系。另外，$\angle S_1$ 和 $\angle S_2$ 的值与场强的模值无关，因此两等效注入源间的相位差 $\Delta\varphi$ 在高低场强情况下保持不变。

对于非线性 EUT，可首先分析图 8-13 中系统两端开路的情况。显然，在场强和注入电压满足式(8-17)的条件下，可得辐射和注入时两端的开路电压对应相等，这是因为两端开路(即 $\varGamma_{\mathrm{L}} = \varGamma_{\mathrm{R}} = 1$)是前面分析的线性情况中的一种。在此基础上，辐射和注入时终端接入的是同样的 EUT，即系统的无源模型一致，因此按照戴维南定理，可得此时两端 EUT 响应仍对应相等。这说明，即使终端接入非线性 EUT，场强和等效注入电压之间仍呈线性外推关系。

与单端注入不同，前面的分析说明，双端注入时场强和等效注入电压之间的线性关系与两端设备的特性均无关，这是因为两注入源只需分别模拟辐射时初始向左右两端传播的入射波电压 U_{L1}^{+} 和 U_{R1}^{+}，如图 8-15 所示。由于 U_{L1}^{+} 和 U_{R1}^{+} 均没有在线缆终端发生反射，所以两注入源电压与场强间的线性等效关系不会受线缆两端设备特性的影响。

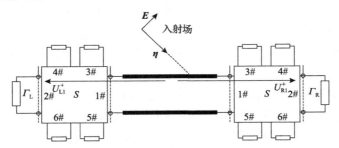

图 8-15　双端注入时信号源所需模拟信号的示意图

此外，与单端差模电流注入方法一致，双端差模电流注入方法同样希望能够以监测端口电压作为判断辐射和注入等效的依据，下面对此进行分析。

在辐射试验中，计算得到左右两耦合装置监测端口电压分别为

$$
\begin{cases}
U_{\mathrm{L5}}^{(\mathrm{W})} = \dfrac{S_{15}\left(S_{12}^{2}\varGamma_{\mathrm{R}}\mathrm{e}^{-2\gamma L}S_1 + \mathrm{e}^{-\gamma L}S_2\right)}{1 - S_{12}^{4}\varGamma_{\mathrm{L}}\varGamma_{\mathrm{R}}\mathrm{e}^{-2\gamma L}} \\[4mm]
U_{\mathrm{R5}}^{(\mathrm{W})} = \dfrac{S_{15}\left(\mathrm{e}^{-\gamma L}S_1 + S_{12}^{2}\varGamma_{\mathrm{L}}\mathrm{e}^{-2\gamma L}S_2\right)}{1 - S_{12}^{4}\varGamma_{\mathrm{L}}\varGamma_{\mathrm{R}}\mathrm{e}^{-2\gamma L}}
\end{cases}
\tag{8-18}
$$

注入时上述两端口电压分别为

$$\begin{cases} U_{L5}^{(I)} = \dfrac{S_{45}U_1^{(I)} + S_{15}S_{24}S_{12}\Gamma_R e^{-\gamma L}U_2^{(I)}}{2\left(1 - S_{12}^4\Gamma_L\Gamma_R e^{-2\gamma L}\right)} \\[4mm] U_{R5}^{(I)} = \dfrac{S_{15}S_{24}S_{12}\Gamma_L e^{-\gamma L}U_1^{(I)} + S_{45}U_2^{(I)}}{2\left(1 - S_{12}^4\Gamma_L\Gamma_R e^{-2\gamma L}\right)} \end{cases} \tag{8-19}$$

因为耦合装置具有式(8-7)给出的性质,所以若要求 $U_{L5}^{(W)} = U_{L5}^{(I)}$ 和 $U_{R5}^{(W)} = U_{R5}^{(I)}$ 成立,则解得此时两注入电压需要满足的条件与式(8-17)一致,证明了以左右两监测端口电压为等效依据同样是可行的。

根据以上分析,可将双端差模电流注入等效连续波强场电磁辐射效应试验方法总结如下:

(1)开展低场强辐射预试验。按照图 8-13 所示配置开展试验,保证高低场强辐射试验的配置相同。开展低场强辐射预试验,调节辐射场强值,在 EUT 响应位于线性区的情况下,获取左右两监测端口电压的幅值与相位差。

(2)开展与低场强辐射等效的注入预试验。调节两注入源输出,保证左右两监测端口电压的幅值和相位差与辐射时一致。获取此时场强 E_L 与两注入电压的等效对应关系,得到两注入源的相位差 $\Delta\varphi$,以及注入电压幅值($U_1^{(I)}$ 和 $U_2^{(I)}$)和场强之间的比例系数,即 $k_1 = U_1^{(I)}/E_L$ 和 $k_2 = U_2^{(I)}/E_L$。进行多次试验,求上述参量的平均值。

(3)开展双端差模电流注入等效连续波强场电磁辐射效应试验。若强场辐射试验的场强为 E_H,则两注入源电压分别为 $U_1^{(I)} = k_1 E_H$ 和 $U_2^{(I)} = k_2 E_H$,相位差保持 $\Delta\varphi$ 不变,得到的注入试验结果与连续波强场电磁辐射效应试验一致。

需要说明的是,注入试验时耦合装置监测端口电压会同时受到两注入源电压的影响,因此为保证辐射和注入时监测端口电压的幅值和相位差一致,需要多次调节两注入源输出。在工程试验中,上述调节过程并不复杂,原因是低场强条件下线缆两端设备一般匹配较好,由于两端的反射较小,所以耦合装置监测端口电压主要受同侧注入电压的影响,调节过程相对简单。

8.2.2 试验方法可行性验证

按图 8-16 所示试验配置开展试验,将受试系统的同轴线缆单独置于屏蔽室内,保证同轴线缆为主要的电磁辐射耦合通道。由于需要监测两端耦合装置 5# 端口电压的相位差 $\Delta\varphi'$,所以使用 VNA 作为监测设备。试验时将 VNA 的 1# 端口作为信号源端和参考相位端,使用 VNA 的 2# 端口分别对两监测端口的相位进行测试,进一步可得到 $\Delta\varphi'$。辐射时,VNA 的 1# 端口连接功率放大器后作为发射天线的馈源。注入时，VNA 的 1# 端口连接功率分配器后分成两路信号，其中一路信号连接可调衰减器和可调移相器，通过调节 VNA 输出功率、可调衰减器和可调移相器使两注入信号均满足等效条件。

　　试验时线缆两端均连接非线性 EUT。首先在线缆两端连接某型 LNA，按照 8.2.1 节总结的方法开展预试验，然后将场强和等效注入电压均线性外推相同的倍数，观察电磁辐射和注入所得 EUT 响应是否一致。选择合适的频点，使得在试验能够达到的辐射场强下两端 LNA 的响应均可表现出非线性特性。经验证，调节两注入源参数 3 次左右，两监测端口电压的幅值和相位差即可与辐射时的结果一致，调节过程并不复杂。

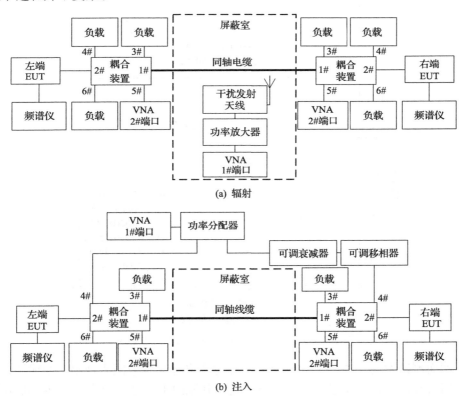

(a) 辐射

(b) 注入

图 8-16　双端差模电流注入等效辐射试验配置

　　试验所得结果如图 8-17 所示，可以看出 LNA 响应出现了明显的非线性，且注入试验得到的两端 LNA 响应均与对应的辐射时的响应保持了良好的一致性。经过计算，得到图 8-17 中各频点下，两端 LNA 响应在辐射和注入时的最大误差分别为 2.92% 和 3.39%，试验误差很小，证明了该方法的准确性。

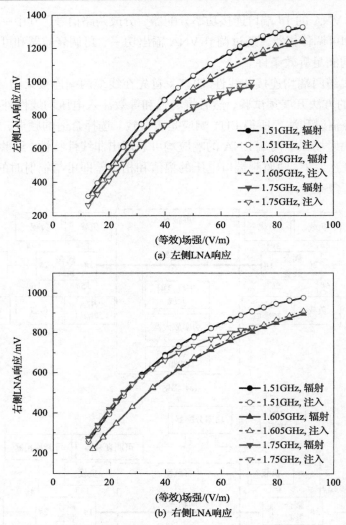

(a) 左侧LNA响应

(b) 右侧LNA响应

图 8-17　LNA 为 EUT 时辐射和双端注入响应

　　然而测试发现，试验过程中 LNA 只是输入和输出响应间表现出了非线性，其输入阻抗在试验过程中没有出现明显变化。其原因主要是同轴线缆的耦合能力很弱，试验所能达到的辐射场强还不足以使 LNA 输入阻抗出现明显变化。为解决上述问题，直接采取在不同场强下连接不同阻值终端负载的方式开展试验。负载阻抗的改变是通过使用不同阻值的通过式负载实现的。通过式负载为两端口设备，将其中一个端口连接在耦合装置 2# 端口，另一个端口连接频谱仪。因此，EUT 的输入阻抗实际上等于通过式负载的阻抗与频谱仪输入阻抗的并联值。试验首先在低场强(20V/m)条件下开展，此时 EUT 为 50Ω 负载，模拟 EUT 端口匹配良好的情况。在高场强时（40V/m 和 80V/m），改变 EUT 阻抗，40V/m 时左右两端分别接 50Ω 和 25Ω 通过式负载，80V/m 时左右两端分别接 25Ω 和 150Ω 通过式负载。需要说明的是，通过式负载应用频段小于 1GHz，因此对于试验选取的频点，不同场强下 EUT 的阻值难以直接计算得到。

EUT 阻抗改变时辐射和双端注入响应如图 8-18 所示，可以看出，不同频点下两次试验结果的一致性良好，计算得到各频点下左右两端 EUT 响应误差的最大值分别为 3.51%和 4.23%，证明了对于 EUT 端口伏安关系为非线性的情况，试验方法依然有良好的准确性。

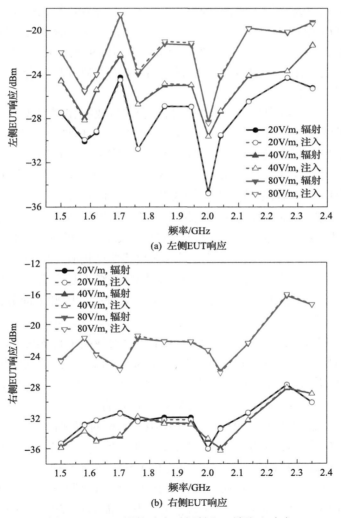

图 8-18　EUT 阻抗改变时辐射和双端注入响应

8.3　耦合装置接入位置对电磁辐射和注入等效性的影响

根据 6.2 节的分析，不论是以天线还是以同轴线缆为主要电磁辐射耦合通道，将耦合装置连接在 EUT 输入端口位置时都可以实现差模电流注入对辐射效应的等效。8.1 节和 8.2 节的验证试验也证明了上述分析的正确性。本节进一步研究当耦合装置接入其他位置以及 EUT 内部线长不可忽略时，电磁辐射和电流注入的等效性能否实现。

首先，研究以天线为主要耦合通道的情况。耦合装置的关键作用在于能将最终进入 EUT 端口的差模干扰信号全部监测到。由于线缆耦合的干扰信号相对天线而言可忽略，所以耦合装置连接在天线端口之后即可满足要求。8.1 节的试验已经证明将耦合装置接入 EUT 输入端口是可行的，下面研究将耦合装置接在同轴线缆其他位置时的可行性。

试验配置与图 8-6 基本一致，只是将耦合装置改接在同轴线缆中间，耦合装置左右两端的线缆长度各为 1m，选用某型 LNA 作为 EUT。按照 8.1.1 节总结的方法开展预试验，获取场强和注入电压的等效对应关系。将辐射场强和注入电压均线性外推，得到 3.3GHz、5.6GHz 和 6.5GHz 对应的 EUT 响应间的最大误差均小于 2%，证明了将耦合装置接在同轴线缆中间同样可行。

其次，研究以同轴线缆为主要电磁辐射耦合通道的情况。之前的研究均忽略了 EUT 的尺寸，此时将耦合装置连接在 EUT 输入端口是可行的。但是，如果 EUT 尺寸不可忽略，且其内部从输入端口到内部敏感器件仍有一段长度与外部同轴线缆长度可比拟的同轴线缆，则需要考虑该段同轴线缆上是否会转换出难以忽略的差模干扰信号。实际情况下，EUT 可能会有屏蔽外壳，因此下面分别在 EUT 是否有屏蔽外壳两种情况下开展试验研究。

首先分析 EUT 无屏蔽外壳的情况。由于辐射时线缆上首先感应的是共模干扰信号，所以简便起见，使用 BCI 注入探头（Solar 9142-1N）模拟共模干扰源，试验配置如图 8-19 所示。VNA（Agilent E5601A）的 1# 端口为 BCI 注入探头馈源，1m 同轴线缆 L_1 的终端分三种状态连接至 VNA 的 2# 端口。

状态 A：L_1 输出接 40dB 衰减器，再连接 VNA 的 2# 端口。

状态 B：L_1 输出接 40dB 衰减器和 1m 同轴线缆 L_2，再连接 VNA 的 2# 端口。

状态 C：L_1 输出接同轴线缆 L_2，再连接 VNA 的 2# 端口。

其中，L_1 代表设备间的同轴线缆，L_2 代表 EUT 内部线缆。40dB 衰减器的作用是基本损耗掉 L_1 上转换的差模干扰信号，从而能够观察到 L_2 上转换的差模干扰信号大小。在 VNA 的 1# 端口输出功率为 0dBm 的情况下，得到上述三种情况下 VNA 2# 端口的响应，如图 8-20 所示。由该图可知，状态 A 的响应要远小于状态 B，这说明 L_2 上同样有共模干扰信号转换成差模干扰信号，因为两种状态下的响应相差约 40dB，与衰减器衰减倍数基本一致，所以 L_1 和 L_2 上转换的差模干扰信号是可比拟的。需要说明的是，L_2 上共模干扰信号主要是指 L_1 的皮电流经衰减器屏蔽壳传导至 L_2 的皮电流。此外，状态 B 和状态 C 所得响应可比拟，进一步说明 L_2 上转换的差模干扰信号是不可忽略的。

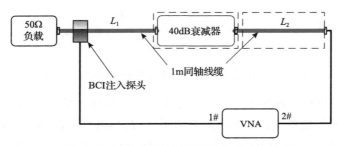

图 8-19　线缆上共差模干扰转换试验配置

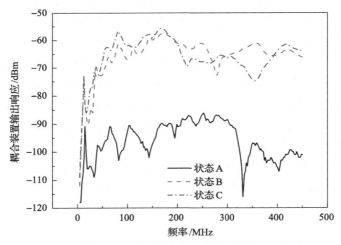

图 8-20　三种状态下终端响应比较

　　因此，如果 EUT 没有屏蔽壳体，那么耦合装置连接在 EUT 输入端口仍然无法将起作用的差模干扰信号全部监测到。实际情况下，EUT 一般是有屏蔽壳体的，下面对这种情况进行分析。

　　判断 EUT 内部同轴线缆上转换的差模干扰信号是否可以忽略，关键是需要分析同轴线缆上的皮电流有多少会传导至 EUT 内部同轴线缆的屏蔽层上。以某一端 EUT 为例，同轴线缆上皮电流的传导过程可用图 8-21 所示等效电路进行分析。图中粗线代表同轴线缆 L_3 和 EUT 内部同轴线缆 L_4 的屏蔽层，这里主要讨论皮电流的传导问题，简便起见，图中将同轴线缆的芯线忽略。

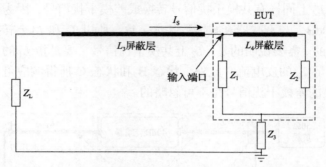

图 8-21　同轴线缆 L_3 上皮电流传导过程的等效电路

对于 L_3 屏蔽层上的皮电流 I_S，其主要通过两种路径流入 EUT 的接地点：一是通过 EUT 的屏蔽壳体；二是通过 EUT 内部 L_4 屏蔽层。两种路径对应的等效阻抗分别为 Z_1 和 Z_2，而 EUT 接地点到大地的阻抗设为 Z_3。根据电阻的计算方法，由于 EUT 壳体尺寸要远大于 L_4 屏蔽层尺寸，所以对应的 Z_1 要远小于 Z_2。因此，不论 Z_3 值大小，I_S 主要通过 Z_1 传导至接地点，即主要通过屏蔽壳体传导而并非 L_4 屏蔽层，所以 L_4 上转换的差模干扰信号是可以忽略的。

通过试验验证上述分析的正确性，配置图如图 8-22 所示。同样选用 BCI 注入探头模拟共模干扰源，右端 EUT 有边长为 40cm 的立方体屏蔽壳，内部有长度为 1m 的同轴线缆 L_4，光-电转换器（Montena MOL3000）用于监测 L_4 的输出响应。试验时分两种情况监测 L_4 的输出响应：一是将 L_4 去掉，监测输入端口处的功率 P_{L3}；二是连接 L_4，监测 L_4 右端输出功率 P_{L4}。实际上，P_{L3} 等于 L_3 上转换的差模干扰功率，P_{L4} 等于 L_3 和 L_4 上转换的差模干扰功率之和。由于频率较低时线缆插损较小，所以此处线缆插损的影响可忽略。当不同频率下 VNA 的 1# 端口输

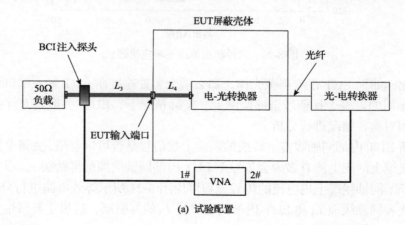

(a) 试验配置

(b) 实物照片

图 8-22　研究 EUT 内部线缆对等效性影响的试验配置图

出功率均为 10dBm 时，P_{L3} 和 P_{L4} 响应比较如图 8-23 所示。由于测试频段内 P_{L3} 和 P_{L4} 几乎相等，所以 P_{L4} 上转换的差模干扰信号是可以忽略的，证明了理论分析的正确性，即在 EUT 有屏蔽壳体的情况下，将耦合装置连接在 EUT 输入端口是可行的。

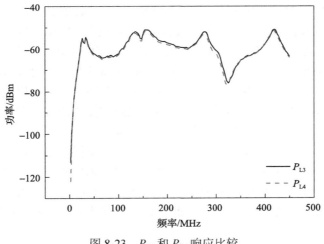

图 8-23　P_{L3} 和 P_{L4} 响应比较

8.4　耦合装置接入系统的影响与校正

耦合装置在辐射试验时接入受试系统，其原因主要有两方面：一是很多情况下 EUT 输出响应不便于监测，接入耦合装置后便于监测 EUT 输入端口的信号；二是一般情况下，只有在辐射和注入时均接入耦合装置，线性外推条件才能成立。

然而，辐射试验原本不应接入耦合装置，否则会导致系统状态改变，影响辐射试验结果。因此，有必要分析耦合装置在辐射试验时接入系统带来的影响，尤其是对效应试验结果的影响。在此基础上，需要进一步提出校正其影响的方法。

8.4.1　天线为主要耦合通道时接入耦合装置的影响与校正

1. 耦合装置接入的影响分析

耦合装置接入系统的影响主要是改变了主通道的插损和等效线长，这些影响会导致 EUT 端口左侧的等效源电压和源阻抗发生改变，进而导致 EUT 响应发生变化。因此，注入试验等效的是线长和主通道插损均增大的辐射情况，其中线长为 $L' = L + L_{\mathrm{D}}$（L 为原有同轴线缆的长度，L_{D} 为耦合装置的等效线长），插损为原有同轴线缆插损加上耦合装置的主通道插损。

为验证这一分析的正确性，将辐射试验配置成如图 8-24 所示形式，利用可调衰减器和可调移相器代替耦合装置。调节可调衰减器和可调移相器，可使两端设备间主通道的插损和等效线长与接入耦合装置时一致。选用可调移相器的原因是，其可以方便地调节等效线缆的长度，通过调节移相器使图 8-24 中参考面 T_2 和 T_3 向左侧看去反射系数的相位值（φ_2 和 φ_3）相等，可保证辐射和注入时的等效线长一致。试验时调节移相器分别使 φ_2 和 φ_3 相等及相差较大，模拟等效线长相等和相差较大两种情况。选用 MACOM MD158 混频器作为 EUT，辅助设备为某接收天线，在接收天线的输出端口连接 25Ω 的通过式负载，同时同轴线缆长度较短，取为 2m，目的是使 EUT 左侧等效源阻抗与 50Ω 有一定的差别，便于对比试验的开展。以 EUT 响应为等效依据，首先通过预试验确定辐射和注入的等效关系，然后将场强和注入电压均线性外推，所得结果如图 8-25 所示。

通过计算可知，辐射和注入的等效线长一致以及相差较大时对应的最大试验误差分别为 4.23% 和 33.04%。在一般条件下，只有辐射和注入的等效线长一致，才能保证线性外推后有良好的等效性。从严格意义上讲，与注入试验等效的是同轴线缆长度增加至 L' 后的辐射试验。此外，辐射和注入时主通道的插损还需要保持一致。

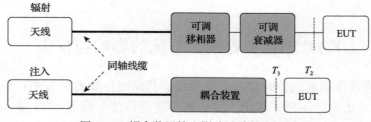

图 8-24　耦合装置接入影响试验的配置图

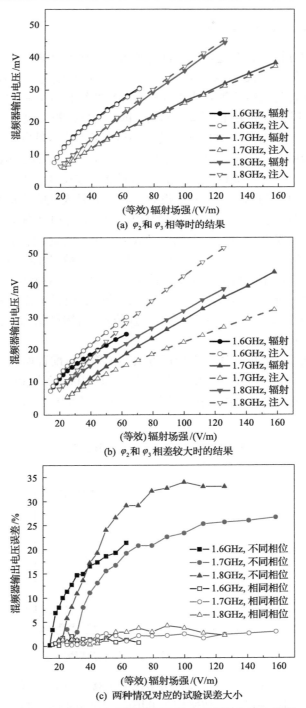

(a) φ_2 和 φ_3 相等时的结果

(b) φ_2 和 φ_3 相差较大时的结果

(c) 两种情况对应的试验误差大小

图 8-25 φ_2 和 φ_3 相等以及相差较大时辐射和注入结果

2. 耦合装置接入的影响校正

根据前面的分析，想要完全校正耦合装置接入带来的影响，需要减小辐射时主通道的插损和等效线长。为减小等效线长，可改用长度为 $L–L_D$ 的同轴线缆，保证该线缆加上耦合装置后的等效线长与原有同轴线缆长度 L 一致。这相当于用耦合装置替换了一段长度为 L_D 的线缆，然而，耦合装置插损一般大于等长线缆插损，因此校正后的插损仍存在一定的误差。为减小该误差，应尽量降低耦合装置的插损。

在工程试验中，一般不必进行严格校正，应主要从敏感度测试结果的角度进行补偿。天线本身的响应规律一般不会受到同轴线缆长度的影响，因此耦合装置接入系统对天线自身的响应特性基本没有影响，只是天线响应信号在沿线缆传输过程中的损耗和时延会增大。耦合装置的插损主要导致 EUT 输入端口接收的信号幅值减小。因此，将有用信号和干扰信号放大，可以抵消耦合装置插损的影响，信号放大的分贝数应等于耦合装置主通道插损的分贝数。另外，耦合装置接入后，信号传输时延会有微小的增加，而很多情况下 EUT 效应对此微小时延并不敏感，可不必对时延进行补偿。因此，在等效注入试验时，应将工作信号和等效干扰信号的幅值均提高 k_{IL} 倍（耦合装置主通道插损值），所得结果与不接入耦合装置的辐射试验结果等效。

这里开展试验以验证上述工程校正方法的正确性，配置如图 8-26 所示。发射天线和接收天线均选用 ETS 3142E 型天线，其应用频段为 30MHz～6GHz，两天线间距离为 2m。VNA 的两端口分别用于给发射天线馈源和监测耦合装置输出端的响应信号。

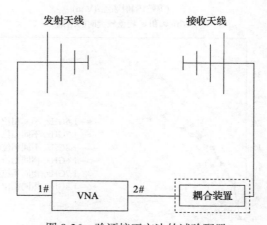

图 8-26　验证校正方法的试验配置

首先，实测 VNA 的 2# 端口接收功率在是否接入耦合装置时的变化情况。两种情况下 VNA 的 1# 端口输出功率均为 0dBm，得到的响应如图 8-27 所示。可以看出，两种情况对应的响应曲线的形状基本一致，只是幅值上存在差别。计算得到各频点下两响应曲线的差值均约为 3.8dB，正好等于所用耦合装置(应用频段为100kHz～1GHz)的插损值。为补偿耦合装置接入的影响，在接入耦合装置的情况下，将 VNA 的 1# 端口输出功率提高至 3.8dBm，校正前后 EUT 输入端口信号比较如图 8-27 所示。可以看出，此时终端响应与无耦合装置时 VNA 输出功率为0dBm 的结果一致。又因为接入耦合装置的辐射试验结果与对应注入试验结果等效，所以在注入试验中将干扰信号提高 3.8dB 后，可保证结果与对应无耦合装置时的辐射试验结果相等，证明了上述校正方法的正确性。

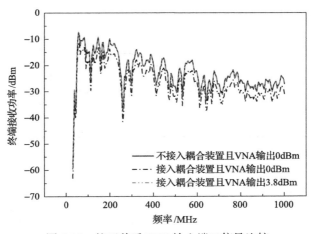

图 8-27　校正前后 EUT 输入端口信号比较

8.4.2　线缆为主要耦合通道时接入耦合装置的影响与校正

1. 耦合装置接入的影响分析

当线缆为主要耦合通道时，耦合装置接入同样会导致主通道插损和等效线长增大，这与天线为主要耦合通道的情况是一致的。此外，当耦合装置接入时，直接与线缆终端连接，会引起线缆皮电流分布发生变化，根据线缆的响应特性，线缆终端的响应规律也会因此发生改变，下面对这一影响进行分析。

同轴线缆可看作两个相互独立的传输线模型，外传输线模型是由线缆外皮和大地构成的。由于耦合装置的外壳与同轴线缆屏蔽层相连，所以外传输线模型参数会发生改变，主要是等效传输线的长度及半径发生改变。耦合装置接入的等效模型如图 8-28(a) 所示。图中，半径为 a_1 和 a_2 的两部分分别代表同轴线缆外皮和耦合装置屏蔽壳(近似处理)，两者的离地高度(中心位置)均为 h。实际情况下，a_1 和 a_2 分别约为 0.4cm 和 2cm，当 h 远大于 a_1 和 a_2 且远小于辐射场波长时，可用传输线理论分析上述模型，将同轴线缆外皮与大地间以及耦合装置外壳与大地间均看成双线传输线，其特性阻抗分别为 Z_{01} 和 Z_{02}，两终端到大地的阻抗分别为 Z_1 和 Z_2，得到的等效电路如图 8-28(b) 所示。由于 a_1 和 a_2 远小于 h，所以可得 Z_{01} 和 Z_{02} 分别为

$$
\begin{cases}
Z_{01} = \dfrac{60}{\sqrt{\varepsilon_0}} \ln \dfrac{2h}{a_1} \\[2mm]
Z_{02} = \dfrac{60}{\sqrt{\varepsilon_0}} \ln \dfrac{2h}{a_2}
\end{cases}
\tag{8-20}
$$

其中，ε_0 为传输线间空气的介电常数。

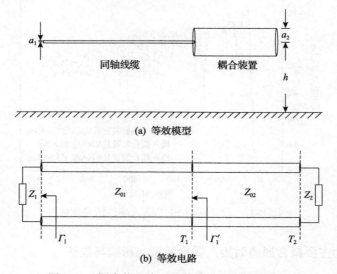

(a) 等效模型

(b) 等效电路

图 8-28　耦合装置接入的等效模型和等效电路

辐射时在两传输线上均会感应出分布激励源，Z_2 的响应等于两传输线上激励源单独作用时所得响应的叠加。当单独考虑左侧传输线上激励源的影响时，可得参考面 T_1 左侧的等效源电压为

$$
U_1 = \frac{2\left(\mathrm{e}^{-\gamma L_1} S_1 + \varGamma_1 \mathrm{e}^{-2\gamma L_1} S_2\right)}{1 - \varGamma_1 \mathrm{e}^{-2\gamma L_1}}
\tag{8-21}
$$

其中，$\varGamma_1$ 为左端负载的反射系数；L_1 为 T_1 左侧传输线长度。进一步得到参考面 T_2 左侧的等效源电压 U_{OC1} 为

$$
U_{\mathrm{OC1}} = \frac{U_1 \mathrm{e}^{-\gamma L_2}\left(1 - \varGamma_1'\right)}{1 - \varGamma_1' \mathrm{e}^{-2\gamma L_2}}
\tag{8-22}
$$

其中，L_2 为 T_1 右侧传输线长度；Γ_1' 为 T_1 向左侧看去的反射系数，其值为

$$\Gamma_1' = \frac{Z_{01}\left(1+\Gamma_1 e^{-2\gamma L_1}\right) - Z_{02}\left(1-\Gamma_1 e^{-2\gamma L_1}\right)}{Z_{01}\left(1+\Gamma_1 e^{-2\gamma L_1}\right) + Z_{02}\left(1-\Gamma_1 e^{-2\gamma L_1}\right)} \tag{8-23}$$

当单独考虑右侧传输线上激励源的影响时，可得 T_2 左侧的等效源电压为

$$U_{OC2} = \frac{2\left(e^{-\gamma L_2} S_1' + \Gamma_1' e^{-2\gamma L_2} S_2'\right)}{1 - \Gamma_1' e^{-2\gamma L_2}} \tag{8-24}$$

其中，S_1' 和 S_2' 为此时的激励源项。综上，最终 T_2 左侧的等效源电压和源阻抗分别为

$$\begin{cases} U_{OC} = U_{OC1} + U_{OC2} \\ Z_{OC} = Z_{02} \dfrac{1 + \Gamma_1' e^{-2\gamma L_2}}{1 - \Gamma_1' e^{-2\gamma L_2}} \end{cases} \tag{8-25}$$

因此 Z_2 的响应为

$$U_L = U_{OC} \frac{Z_2}{Z_2 + Z_{OC}} \tag{8-26}$$

将式(8-25)代入式(8-26)后可以得到 U_L 的表达式，表达式较复杂，下面仿真分析 U_L 的谐振特性。

首先设置相关参数的数值。简便起见，激励源项采用均匀平面波辐射情况的表达式，不失一般性，设置 $\theta = \pi/2$、$\psi = \pi/4$、$\phi = \pi/3$，其中 θ 为极化角，ψ 为俯仰角，ϕ 为方位角。a_1、a_2 和 h 的值分别为 0.4cm、2cm 和 20cm，传输线衰减因子取 0.1，场强值为 1V/m，L_1 和 L_2 分别为 1.7m 和 0.35m。两终端的反射系数均设为 1，经过验证，反射系数的大小不影响谐振频率值(反射系数等于 0 除外)，只影响终端响应的幅值，因此反射系数取某一具体值不影响观察谐振特性。

根据式(8-26)，仿真得到 Z_2 在 10～500MHz 频段内的响应规律，如图 8-29 所示。为便于比较，图中同时给出了 $a_2=a_1$ 时的响应情况。由该图可知，两种情况下，终端响应的谐振频点基本一致，表 8-1 中给出了这两种情况下谐振频率的差值，为便于比较，同时给出了 $a_2=1$cm 时的谐振频点。可以看出，$a_2=1$cm 和 $a_2=2$cm 时终端响应谐振频点均与 $a_2=0.4$cm 的谐振频点接近，且 a_2 值越接近 0.4cm，对应的谐振频率差值越小。对于转移阻抗没有明显谐振特性的同轴线缆，同轴线缆终端负载的谐振特性与外传输线终端阻抗的谐振特性基本一致。因此，在

耦合装置接入后，线缆终端负载响应的谐振频点与将耦合装置替换为等长度线缆的情况接近，且耦合装置的尺寸与线缆尺寸相差越小，对应的谐振频点越接近。需要说明的是，上述分析过程中采用了近似方法，因此所得结果主要用于定性分析。

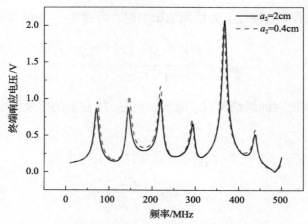

图 8-29　不同耦合装置尺寸对应外传输线终端响应

表 8-1　不同耦合装置尺寸对应线缆终端响应谐振频点

序号	线缆终端响应的谐振频点/MHz			不同情况谐振频点差值/MHz	
	a_2=0.4cm	a_2=2cm	a_2=1cm	a_2=2cm 和 0.4cm	a_2=1cm 和 0.4cm
1	73.1	68.4	70.8	4.7	3.7
2	146.8	143.1	144.8	3.7	2
3	219	219.4	219.3	−0.4	−0.3
4	292.1	296.1	294.2	−4	−2.1
5	365.8	370	367.9	−4.2	−2.1

为定量研究耦合装置接入后对终端负载响应规律的影响，这里进一步开展相关的辐射试验，配置如图 8-30 所示。其中，两端负载均用屏蔽箱进行屏蔽，发射天线由 VNA 的 1# 端口馈源，线缆终端响应使用光-电转换器进行监测，最终光-电转换器输出由 VNA 的 2# 端口监测。简便起见，两终端的负载阻抗均为 50Ω。为研究耦合装置是否接入对负载响应规律的影响，试验时改变同轴线缆和耦合装置的连接状态，主要分为以下 3 种情况。

情况 A：仅连接 1.7m 同轴线缆，耦合装置不接入。

情况 B：连接 1.7m 同轴线缆和耦合装置。

情况 C：连接 1.7m 和 0.35m 共两段同轴线缆，耦合装置不接入。

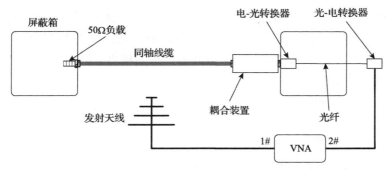

图 8-30　耦合装置接入影响的试验配置

使用 0.35m 同轴线缆是因为所用 100kHz～1GHz 耦合装置的等效线长为 0.35m，该同轴线缆用于代替耦合装置。当各频率下天线输入端口的功率均为 10dBm 时，得到这 3 种情况下的终端负载响应，如图 8-31 所示。

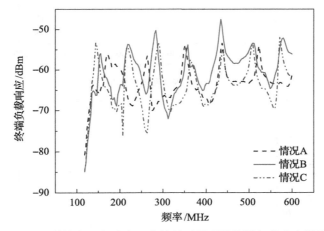

图 8-31　单端注入方法在 3 种情况下得到的终端负载响应规律

从图 8-31 中可以看出，情况 B 和情况 C 的谐振频点更为接近，这与理论和仿真分析结论一致。然而，虽然这两种情况的谐振频点位置接近，但很多频率下两种情况对应的终端响应的幅值差距较大。因此，为提高试验精度，仍需提出进一步的校正方法。

前面研究的是单个耦合装置是否接入的情况，适用于单端注入方法。下面针对双端注入方法，进一步研究两个耦合装置是否接入对终端响应的影响。按照与图 8-31 基本相同的试验配置开展试验，区别只是在线缆两端各接入一个耦合装置，其他配置不变。试验时互联通道的连接状态同样分为 3 种情况。

情况 A：仅连接 1.7m 同轴线缆，耦合装置不接入。

情况 B：连接 1.7m 同轴线缆和 2 个耦合装置。

情况 C：连接 1.7m 同轴线缆和两段 0.35m 同轴线缆，耦合装置不接入。

双端注入方法 3 种情况下得到的终端负载响应规律如图 8-32 所示。可以看出，对谐振频点而言，仍然是情况 B 和情况 C 更为接近，但响应幅值的差别似乎比单端注入情况更大，因而同样需要进行校正。

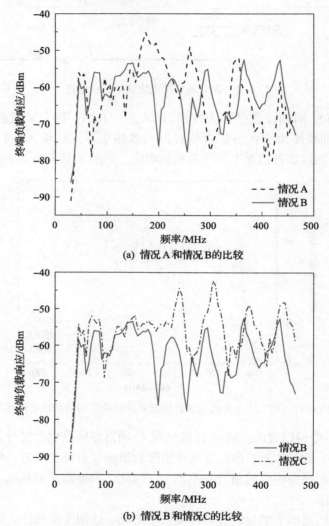

(a) 情况 A 和情况 B 的比较

(b) 情况 B 和情况 C 的比较

图 8-32　双端注入方法在 3 种情况下得到的终端负载响应规律

需要说明的是，在 8.2.2 节验证双端注入方法准确性的试验中，为保证线缆为主要耦合通道，试验时将线缆单独置于屏蔽室内，耦合装置放于室外，且线缆两端通过屏蔽室金属外壳连接到大地。显然，此时耦合装置的接入状态无法影响线缆的皮电流分布，因而耦合装置接入和不接入时，线缆终端响应规律不变。对于这种情况，采用的校正方法与天线为耦合通道的情况是一致的。实际试验中耦合装置一般会受到电磁场辐射，因此本校正方法主要考虑在该情况下如何消除耦合装置的影响。

2. 耦合装置接入影响的校正

根据前面的分析，情况 B 和情况 C 的等效线长一致，所得终端响应结果更接近。考虑到等效线长对以线缆为主要电磁辐射耦合通道情况的终端响应有较大影响，因此应将情况 B 下的注入试验结果校正到与情况 C 下的辐射试验结果一致。下面分单端注入方法和双端注入方法两种情况分别讨论校正方法。

首先讨论单端注入方法。校正时需要测试试验系统的 S 参数，试验配置与图 8-30 一致。令发射天线输入端口为 1# 端口，EUT 输入端口为 2# 端口。需要监测的是 S_{12} 参数，EUT 内部响应一般难以监测，因此将 EUT 换为便于监测输入端口响应的屏蔽箱。不同的壳体尺寸可能会影响线缆的谐振规律，因此屏蔽箱尺寸应与 EUT 屏蔽壳体一致。测试时保证 EUT 输入端口匹配，辅助设备端口配置不变，且需要保证试验系统的状态与正式试验时相同。分别在情况 B 和情况 C 下测定网络的 S_{12} 参数，即 $S_{12}^{(B)}$ 和 $S_{12}^{(C)}$。若两种情况下在发射天线端输入相同的激励信号，则可得辐射试验时情况 B 和情况 C 对应的终端响应 $U_R^{(B)}$ 和 $U_R^{(C)}$ 满足如下关系：

$$U_R^{(C)} = \frac{S_{12}^{(C)}}{S_{12}^{(B)}} U_R^{(B)} \tag{8-27}$$

注入试验经过校正后需要达到的 EUT 响应值为 $U_R^{(C)}$。由于校正时线缆终端连接的是线性负载，所以注入电压与终端响应电压之间呈线性关系。因此，校正前后注入电压之间的比例关系与式 (8-27) 中终端响应之间的比例关系一致，即校正后的注入电压 $U_I^{(C)}$ 为

$$U_I^{(C)} = \frac{S_{12}^{(C)}}{S_{12}^{(B)}} U_I^{(B)} \tag{8-28}$$

其中，$U_I^{(B)}$ 为按照原有试验方法获取的注入电压。因此，试验时应首先按照原有试验方法获取等效注入电压 $U_I^{(B)}$，然后按照式 (8-28) 对等效注入电压进行校正，利用校正后的注入电压 $U_I^{(C)}$ 开展试验，所得结果与情况 C 对应的辐射试验结果相等。需要注意的是，校正试验中所用屏蔽箱尺寸应与 EUT 屏蔽壳体尺寸相同，否则所测 S 参数存在误差。

　　下面验证校正方法的正确性，试验配置与图 8-30 中一致。首先测试情况 B 和情况 C 两种情况对应的 S_{12} 参数，然后改变天线输入端口的信号，分别测试两种情况下的终端响应，按照式(8-27)对情况 B 的响应进行校正，将所得结果与情况 C 所测结果进行对比，观察试验误差大小。需要注意的是，由于本试验按照式(8-28)对注入源的输出进行调整比较复杂，所以主要通过校正终端响应来验证方法的有效性。试验时天线输入信号的更改是通过在 VNA 的 1# 端口添加一个二端口器件实现的，该器件在测试频带内的幅频曲线不平坦，因而导致天线输入端口信号的幅频曲线发生改变。试验所得结果如图 8-33 所示，由该图可知，校正前情况 B 和情况 C 对应的终端响应间相差较大，校正后的结果有良好的一致性，误差很小，证明了校正方法的准确性。

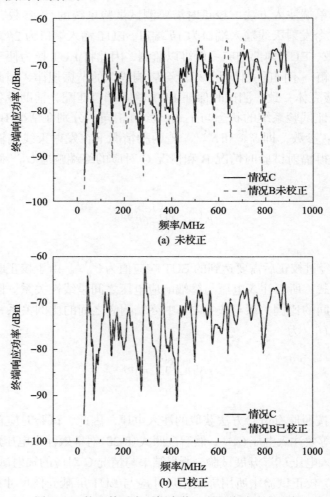

图 8-33　校正前后有无耦合装置所得终端响应功率

　　针对双端注入方法，采用类似于单端注入方法进行校正。区别在于需要同时监测天线与线缆左右两端间的 S 参数，校正的试验配置如图 8-34 所示。同样，将 EUT 屏蔽壳体换成与之尺寸一致的屏蔽箱，且测试 S 参数时两终端均匹配。将天线输入端口和受试系统左右两端分别看作 1# 端口、2# 端口和 3# 端口，分别测试情况 B 和情况 C 下的 S_{12} 和 S_{13} 参数。在天线输入端口信号相等的前提下，可得情况 B 和情况 C 对应的终端负载响应之间的关系为

$$\begin{cases} U_{\mathrm{L}}^{\prime(\mathrm{C})} = \dfrac{S_{12}^{\prime(\mathrm{C})}}{S_{12}^{\prime(\mathrm{B})}} U_{\mathrm{L}}^{\prime(\mathrm{B})} \\[3mm] U_{\mathrm{R}}^{\prime(\mathrm{C})} = \dfrac{S_{13}^{\prime(\mathrm{C})}}{S_{13}^{\prime(\mathrm{B})}} U_{\mathrm{R}}^{\prime(\mathrm{B})} \end{cases} \tag{8-29}$$

其中，$U_{\mathrm{L}}^{\prime}$ 和 $U_{\mathrm{R}}^{\prime}$ 为左右两端负载的响应；$S_{12}^{\prime}$ 和 $S_{13}^{\prime}$ 为网络的 S 参数。参照单端注入时的校正方法，可得注入源电压校正前后的关系为

$$\begin{cases} U_{\mathrm{IL}}^{\prime(\mathrm{C})} = \dfrac{S_{12}^{\prime(\mathrm{C})}}{S_{12}^{\prime(\mathrm{B})}} U_{\mathrm{IL}}^{\prime(\mathrm{B})} \\[3mm] U_{\mathrm{IR}}^{\prime(\mathrm{C})} = \dfrac{S_{13}^{\prime(\mathrm{C})}}{S_{13}^{\prime(\mathrm{B})}} U_{\mathrm{IR}}^{\prime(\mathrm{B})} \end{cases} \tag{8-30}$$

其中，$U_{\mathrm{IL}}^{\prime}$ 和 $U_{\mathrm{IR}}^{\prime}$ 为左右两端注入源电压。

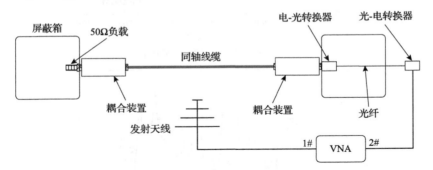

图 8-34　校正两耦合装置接入影响的试验配置

　　因此，在开展双端注入等效辐射试验时，首先按照 8.2 节提出的方法获取初始注入电压（$U_{\mathrm{IL}}^{\prime(\mathrm{B})}$ 和 $U_{\mathrm{IR}}^{\prime(\mathrm{B})}$），然后根据式（8-30）得到校正后的注入电压，所得注入试验结果与情况 C 时的辐射试验结果相等。

　　进一步验证校正方法的准确性，按照与上述单端情况相同的试验方法开展试验，所得校正前后左右两端响应如图 8-35 所示。可以看出，校正前是否接入耦合

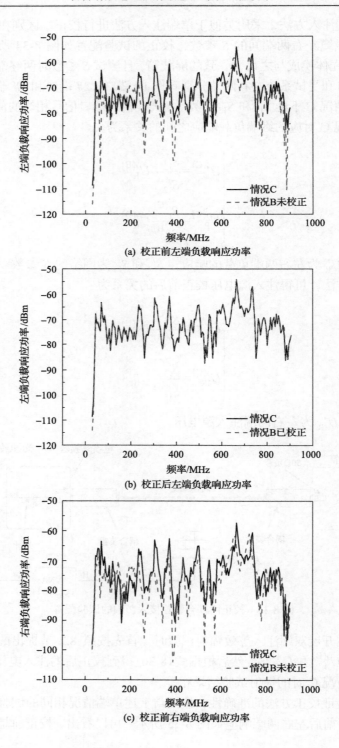

(a) 校正前左端负载响应功率

(b) 校正后左端负载响应功率

(c) 校正前右端负载响应功率

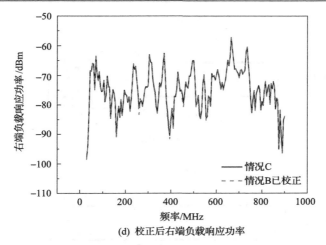

(d) 校正后右端负载响应功率

图 8-35 校正前后情况 B 和情况 C 所得终端响应比较

装置(情况 B 和情况 C)对应的终端响应之间的差别较大,校正后终端响应之间保持良好的一致性,证明了双端注入时校正方法的准确性。

8.4.3 校正方法的局限性分析

需要注意的是,上述校正方法是在认为终端 EUT 输入阻抗为某一固定值的情况下得到的,由于高场强辐射和等效注入试验中 EUT 的输入阻抗可能会发生变化,所以上述校正方法在外推之后可能导致试验误差增大,下面对这一情况进行讨论。

首先研究线缆为主要电磁辐射耦合通道的情况。不论是单端注入方法还是双端注入方法,参与校正的两种情况(即 8.4.2 节中的情况 B 和情况 C)的区别主要在于是否将耦合装置替换为等长线缆 L_e,因此两种情况下对应主通道的等效线长是相等的,但主通道插损难以达到一致。此时,从波动理论角度看,校正后可保证情况 B 和情况 C 中 EUT 输入端口的初始入射波电压 U_1^+ 相等,但 EUT 响应最终是由初始入射波电压 U_1^+ 加上经过两端多次反射后的后续入射波电压 U_2^+ 的总和共同决定的,即 EUT 输入端口总的入射波电压 U_{EUT}^+ 为

$$U_{EUT}^+ = U_1^+ + U_2^+ \tag{8-31}$$

以单端注入方法为例,情况 B 和情况 C 对应的等效模型如图 8-36 所示。在线缆两端至少有一端匹配或者反射可忽略的情况下,U_2^+ 可以忽略。此时,由于情况 B 和情况 C 对应的 U_1^+ 通过校正可保证相等,所以由式(8-31)可知,两种情况下的 U_{EUT}^+ 同样相等。因此,即使 EUT 输入阻抗发生改变,校正后两种情况下的 EUT 响应也始终保持一致。

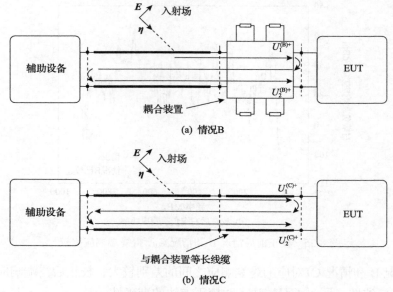

(a) 情况B

(b) 情况C

图 8-36　情况 B 和情况 C 对应的等效模型

　　然而，若线缆两端的反射均不能忽略，则需考虑 U_2^+ 的影响。经过校正，可实现 $U_1^{(B)+} = U_1^{(C)+}$。根据情况 B 和情况 C 对应的等效模型，可得 $U_2^{(B)+}$ 和 $U_2^{(C)+}$ 的关系为

$$U_2^{(B)+} = \frac{\left|S_{12}^{D}\right|^2}{\left|S_{12}^{L}\right|^2} U_2^{(C)+} \tag{8-32}$$

其中，$\left|S_{12}^{D}\right|$ 和 $\left|S_{12}^{L}\right|$ 分别为耦合装置和等长线缆 L_e 的 S_{12} 参数模值。耦合装置主通道插损和等长线缆 L_e 的插损不相等，即 $\left|S_{12}^{D}\right| \neq \left|S_{12}^{L}\right|$，可得 $U_2^{(B)+} \neq U_2^{(C)+}$，进而得到两种情况下的 U_{EUT}^+ 不相等。这说明，若线缆两端反射不可忽略且 $\left|S_{12}^{D}\right| \neq \left|S_{12}^{L}\right|$，则即使经过校正，情况 B 所得注入试验结果也难以在一般情况下保持与情况 C 所得辐射试验结果完全一致，因此在这种情况下提出的校正方法存在一定的局限性。对于以天线为主要电磁辐射耦合通道的情况，由于校正前后两种情况对应的主通道插损不一致，所以上述局限性依然存在。

　　造成上述局限性的本质原因是辐射和注入的试验配置不同。为使受试系统状态不发生改变，辐射时不接入耦合装置。而为实现注入和监测功能，注入试验时需要将耦合装置接入受试系统。BCI 法同样存在电磁辐射和电流注入试验时主通道插损不相等的问题，因为 BCI 注入探头在辐射试验时不接入系统，但注入试验时需要接入系统。虽然 BCI 注入探头是非侵入式装置，其接入系统后不会改变受

试系统主通道的线长，但会导致主通道插损增大[6]。显然，注入探头的耦合效率越高，对应的插损也就越大。根据《军用设备和分系统电磁发射和敏感度要求与测量》(GJB 151B—2013)中规定的注入探头插损的要求，在部分频段该探头的插损不能忽略，因而 BCI 法同样存在上述局限性。

对于本书提出的差模电流注入方法，耦合装置属于侵入式装置，其接入系统后会同时改变主通道的等效长度和插损，等效长度的改变可通过相应地减小同轴线缆的长度来弥补。为解决插损问题，需要在保持较高耦合效率的前提下尽量减少耦合装置的插损。

需要说明的是，工程实际中，线缆两端一般匹配较好，而且同轴线缆存在插损，U_2^+ 相对 U_1^+ 是可以忽略的。以单端注入方法为例，根据图 8-1，可得耦合装置 1# 端口向左侧看去的反射系数为

$$\Gamma_1 = \Gamma_L e^{-2\gamma L} = e^{-2\alpha L}\Gamma_L e^{-j2\beta L} \tag{8-33}$$

其中，α 和 β 分别为线缆的衰减因子和相位因子。由于线缆衰减的作用，Γ_1 的值会趋于 0，线缆损耗越大，Γ_1 越接近于 0。图 8-37 给出了某喇叭接收天线连接不同长度线缆后，从线缆终端向天线处看去的反射系数。在大部分频点下，线缆越长，对应的反射系数越小。此外，设计的耦合装置在大部分频段下的主通道插损小于 1dB，与等长线缆插损值接近，此时 $U_2^{(B)+}$ 和 $U_2^{(C)+}$ 的差别很小。因此，在很多情况下，上述局限性在工程实际中可不必考虑，提出的校正方法具备实际应用价值。

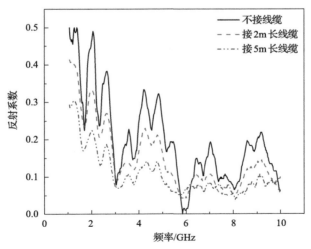

图 8-37　天线连接不同长度线缆后终端的反射系数

参 考 文 献

[1] 卢新福, 魏光辉, 潘晓东. 电流注入等效替代射频连续波辐照试验技术研究[J]. 高电压技术, 2013, 39(3): 675-681.

[2] 潘晓东. 差模定向注入等效替代强场电磁辐射效应试验技术[D]. 石家庄: 军械工程学院, 2014.

[3] Spadacini G, Pignari S A. A Bulk current injection test conforming to statistical properties of radiation-induced effects [J]. IEEE Transactions on Electromagnetic Compatibility, 2004, 46(3): 446-458.

[4] 张玉兴, 赵宏飞, 向荣. 非线性电路与系统[M]. 北京: 机械工业出版社, 2007.

[5] Pan X D, Wei G H, Fan L S, et al. Research on the equivalence between double differential-mode current injection and radiation test method[J]. High Voltage Engineering, 2013, 39(8): 2031-2037.

[6] Yao L, Ma W, Yu C. Correlation between transfer impedance and insertion loss of current probes [J]. IEEE Electromagnetic Compatibility Magazine, 2014, 3(2): 51-55.

第9章 强电磁脉冲辐射效应差模电流注入试验方法

本章首先针对大空间范围内模拟强电磁脉冲场费用高甚至难以实现的技术难题，以第8章连续波差模电流注入方法为基础，提出单端和双端差模电流注入等效强电磁脉冲辐射效应试验方法，分别用于测试线缆某一端或者两端设备的电磁脉冲辐射敏感度。然后，选用典型同轴线缆互联系统作为受试对象，验证所提试验方法的可行性。接着，研究电磁脉冲辐射情况下耦合装置接入对受试系统电磁辐射敏感性的影响，提出校正方法。最后，研究复杂注入波形的等效简化方法。

9.1 单端差模电流注入等效高功率微波辐射效应试验方法

第8章证明了单频电磁辐射情况下差模电流注入试验方法的可行性和准确性，为将差模电流注入试验方法应用于等效电磁脉冲辐射，应证明该方法在时域情况下的可行性。由于瞬变时域信号可看成各频率单频信号的叠加，所以不同变量在频域内的等效关系在时域内同样适用。以场强和等效注入电压的关系为例，利用傅里叶变换的性质，推导两者在时域内的关系。

由8.1节的推导可知，对于差模电流注入试验方法，场强 E 和等效注入电压 $U^{(1)}$ 之间的关系为

$$U^{(1)}(\mathrm{j}\omega) = F(\mathrm{j}\omega)E(\mathrm{j}\omega) \tag{9-1}$$

其中，ω 为角频率，转移函数 $F(\mathrm{j}\omega)$ 为线性函数。利用傅里叶变换和傅里叶逆变换的性质，可得时域情况下场强 $E(t)$ 和等效注入电压 $u^{(1)}(t)$ 之间的关系为

$$u^{(1)}(t) = \frac{1}{2\pi}\int_{-\infty}^{\infty}F(\mathrm{j}\omega)\left[\int_{-\infty}^{\infty}E(t)\mathrm{e}^{-\mathrm{j}\omega t}\mathrm{d}t\right]\mathrm{e}^{\mathrm{j}\omega t}\mathrm{d}\omega \tag{9-2}$$

根据积分运算和 $F(\mathrm{j}\omega)$ 的线性性质，由式(9-2)可得 $E(t)$ 和 $u^{(1)}(t)$ 仍保持线性关系，即时变条件下场强和等效注入电压仍可用作线性外推条件。同理，可证明8.1节和8.2节在频域内得到的变量之间等效关系的结论在时域内同样成立。从理论角度，差模电流注入等效连续波强场电磁辐射效应试验方法同样适用于电磁脉冲情况。本章以连续波注入方法为基础，进一步解决时域情况下遇到的其他问题，提出差模电流注入等效强电磁脉冲场辐射效应试验方法。

　　对于高功率微波情况，其辐射波形本身为方波调制的连续波，由于天线的响应过程是线性的，所以对应的等效注入波形与辐射场波形特征一致。因此，可直接采用针对连续波情况的试验方法开展差模电流注入等效高功率微波辐射效应试验。需要说明的是，等效注入源所需功率明显小于辐射源功率，注入源可由带方波调制功能的连续波信号源与脉冲功率放大器级联实现，其峰值功率可以达到几千瓦。这种注入源的优势是可连续调节信号的频率和占空比，而传统高功率微波辐射源的上述参数只能取有限几个离散值，因而这种注入方式更为灵活和高效。

　　为证明注入方法对高功率微波情况的适用性，这里选用典型天线系统开展验证试验。以某型数据链收发组件为 EUT，其内含有限幅器和 LNA 等典型非线性器件。其试验配置图如图 9-1 所示，为保证天线作为主要耦合通道，将发射

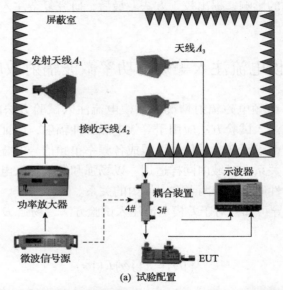

(a) 试验配置

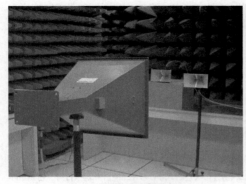

(b) 屏蔽室内部设备

(c) 屏蔽室外部设备

图 9-1　差模电流注入与高功率微波辐射等效性试验配置图

天线 A_1、接收天线 A_2、天线 A_3 置于屏蔽室内，其他设备置于屏蔽室外。天线 A_3 的作用是监测屏蔽室内的辐射场波形，为后续建立场强和注入电压的等效关系提供依据。带方波调制功能的信号源（R&S SMR20）和功率放大器（AR 200T2G8A）级联后的输出信号作为发射天线的馈源。在注入试验中，信号源直接用作注入源。

试验方法与连续波情况一致，按照 8.1.1 节总结的方法开展预试验，获取的是峰值场强和等效注入电压峰值间的比例系数 k。将峰值场强和等效注入电压峰值均线性外推相同倍数，观察辐射和注入时 EUT 响应之间的误差，所得试验结果如图 9-2 所示，图中，场强和 EUT 响应电压均取峰值平均值，从结果可以看出，即使 EUT 响应进入了非线性区，线性外推后辐射和注入试验结果之间的误差依然很小，经过计算，不同频率下的最大误差为 3.48%，验证了该方法的准确性。

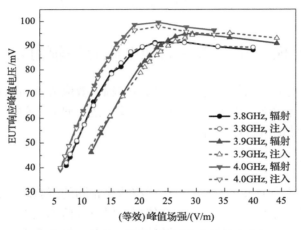

图 9-2　辐射和等效注入时收发组件响应

经过测试，上述试验过程中 EUT 的输入阻抗没有发生明显变化，为此，仍选用 8.1 节所用混频器开展试验，其输入阻抗在较小的输入功率下即可表现出非线性。试验配置与图 9-1 一致，试验时首先在 20V/m 的场强下获取比例系数 k，然后将场强和注入电压线性外推，在场强为 28.3V/m 和 40V/m 的辐射和等效注入试验中观察 EUT 响应之间的关系，所得结果如图 9-3 所示。可以看出，辐射和注入试验结果有良好的相关性，图中最大试验误差是 4.37%。功率放大器的本底噪声导致测得的辐射场强和监测端电压值不准确，进一步导致产生上述误差。试验结果表明，即使输入端口的伏安关系表现出非线性，该试验方法依然有良好的准确性。

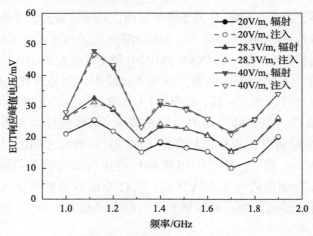

图 9-3　辐射和等效注入时混频器响应

9.2　单端差模电流注入等效强电磁脉冲辐射效应试验方法

以单端差模电流注入等效连续波强场电磁辐射效应方法为基础，本节提出单端差模电流注入等效强电磁脉冲辐射效应试验方法，研究等效注入波形的获取方法，并对试验方法的可行性进行验证。

9.2.1　理论分析

电磁脉冲情况的注入方法采用与连续波情况相同的试验思路，主要包括将场强和等效注入电压的关系作为线性外推依据，以及以监测端电压为判断辐射和注入等效性的依据等。此外，对于电磁脉冲情况，在一般情况下，天线和线缆有比较明显的选频特性，因而对应的等效注入波形与辐射场波形不同，如何获取等效注入电压的波形是需要研究的重要问题。

1. 等效注入波形获取的简化方法

单端差模电流注入等效强电磁脉冲辐射效应的试验配置与图 9-1 基本一致，区别在于本试验方法使用的是电磁脉冲耦合装置，且监测端口连接的是示波器。试验配置对应的简化电路模型如图 9-4 所示。根据定向耦合器的性质，注入试验时 2# 端口的初始入射波(指向 EUT 的输入端口)电压 $U_2^{(\mathrm{I})+}$ 与注入源电压 $U^{(\mathrm{I})}$ 之间的关系为

$$U_2^{(\mathrm{I})+} = \frac{S_{24}}{2} U^{(\mathrm{I})} \tag{9-3}$$

其中，S_{24} 为耦合装置的 S 参数。由于在电磁脉冲频带内 $\left|S_{24}\right|$ 为常数，所以不同频率下 $\left|U_2^{(\mathrm{I})+}\right|$ 和 $\left|U^{(\mathrm{I})}\right|$ 之间的比例系数为常量。因此，在时域内，注入电压 $u^{(\mathrm{I})}(t)$ 和 2# 端口的入射波电压 $u_2^{(\mathrm{I})+}(t)$ 除幅值外的其他波形特征是一致的，这一性质本质上是由定向耦合装置的特性决定的。此外，当辐射和注入等效时，显然需要满足 2# 端口的入射波电压一致，只有这样 EUT 的响应才能相等，即需要满足 $u_2^{(\mathrm{I})+}(t)=u_2^{(\mathrm{W})+}(t)$。因此，$u^{(\mathrm{I})}(t)$ 的波形实际上需要与辐射时 2# 端口的入射波电压 $u_2^{(\mathrm{W})+}(t)$ 的波形保持一致。

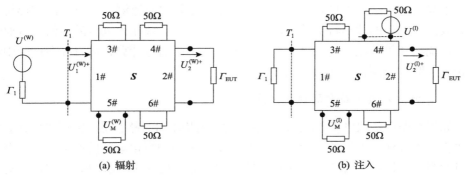

图 9-4　辐射和电流注入时的简化电路模型

利用等效电源波定理，可以得到辐射时监测端口电压 $U_{\mathrm{M}}^{(\mathrm{W})}$ 与参考面 T_1 左侧的等效源电压 $U^{(\mathrm{W})}$ 的关系为

$$U_{\mathrm{M}}^{(\mathrm{W})}=\frac{U^{(\mathrm{W})}S_{15}\left(1-\Gamma_1\right)}{2\left(1-S_{12}^2\Gamma_1\Gamma_{\mathrm{EUT}}\right)} \tag{9-4}$$

其中，S_{15} 和 S_{12} 为耦合装置的 S 参数；Γ_1 和 Γ_{EUT} 分别为 T_1 左侧和 EUT 端口的反射系数。1# 端口的初始入射波电压（未经 EUT 端口反射）为

$$U_1^{(\mathrm{W})+}=\frac{U^{(\mathrm{W})}\left(1-\Gamma_1\right)}{2} \tag{9-5}$$

将式(9-5)代入式(9-4)，可得

$$U_{\mathrm{M}}^{(\mathrm{W})}=\frac{S_{15}}{S_{12}\left(1-S_{12}^2\Gamma_1\Gamma_{\mathrm{EUT}}\right)}U_2^{(\mathrm{W})+} \tag{9-6}$$

其中，$U_2^{(\mathrm{W})+}$ 为 2# 端口未经 EUT 反射的入射波电压。当辐射和注入等效时，显然

满足 2# 端口处的入射波电压相等，即 $U_2^{(W)+} = U_2^{(I)+}$。因此，由式 (9-6)、式 (9-3) 和式 (8-7) 可得 $U^{(I)}$ 和 $U_M^{(W)}$ 之间的关系为

$$U^{(I)} = \frac{2\left(1 - S_{12}^2 \Gamma_1 \Gamma_{EUT}\right)}{S_{45}} U_M^{(W)} \tag{9-7}$$

式 (9-7) 中 S 参数的模值在电磁脉冲频带内均可认为是常量，因此只要 Γ_1 或者 Γ_{EUT} 等于 0，就可得到时域内注入电压 $u^{(I)}(t)$ 和辐射时监测端口电压 $u_M^{(W)}(t)$ 的波形特征一致（幅值除外）。也就是说，若互联系统的辅助设备端口和 EUT 输入端口中只要有一端匹配良好或者反射可忽略，则辐射时监测端口电压的波形特征与等效注入电压的波形特征除幅值外均保持一致。等效注入电压的幅值仍可通过低场强辐射和等效注入的预试验获取，该方法不必通过计算，可直接在试验中获取相关参数，因而将其称为简化方法。

2. 等效注入波形获取的通用方法

如果辅助设备端口或 EUT 输入端口的反射均不可忽略，那么需要采取计算的方法获取等效注入电压的波形。实际上，图 9-4 中的简化电路模型可看作一个二端口网络，将耦合装置的注入端口和监测端口分别视为 1# 端口和 2# 端口。对于该二端口网络，注入试验时这两个端口的入射波分别为

$$\begin{cases} a_1' = \dfrac{U^{(I)}}{2\sqrt{Z_0}} \\ a_2' = 0 \end{cases} \tag{9-8}$$

2# 端口的散射电压波为

$$b_2' = S_{21}' a_1' = S_{21}' \frac{U^{(I)}}{2\sqrt{Z_0}} \tag{9-9}$$

其中，S_{21}' 为该二端口网络的 S 参数；Z_0 为各耦合装置端口的输入阻抗。因此，可以得到 2# 端口的电压 $U_M^{(I)}$ 为

$$U_M^{(I)} = \sqrt{Z_0} \, b_2' = \frac{S_{21}'}{2} U^{(I)} \tag{9-10}$$

由于辐射和注入等效后 2# 端口的监测端口电压相等，所以可得

$$U^{(I)} = \frac{2}{S_{21}'} U_M^{(W)} \tag{9-11}$$

进一步根据傅里叶变换的性质，可得

$$u^{(1)}(t) = \frac{1}{2\pi} \int_{-\infty}^{\infty} \frac{2}{S'_{21}} U_M^{(W)} e^{j\omega t} d\omega \tag{9-12}$$

其中

$$U_M^{(W)} = \int_{-\infty}^{\infty} u_M^{(W)}(t) e^{-j\omega t} dt \tag{9-13}$$

根据式(9-12)和式(9-13)，就可通过监测端口电压波形获取等效注入电压波形。不论线缆两端是否匹配，这种计算方法都可以得到注入电压波形，因此是一种通用方法。

比较式(9-11)和式(9-7)可知，式(9-11)给出的计算方法更简单，因为其仅需计算 S'_{21} 一个系统参数。需要注意的是，若线缆终端所接为非线性 EUT，则试验过程中 S'_{21} 的值可能发生改变。为解决这一问题，S'_{21} 和 $u_M^{(1)}(t)$ 应在 EUT 响应位于线性区的情况下获取，此时 S'_{21} 的值保持恒定。由于场强和等效注入电压的关系不受 EUT 响应特性的影响，所以在 EUT 响应的线性区或非线性区获取等效注入波形均可行。因此，测试 S'_{21} 的值时 VNA 的输出功率应较小，测量 $u_M^{(1)}(t)$ 时应在低场强条件下开展，保证此时 EUT 的响应在线性区。

需要注意的是，简化方法的准确性受耦合装置特性的影响较大。为保证监测波形的准确性，耦合装置的注入和监测耦合度应在电磁脉冲频带内保持为常数。如果上述指标在电磁脉冲频带内波动较大，那么会导致所得等效注入波形有较大误差。对于通用方法，由于采取的是计算方法，所以即使耦合器的耦合度指标较差，仍可以准确获得注入电压波形。在工程试验中，应优先选用操作简便的试验方法，因此在线缆两端反射较小或试验误差允许的条件下，应优先选用简化方法获取等效注入电压的波形。

3. 单端差模电流注入等效强电磁脉冲辐射效应具体方法

单端差模电流注入等效强电磁脉冲辐射效应具体方法如下：
(1)开展低场强电磁辐射预试验。辐射场强的值不宜过大，应保证 EUT 的响应在线性区，同时辐射场强的值不宜过小，示波器应能够准确获取监测端口电压波形。
(2)若低场强条件下 EUT 输入端口匹配良好，则利用简化方法直接由监测端口电压波形获取注入源电压波形，将示波器测得的监测端口电压波形导入任意波形发生器即可产生所需注入波形，根据需要，可使用功率放大器对注入波形进行放大。若 EUT 输入端口反射较大，则将耦合装置的注入端口和监测端口分别连接 VNA 的两个端口，测试 S'_{21} 的值，之后利用式(9-12)计算等效注入电压波形，所得波形依然由任意波形发生器产生。

(3) 开展与低场强辐射等效的注入预试验。在保证两种情况对应的耦合装置监测端口电压相等的条件下，获取峰值场强和等效注入电压峰值的比例系数 k。重复上述试验多次，计算 k 的平均值。

(4) 开展注入等效强场电磁脉冲辐射效应试验。根据强电磁脉冲场的峰值场强和比例系数 k，计算得到等效注入源的峰值电压，开展注入试验时保持注入电压波形不变，将其幅值提高到所需值，最终得到的试验结果与强电磁脉冲辐射效应试验等效。

9.2.2 试验方法可行性验证

单端差模电流注入等效强电磁脉冲辐射效应试验配置如图 9-5 所示，其中脉冲源用于在 GTEM 室内部产生电磁脉冲辐射场，通过改变脉冲源的幅值可增大或减小室内场强。为证明试验方法的普适性，分别选用双指数脉冲源(上升时间和半峰值脉宽分别为 2.3ns 和 5.3ns)和方波脉冲源(型号为 NOISEKEN INS-4040，试验时设置方波脉宽为 50ns)作为 GTEM 室的馈源。使用任意波形发生器(Tektronix AWG7122C)和功率放大器(AR 50WD1000)作为注入信号源，其中任意波形发生器的采样率为 24Gs/s。所用电磁脉冲源信号的主要频谱范围在 1GHz 以下，因此根据奈奎斯特采样定理，该任意波形发生器可以精确模拟注入波形。所用功率放大器的频带为直流到 1GHz，且带内增益具有良好的平坦度，因此可以准确放大注入波形，不会出现明显失真。

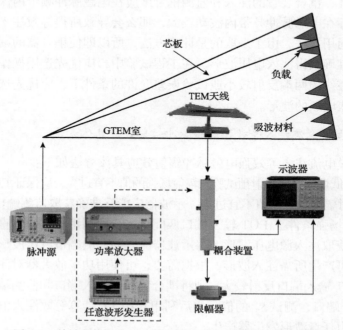

图 9-5 单端差模电流注入等效强电磁脉冲辐射效应试验配置

受试系统为 TEM 天线、同轴线缆和 EUT 组成的天线系统，试验时单独将 TEM 天线作为接收天线置于 GTEM 室内，保证天线为主要耦合通道。分别选用天线接收频带内输入端口反射系数较小和较大的限幅器 A 和限幅器 B 作为 EUT，以验证简化方法和通用方法的准确性。例如，80MHz 位于选用的 TEM 天线的接收频带内，在该频点限幅器 A 和限幅器 B 输入端口的电压驻波比分别为 1.39 和 8.85。

1. 简化方法可行性验证

下面验证简化方法获取注入波形时试验方法的准确性，选用限幅器 A 作为 EUT。首先按照 9.2.1 节总结的方法开展预试验，利用简化方法获取等效注入波形。然后将场强和等效注入电压均放大相同倍数，观察辐射和注入时 EUT 响应是否一致。

当辐射源为双指数脉冲源时，得到低场强辐射和等效注入时的 EUT 响应，如图 9-6(a) 所示，辐射场强和注入电压幅值均放大 11dB 后的 EUT 响应如图 9-6(b) 所示。将图 9-6 中的数据进行处理后可知，场强和注入电压放大倍数 k_a=11dB 时，EUT 响应的峰值仅增大了 6.25dB，说明此时 EUT 响应已经进入明显的非线性区。可以看出，放大前后，辐射和注入对应的 EUT 响应波形均有良好的一致性。为进行定量比较，分别计算 EUT 响应间的相关系数和峰峰值误差，结果如表 9-1 所示，表中同时给出了 k_a 为 5dB 和 9dB 的结果。可以看出，各种情况下辐射和注入结果均有很高的相关系数和较低的峰峰值误差，说明试验方法具有良好的准确性。

当 GTEM 室的馈源为方波脉冲源时，所得辐射和注入 EUT 响应，如图 9-7 所示，其中图 9-7(a) 和 (b) 给出的分别是 k_a 为 0dB 和 11dB 的响应。与双指数脉冲源情况类似，试验结果说明 EUT 响应之间具有良好的等效性。背景噪声以及线缆

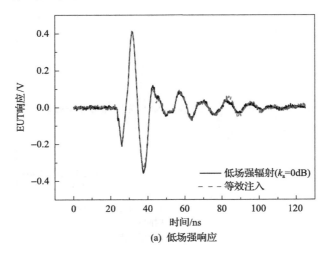

(a) 低场强响应

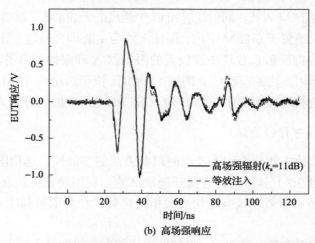

(b) 高场强响应

图 9-6　采用简化方法时双指数脉冲源辐射和等效注入试验结果

表 9-1　采用简化方法时辐射和注入结果的相关系数和峰峰值误差

类型	放大倍数 k_a/dB	相关系数	峰峰值误差/%
双指数脉冲源	0	0.9914	3.13
	5	0.9782	2.58
	9	0.9803	2.42
	11	0.9812	3.89
方波脉冲源	0	0.9809	0.25
	5	0.9720	3.28
	11	0.9737	7.23

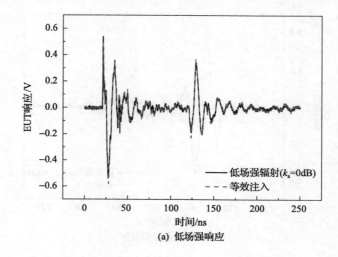

(a) 低场强响应

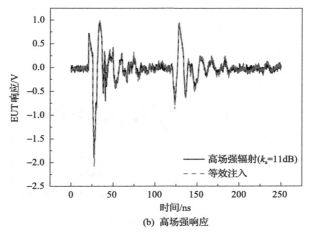

(b) 高场强响应

图 9-7　采用简化方法时方波脉冲源辐射和等效注入试验结果

两端存在反射的影响，获取的注入波形存在一定的偏差，进而使得 EUT 响应之间出现误差。上述两试验的结果证明了不同电磁脉冲辐射时简化方法的准确性。

2. 通用方法可行性验证

为验证通用方法的可行性，将 EUT 换为限幅器 B。首先按照 9.2.1 节总结的方法开展预试验，使用通用方法获取等效注入波形。然后将场强和等效注入电压放大相同的倍数，比较辐射和注入试验得到的 EUT 响应。当 GTEM 室馈源为双指数脉冲源时，对应的辐射和注入 EUT 响应如图 9-8 所示，其中图 9-8(a) 给出的是低场强辐射和等效注入试验结果，图 9-8(b) 给出的是场强和注入电压放大倍数 k_b=19dB 的结果。当 GTEM 室馈源为方波脉冲源时，得到的辐射和注入 EUT 响应如图 9-9 所示，其中图 9-9(a) 和图 9-9(b) 给出的分别是 k_b 为 0dB 和 18dB

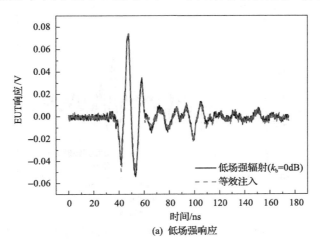

(a) 低场强响应

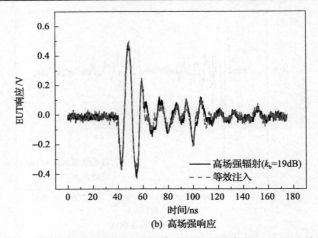

(b) 高场强响应

图 9-8　采用通用方法时双指数脉冲源辐射和等效注入试验结果

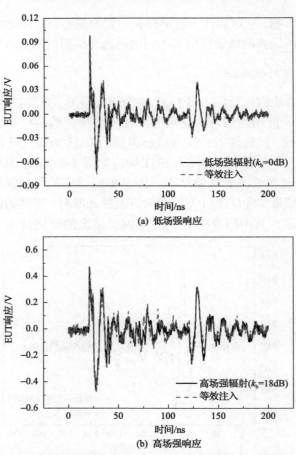

(a) 低场强响应

(b) 高场强响应

图 9-9　采用通用方法时方波脉冲源辐射和等效注入试验结果

的响应。可以看出，不论高低场强辐射，对应的等效注入试验均与辐射试验结果保持了良好的一致性，只是线性外推之后的波形等效性相对于低场强情况稍差一些。

为进一步定量比较辐射和注入结果之间的相关性，本节计算了放大倍数 k_b 为不同值时 EUT 响应之间的相关系数和峰峰值误差，结果如表 9-2 所示。由表中数据可知，EUT 响应之间有很高的相关系数且峰峰值误差很小，证明了使用通用方法开展试验的准确性。试验误差的产生主要归结为以下原因：首先，背景噪声会导致测得的监测端口电压波形存在误差；其次，由于试验条件限制，VNA 测试的 S 参数是从 300kHz 开始的。上述问题均会导致计算得到的注入电压波形不准确，从而使注入试验结果产生误差。

表 9-2　采用通用方法时辐射和注入结果的相关系数和峰峰值误差

类型	放大倍数 k_b/dB	相关系数	峰峰值误差/%
双指数脉冲源	0	0.9737	1.57
	13	0.9602	8.17
	16	0.9544	5.66
	19	0.9594	4.38
方波脉冲源	0	0.9502	4.71
	12	0.9389	1.29
	15	0.9103	3.57
	18	0.9121	7.15

图 9-10 中比较了本试验在低场强条件下分别采用简化方法和通用方法时所得 EUT 响应结果，可以看出，简化方法得到的 EUT 响应误差大于通用方法所得结

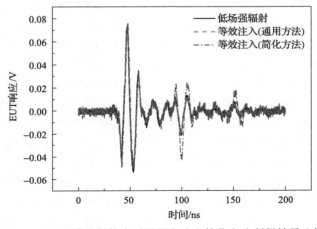

图 9-10　EUT 端反射较大时通用方法和简化方法所得结果比较

果，误差产生的原因主要是简化方法得到的波形没有考虑到反射波的影响，响应曲线中误差较大的位置主要是在反射波与初始入射波电压叠加的时间段。因此，在线缆两端反射较大的情况下，为保证试验结果的准确性，应使用通用方法。由式(9-12)可知，由于仅需监测一个系统 S 参数值，所以采用通用方法开展试验的步骤并不烦琐。

需要说明的是，为等效强电磁脉冲辐射效应，使用的功率放大器需要具备较大的放大倍数。同时，为保证放大后的波形不失真，放大器应具备良好的增益平坦度，这一要求似乎比较苛刻。然而，等效注入源模拟的实际为辐射时天线和线缆的响应波形，天线和线缆响应信号的频带一般比辐射场信号频带窄得多，因此功率放大器只需在相对较窄的频带范围内有良好的增益平坦度，这一要求并不难满足。

本节提出的单端差模电流注入等效强电磁脉冲辐射效应试验方法相比于传统的电磁脉冲辐射方法具有以下优势：一是可用更小的功率实现与辐射法的等效；二是重复性更好，实施更方便；三是可模拟任意注入波形，可实现与不同电磁脉冲辐射试验的等效，而传统的电磁脉冲辐射源的输出信号一般是固定的。因此，本节提出的单端差模电流注入方法更灵活。

9.3 双端差模电流注入等效强电磁脉冲辐射效应试验方法

为实现在注入试验中同时考核线缆两端设备电磁脉冲辐射的敏感度，本节进一步研究双端差模电流注入等效强电磁脉冲辐射效应试验方法，该方法主要用于以同轴线缆为主要电磁辐射耦合通道的情况。

9.3.1 理论分析

与双端连续波注入试验方法一致，双端差模电流注入等效强电磁脉冲辐射效应试验方法在试验时同样将两个耦合装置分别连接在线缆终端，只是使用的是电磁脉冲耦合装置，试验配置与图 8-12 基本一致，区别在于所用监测设备为示波器。8.2 节中已经证明频域内场强 E 与两等效注入电压幅值 $U_1^{(1)}$ 和 $U_2^{(1)}$ 之间均呈线性关系，因此根据 9.1 节的分析可知，时域内场强 $E(t)$ 与两注入电压 $u_1^{(1)}(t)$、$u_2^{(1)}(t)$ 的幅值仍呈线性外推关系。此外，双端连续波注入试验方法需要考虑两注入源之间的相位差，对应地，双端差模电流注入等效强电磁脉冲辐射效应试验方法则需要考虑两注入脉冲源之间的时延差。由式(8-17)可知，连续波情况下两注入源的相位差 $\Delta\varphi$ 不受 E 幅值的影响，即线性外推前后 $\Delta\varphi$ 保持不变。因此，根据傅里叶变换的性质可知，时域内线性外推前后两注入源的时延差同样保持不变。

考虑到同轴线缆具有选频特性，因此与单端差模电流注入等效强电磁脉冲辐射效应试验方法类似，本方法同样需要解决如何获取两等效注入电压波形的问题，仍然按照 EUT 端口的匹配情况提出两种获取注入源波形的方法。

1. 等效注入波形获取的简化方法

　　辐射和双端注入时受试系统的等效电路如图 9-11 所示。辐射时线缆感应信号将沿着线缆分别向两端传播，$U_{L2}^{(W)+}$ 和 $U_{R2}^{(W)+}$ 分别代表两耦合装置 2# 端口向左右EUT 端口传播的初始入射波电压，这里的初始是指该信号还没有在线缆两端设备的端口发生反射，入射波方向则是相对于各 EUT 而言的，指向各 EUT 输入端口的传播方向为入射波方向。

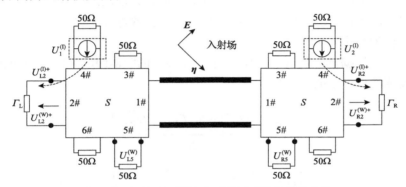

图 9-11　辐射和双端注入时受试系统的等效电路

　　为保证注入源电压与场强间的等效关系不受线缆两端设备特性的影响，应使注入时 2# 端口向左右两端设备传播的初始入射波电压 $U_{L2}^{(I)+}$ 和 $U_{R2}^{(I)+}$ 分别与 $U_{L2}^{(W)+}$和 $U_{R2}^{(W)+}$ 对应相等。满足这一条件后，辐射和注入时线缆两端设备不变，显然可保证设备响应相等。以右端为例进行分析，类似于单端注入情况，由式 (9-3) 可知，右端注入电压 $u_2^{(I)}(t)$ 和右侧 2# 端口初始入射波电压 $u_{R2}^{(I)+}(t)$ 的波形除幅值外其他特征均一致。又因为辐射和注入等效时 $U_{R2}^{(I)+}$ 和 $U_{R2}^{(W)+}$ 相等，所以 $u_2^{(I)}(t)$ 的波形实际上应与辐射时右侧 2# 端口初始入射波电压 $u_{R2}^{(W)+}(t)$ 一致。在左端 EUT 端口匹配的条件下，即 $\Gamma_L = 0$，可得右侧监测端口电压 $U_{R5}^{(W)}$ 与 $U_{R2}^{(W)+}$ 的关系为

$$U_{R5}^{(W)} = \frac{S_{15}}{S_{12}} U_{R2}^{(W)+} \tag{9-14}$$

　　由于 S_{15} 和 S_{12} 的模值在电磁脉冲频带内可以看作常量，所以时域内 $u_{R5}^{(W)+}(t)$ 和$u_{R2}^{(W)+}(t)$ 的波形特征一致。上述性质是由耦合装置的特性决定的，$\Gamma_L = 0$ 时从左侧 4# 端口注入的信号在理想条件下不会传播到右端，同时从左侧 4# 端口注入的信号即使会在右侧 EUT 端口发生反射，但由于左端匹配，该信号传导至左端后将被全部吸收。因此，可得右侧注入源电压 $U_2^{(I)}$ 与 $U_{R5}^{(W)}$ 的关系为

$$U_2^{(I)} = \frac{2}{S_{45}} U_{R5}^{(W)} \tag{9-15}$$

由于式 (9-15) 中 S_{45} 的模值在电磁脉冲频带内可看作常量, 所以当 $\Gamma_L = 0$ 时, $u_2^{(I)}(t)$ 和 $u_{R5}^{(W)}(t)$ 的波形除幅值外其他特征一致, 即右侧注入源电压波形可直接由此时右侧监测端口电压获取。同理, 当右端 EUT 输入端口匹配时, 即 $\Gamma_R = 0$, 左侧注入源电压波形可直接由左侧监测端口电压获取。因此, 当左右两端 EUT 输入端口均匹配或反射可忽略时, 注入源电压波形可直接由对应端监测端口电压波形获取。由于同轴线缆存在损耗, 所以此种方法同样可以用于两端 EUT 反射较小的情况。通过上面的方法只能得到注入源的波形, 其幅值需要进一步通过低场强辐射和等效注入预试验获取。注入源电压的波形获取过程无须经过计算, 因此这种方法可称为简化方法。

实际上, 根据耦合装置的性质, 由式 (8-18) 和式 (8-19) 可得注入源电压与耦合装置监测端口电压的关系为

$$
\begin{cases}
U_1^{(I)} = \dfrac{2\left(U_{L5}^{(W)} - S_{12}^2 \Gamma_R e^{-\gamma L} U_{R5}^{(W)}\right)}{S_{45}} \\[4mm]
U_2^{(I)} = \dfrac{2\left(U_{R5}^{(W)} - S_{12}^2 \Gamma_L e^{-\gamma L} U_{L5}^{(W)}\right)}{S_{45}}
\end{cases}
\tag{9-16}
$$

将 $\Gamma_L = \Gamma_R = 0$ 代入式 (9-16), 可以得到与式 (9-15) 相同的表达式, 因而证明了上述分析的正确性。

2. 等效注入波形获取的通用方法

如果线缆两端的反射均无法忽略, 那么需要通过计算得到注入源波形。虽然可以应用式 (9-16) 进行计算, 但是式 (9-16) 中涉及需要测试的参数较多, 尤其是当左右两端耦合装置的 S 参数存在差别时, 需要测试的参数更多。为简化计算, 可将受试系统看作一个四端口网络, 其中左右两侧注入端口分别视为 1# 端口和 2# 端口, 而左右两侧的监测端口分别视为 3# 端口和 4# 端口。此时, 四个端口的入射波可表示为

$$
\begin{cases}
a_1' = \dfrac{U_1^{(I)}}{2\sqrt{Z_0}} \\[4mm]
a_2' = \dfrac{U_2^{(I)}}{2\sqrt{Z_0}} \\[4mm]
a_3' = a_4' = 0
\end{cases}
\tag{9-17}
$$

3# 端口和 4# 端口的散射波为

$$
\begin{cases}
b_3' = S_{31}' a_1' + S_{32}' a_2' = S_{31}' \dfrac{U_1^{(\mathrm{I})}}{2\sqrt{Z_0}} + S_{32}' \dfrac{U_2^{(\mathrm{I})}}{2\sqrt{Z_0}} \\[3mm]
b_4' = S_{41}' a_1' + S_{42}' a_2' = S_{41}' \dfrac{U_1^{(\mathrm{I})}}{2\sqrt{Z_0}} + S_{42}' \dfrac{U_2^{(\mathrm{I})}}{2\sqrt{Z_0}}
\end{cases}
\tag{9-18}
$$

其中，$S_{ij}'\,(i,j=1,2,3,4)$ 为该四端口网络的 S 参数。3# 端口和 4# 端口的监测端口电压可表示为

$$
\begin{cases}
U_{\mathrm{LM}}^{(\mathrm{I})} = \sqrt{Z_0}\, b_3' \\[3mm]
U_{\mathrm{RM}}^{(\mathrm{I})} = \sqrt{Z_0}\, b_4'
\end{cases}
\tag{9-19}
$$

辐射和注入等效时左右监测端口电压相等，因此有 $U_{\mathrm{LM}}^{(\mathrm{W})} = U_{\mathrm{LM}}^{(\mathrm{I})}$ 和 $U_{\mathrm{RM}}^{(\mathrm{W})} = U_{\mathrm{RM}}^{(\mathrm{I})}$ 成立。进一步根据傅里叶变换和傅里叶逆变换的性质，由式 (9-18) 和式 (9-19) 可得两注入源电压 $u_1^{(\mathrm{I})}(t)$ 和 $u_2^{(\mathrm{I})}(t)$ 分别为

$$
\begin{cases}
u_1^{(\mathrm{I})}(t) = \dfrac{1}{2\pi} \displaystyle\int_{-\infty}^{\infty} \dfrac{2\left(S_{42}' U_{\mathrm{LM}}^{(\mathrm{W})} - S_{32}' U_{\mathrm{RM}}^{(\mathrm{W})}\right)}{S_{31}' S_{42}' - S_{41}' S_{32}'} \mathrm{e}^{\mathrm{j}\omega t}\,\mathrm{d}\omega \\[4mm]
u_2^{(\mathrm{I})}(t) = \dfrac{1}{2\pi} \displaystyle\int_{-\infty}^{\infty} \dfrac{2\left(S_{41}' U_{\mathrm{LM}}^{(\mathrm{W})} - S_{31}' U_{\mathrm{RM}}^{(\mathrm{W})}\right)}{S_{41}' S_{32}' - S_{31}' S_{42}'} \mathrm{e}^{\mathrm{j}\omega t}\,\mathrm{d}\omega
\end{cases}
\tag{9-20}
$$

其中

$$
\begin{cases}
U_{\mathrm{LM}}^{(\mathrm{W})} = \displaystyle\int_{-\infty}^{\infty} u_{\mathrm{LM}}^{(\mathrm{W})}(t)\, \mathrm{e}^{-\mathrm{j}\omega t}\,\mathrm{d}t \\[4mm]
U_{\mathrm{RM}}^{(\mathrm{W})} = \displaystyle\int_{-\infty}^{\infty} u_{\mathrm{RM}}^{(\mathrm{W})}(t)\, \mathrm{e}^{-\mathrm{j}\omega t}\,\mathrm{d}t
\end{cases}
\tag{9-21}
$$

不论左右两耦合装置的 S 参数是否相同，式 (9-20) 中需要获取的系统参数均为 4 个，且只需通过 S 参数和监测端口电压获取注入电压波形，相比式 (9-16) 所示计算方法更易于工程实现。由于该四端口网络包含 EUT，所以实际测试系统参数时应在低功率条件下进行，保证此时 EUT 响应在线性区。

不论 EUT 输入端口是否匹配，上述方法均可用于获取等效注入波形，因此该方法可称为通用方法。需要说明的是，在实际情况下，两 EUT 可能一端反射较小，另一端反射较大，可以同时使用简化方法和通用方法来获取等效注入电压波形。

例如，若仅左端 EUT 匹配良好，则右侧注入源电压波形的获取可使用简化方法，左侧注入源电压波形的获取仍使用通用方法，反之亦然。

　　3. 双端差模电流注入等效强电磁脉冲辐射效应具体方法

　　双端差模电流注入等效强电磁脉冲辐射效应具体方法如下：

　　(1)开展低场强辐射预试验，选取合适的峰值场强值 E，保证此时左右两端 EUT 响应位于线性区，获取两监测端口电压波形和时延差。

　　(2)若低场强条件下两侧 EUT 输入端口匹配良好，则利用简化方法直接由监测端口电压波形获取两注入源电压波形，试验时将示波器测得的监测端口电压波形导入任意波形发生器即可产生所需注入波形，根据需要，可使用功率放大器对注入波形进行放大。若两端 EUT 输入端口反射较大，则使用矢量网络分析仪测试网络的 S 参数，进一步根据式(9-20)计算等效注入电压波形，所得波形依然通过任意波形发生器产生。

　　(3)开展与低场强辐射等效的注入试验。调整注入电压的幅值和时延差，保证两耦合装置监测端口的响应波形和时延差与辐射时分别相等。得到等效时两注入源电压的幅值和时延差 Δt，计算两注入电压峰值与场强峰值的比例系数 k_1 和 k_2。多次试验，取 Δt、k_1 和 k_2 的平均值。

　　(4)开展双端差模电流注入等效强电磁脉冲辐射效应试验。根据该试验的峰值场强和比例系数 k_1 和 k_2，计算得到两注入源的峰值电压。将两注入源的峰值电压放大到所需幅值，并保持 Δt 不变，开展注入试验，所得 EUT 响应与强场辐射效应试验等效。

9.3.2　试验方法可行性验证

　　采取图 9-12 所示配置开展试验，双指数脉冲源给 GTEM 室馈源，使室内产生电磁脉冲辐射场，脉冲源输出信号的上升时间和半峰值脉宽分别为 1.5ns 和 10.5ns。受试系统由两非线性 EUT 和同轴线缆构建而成，为确保同轴线缆为主要耦合通道，将同轴线缆单独放置于 GTEM 室内。由于同轴线缆的耦合能力较弱，所以为在试验条件下使 EUT 响应能够进入明显的非线性区，将线缆平行于电场方向放置(即垂直放置)。此外，选用能够在较小输入功率下进入非线性响应区的 LNA 作为 EUT，为验证简化方法和通用方法的可行性，分别选用输入端口反射系数较小和较大的 LNA 开展试验。

　　一般情况下，两注入源波形不相同且存在时延差。为方便开展试验，选用双通道任意波形发生器的两个通道分别产生所需注入源波形，同时该设备可精确地控制两路信号的时延差。所用双通道任意波形发生器型号为 Tektronix AWG7122C，可无失真地模拟所需注入源波形。

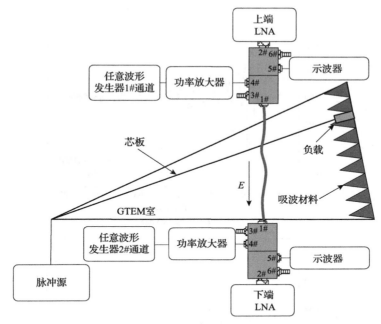

图 9-12　双端差模电流注入等效强电磁脉冲辐射效应试验配置

　　首先，验证采用简化方法获取注入电压波形时试验方法的可行性，选用输入端口驻波比较小的 LNA 作为 EUT。按照 9.3.1 节总结的方法开展预试验，利用简化方法获取等效注入电压波形，得到低场强辐射和等效注入时两 LNA 的响应，如图 9-13 所示，辐射试验时线缆中间位置的峰值场强为 479.5V/m，等效注入试验时上下两注入源的峰值电压分别为 963.4mV 和 977mV。当场强和等效注入电压均提高 k_c=9dB 时，LNA 响应如图 9-14 所示。将图 9-13 和图 9-14 中的数据处理后可知，上下端两 LNA 在高低场强辐射时的响应峰值分别只增大了 6.32dB 和 6.24dB，说明高场强条件下两 LNA 的响应已表现出明显的非线性。图 9-13 和图 9-14 中辐射和注入对应的 LNA 响应均保持了良好的一致性，为定量比较所得结果的等效性，计算了 k_c 为不同值时辐射和注入响应间的相关系数和峰峰值误差，结果如表 9-3 所示。由于相关系数很高且峰峰值误差较小，所以高低场强辐射试验结果与等效注入试验结果有良好的一致性，证明了采用简化方法开展试验的准确性。

　　其次，验证通用方法的可行性，为此选用输入端口驻波比较大的 LNA 作为 EUT，按照 9.3.1 节总结的方法开展预试验，利用通用方法获取两等效注入电压波形。在进行低场强辐射试验时，线缆中间位置的峰值场强为 428.4V/m，对应上端和下端注入源输出的峰值电压分别为 796.2mV 和 913.2mV。低场强电磁辐射和等效注入试验得到的 LNA 响应如图 9-15 所示。将场强和注入电压峰值均提高 k_d=16dB 后得到的 LNA 响应如图 9-16 所示。从两图中的曲线可以看出，线性外推

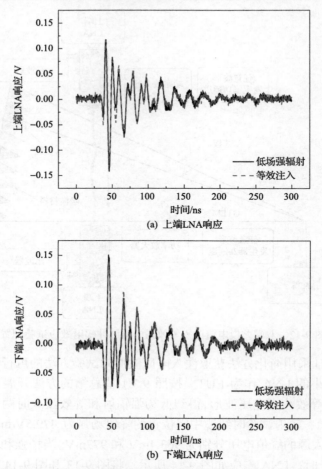

(a) 上端LNA响应

(b) 下端LNA响应

图 9-13　简化方法对应低场强辐射和等效注入试验 LNA 响应

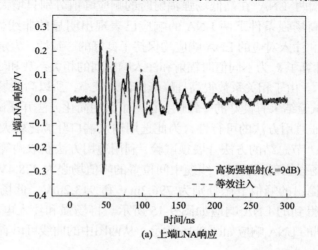

(a) 上端LNA响应

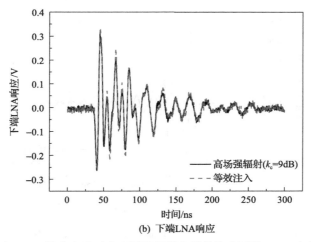

(b) 下端LNA响应

图 9-14　简化方法对应高场强辐射和等效注入试验 LNA 响应

表 9-3　简化方法对应 k_c 为不同值时辐射和注入响应间的相关系数和峰峰值误差

参数	放大倍数 k_c/dB	相关系数	峰峰值误差/%
上端 LNA 响应	0	0.9437	4.12
	6	0.9376	0.01
	9	0.942	1.94
下端 LNA 响应	0	0.9626	2.42
	6	0.9715	1.75
	9	0.9737	3.24

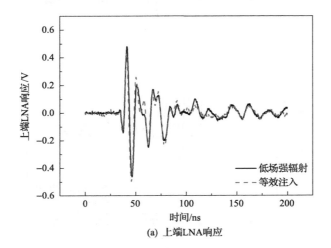

(a) 上端LNA响应

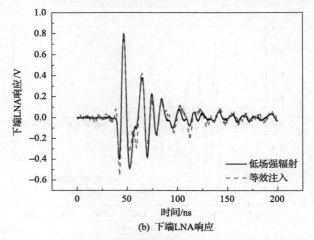

(b) 下端LNA响应

图 9-15　通用方法对应低场强辐射和等效注入试验 LNA 响应

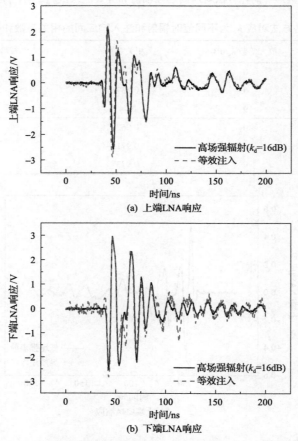

(a) 上端LNA响应

(b) 下端LNA响应

图 9-16　通用方法对应高场强辐射和等效注入试验 LNA 响应

前后辐射和注入所得 EUT 响应之间具有良好的相关性。表 9-4 中给出了 k_d 为不同值时辐射和注入对应 EUT 响应的相关系数和峰峰值误差。可以看出,各种情况下的相关性较高,峰峰值误差较小,证明了通用方法的可行性。虽然通用方法所得结果的误差比前面简化方法所得结果的误差稍大,但从工程角度,决定效应的主要因素是电磁脉冲的重要波形参数,如峰值、上升沿、下降沿等,所得辐射和注入响应的关键波形参数均保持了良好的一致性,因而当线缆 EUT 端口反射较大时,采用通用方法开展试验仍可保证准确性。

表 9-4　通用方法对应 k_d 为不同值时辐射和注入对应 EUT 响应间的相关系数和峰峰值误差

参数	放大倍数 k_d/dB	相关系数	峰峰值误差/%
上端响应	0	0.919	1.98
	10	0.8843	4.19
	13	0.8905	6.25
	16	0.8856	8.45
下端响应	0	0.9377	2.81
	10	0.9282	7.90
	13	0.9252	15.82
	16	0.9082	6.31

上述试验误差较大的原因主要是,测试的 S 参数不够准确,根据耦合装置的性质,本节方法中设置的四端口网络的 1# 端口和 4# 端口,以及 2# 端口和 3# 端口之间实际上是基本隔离的,其值很小,导致测试所得 S_{14} 和 S_{23} 值的误差相对较大。

需要说明的是,相比于单端差模电流注入等效强电磁脉冲辐射效应试验方法,本节方法中两注入源之间的时延差 Δt 是一个关键参数。试验研究了在低场强辐射和等效注入预试验中将 Δt 偏离等效值 5ns 后所得 EUT 响应的变化,对应的 LNA 响应如图 9-17 所示。对比图 9-15 可知,5ns 的时延差导致试验结果出现了较大误

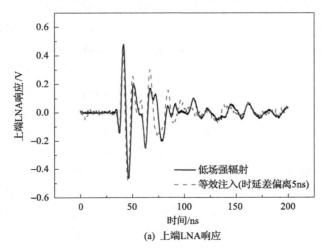

(a) 上端LNA响应

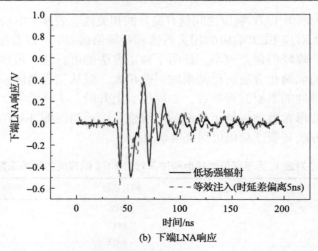

(b) 下端LNA响应

图 9-17　低场强辐射和等效注入时将 Δt 偏离 5ns 所得 LNA 响应

差，因此在试验中应保证时延差的准确性。

9.4　耦合模块接入系统影响的校正

与连续波注入方法一致，对于单端差模电流注入方法和双端差模电流注入方法，耦合装置需要在辐射试验时接入系统，辐射试验的结果会受到影响，本节首先研究耦合装置接入的影响，然后提出相应的校正方法。

9.4.1　天线为主要耦合通道时接入耦合装置的影响与校正

与 8.4.1 节的分析一致，当天线为主要耦合通道时，耦合装置相当于一段有损耗的传输线，其影响包括增加了主通道的插损和等效线长两方面。从严格意义上来讲，为补偿上述影响，应将主通道的插损和等效线长减小。等效线长的影响可通过缩短原同轴线缆的长度来补偿。由于耦合装置的插损一般大于同长度的线缆，所以难以完全补偿插损的影响。然而，在工程上，对于插损的影响，可在等效注入试验中通过增大工作信号和干扰信号的幅值进行补偿。等效线长增加一般只是增加了信号传播的时延，考虑耦合装置的等效线长，增加的时延很小。通常情况下，这一时延对效应几乎没有影响，因此可不必补偿。然而，若等效线长的影响不可忽略，则可将结果校正到用等长线缆替换耦合装置的情况。

这里用试验验证上述分析的正确性，具体配置与图 8-26 一致，只是此时在发射天线端口输入的是双指数脉冲，得到同样输入下是否接入耦合装置的终端响应。如图 9-18(a) 所示，可以看出，两种情况下响应差别较大。考虑到耦合装置插损约为 3.8dB，因此在接入耦合装置的情况下，将发射天线输入脉冲的幅值增大

3.8dB 后得到的结果如图 9-18(b)所示，可得，此时其与不接入耦合装置时的响应有良好的一致性。等效注入试验的结果与接入耦合装置辐射试验的结果一致，表明这种校正方法是正确的。

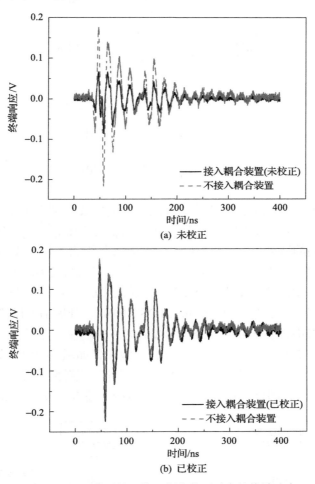

图 9-18　校正前后是否接入耦合装置对应的终端响应

9.4.2　线缆为主要耦合通道时接入耦合装置的影响与校正

当线缆为主要电磁辐射耦合通道时，耦合装置接入后会改变线缆的谐振规律。根据 8.4.2 节的分析，接入耦合装置时终端负载的谐振规律与耦合装置被替换为等长线缆的情况更为接近。为此，应将辐射试验时接入耦合装置的情况校正到该装置被替换为等长线缆的情况。校正试验时，将 EUT 替换为尺寸与其外壳一致的屏蔽金属壳体，采用 8.4.2 节给出的方法进行校正。考虑双端注入情况，根据式(8-30)

可得校正后注入源电压的时域表达式为

$$\begin{cases} u_{\mathrm{IL}}'^{(\mathrm{C})}(t)=\dfrac{1}{2\pi}\displaystyle\int_{-\infty}^{\infty}\dfrac{S_{12}'^{(\mathrm{C})}}{S_{12}'^{(\mathrm{B})}}U_{\mathrm{IL}}'^{(\mathrm{B})}\mathrm{e}^{\mathrm{j}\omega t}\mathrm{d}\omega \\ u_{\mathrm{IR}}'^{(\mathrm{C})}(t)=\dfrac{1}{2\pi}\displaystyle\int_{-\infty}^{\infty}\dfrac{S_{13}'^{(\mathrm{C})}}{S_{13}'^{(\mathrm{B})}}U_{\mathrm{IR}}'^{(\mathrm{B})}\mathrm{e}^{\mathrm{j}\omega t}\mathrm{d}\omega \end{cases} \tag{9-22}$$

其中

$$\begin{cases} U_{\mathrm{IL}}'^{(\mathrm{B})}=\displaystyle\int_{-\infty}^{\infty}u_{\mathrm{IL}}'^{(\mathrm{B})}(t)\mathrm{e}^{-\mathrm{j}\omega t}\mathrm{d}t \\ U_{\mathrm{IR}}'^{(\mathrm{B})}=\displaystyle\int_{-\infty}^{\infty}u_{\mathrm{IR}}'^{(\mathrm{B})}(t)\mathrm{e}^{-\mathrm{j}\omega t}\mathrm{d}t \end{cases} \tag{9-23}$$

　　试验时首先按照原试验方法获取等效注入电压波形 $u_{\mathrm{IL}}^{(\mathrm{B})}(t)$ 和 $u_{\mathrm{IR}}^{(\mathrm{B})}(t)$，并利用式(9-22)校正后可得校正后的注入脉冲波形 $u_{\mathrm{IL}}'^{(\mathrm{C})}(t)$ 和 $u_{\mathrm{IL}}'^{(\mathrm{C})}(t)$。然后，开展等效注入试验，得到的结果与辐射试验时耦合装置被替换为等长线缆的结果一致。

　　开展试验验证上述校正方法的正确性。首先，测试试验系统的 S 参数，试验配置与图 8-34 一致。其次，将图 8-34 中发射天线输入端改接双指数脉冲源，光-电转换器输出端改接示波器(Tektronix TDS7404B)。开展辐射试验，分别获取接入耦合装置和将耦合装置替换为等长线缆后的终端响应。然后，利用式(9-22)获取校正后的注入源波形。开展注入试验，试验配置如图 9-19 所示，双通道任意波形发生器的两个通道分别用于模拟两注入源波形，线缆两终端均匹配，观察此时终端响应与辐射时将耦合装置替换为等长线缆情况是否一致，见图 9-20。可以看

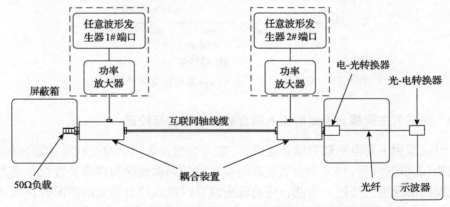

图 9-19　线缆为主要耦合通道时校正耦合装置影响的试验配置

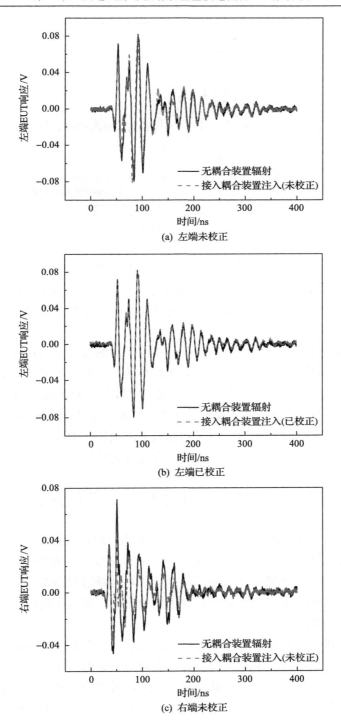

(a) 左端未校正

(b) 左端已校正

(c) 右端未校正

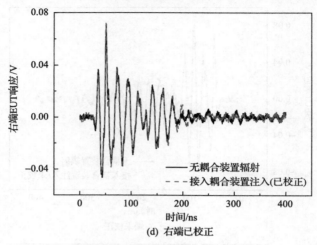

图 9-20　校正前后两终端响应比较

出，校正前辐射和注入响应之间的差别较大，尤其是右端响应。校正后，注入试验所得两端响应均与辐射时的结果有良好的一致性，证明了提出的校正方法是可行的。

需要说明的是，对于电磁脉冲情况，本节提出的校正方法存在与连续波情况同样的局限性，即对于非线性 EUT，提出的校正方法在高场强情况下可能导致试验误差增大。该局限性出现的本质原因仍是辐射和注入时主通道插损不同。然而，对于电磁脉冲情况，工程中的线缆两端一般设计成尽量匹配且同轴线缆存在损耗，因此经两端反射的入射波电压相比于初始入射波电压一般可忽略，校正后的结果具备较高的准确性。为减小校正误差，耦合装置的插损应尽量小。

9.5　等效注入脉冲波形的简化方法

9.2 节和 9.3 节提出的试验方法所需注入电压波形比较复杂，需要借助任意波形发生器产生，为等效强场辐射，还需将产生的波形通过功率放大器进行放大。这种波形产生方法的优势是可以模拟产生任意辐射场情况所需的等效注入波形，劣势是功率放大器对宽带电磁脉冲的放大能力有限，其输出电磁脉冲的峰值电压难以达到千伏量级。

需要注意的是，效应的出现往往由电磁脉冲的关键波形参数决定，如上升沿、下降沿、峰值、脉宽等，其他波形参数可能对效应影响较小，甚至可以忽略。此外，当前电磁脉冲效应试验所用脉冲源一般由某种电路搭建而成，能够产生某类固定的标准电磁脉冲波形，如阻尼衰减振荡、双指数脉冲和方波脉冲等。虽然此类脉冲源能够产生的电磁脉冲波形种类单一，但往往不必借助功率放大器就可输出幅值达到千伏量级的信号。因此，可以考虑将复杂的注入脉冲波形等效简化成标准电磁脉冲波形。

通过试验发现，当宽带电磁脉冲辐射时，很多情况下天线和线缆的响应为衰减振荡波形，这是由天线和线缆的选频特性决定的。例如，在双指数脉冲场辐射下，图 9-5 所示试验配置中 TEM 天线的响应波形为图 9-21 中的原始衰减振荡波形，可以看出该波形是典型的衰减振荡波形。对于这种波形，可尝试用标准衰减振荡波形进行等效，标准衰减振荡波形的产生可借助专门的阻尼衰减振荡脉冲源，如 Motena POG-CS116-17 等。

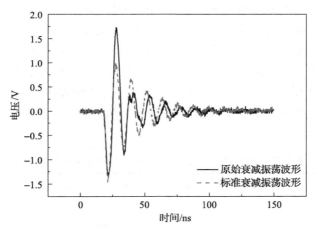

图 9-21　原始衰减振荡波形和标准衰减振荡波形比较

选取与图 9-21 中原始衰减振荡波形振荡周期基本一致的标准衰减振荡波形进行等效，所取的振荡周期约为 12ns。此外，还需定义标准衰减振荡波形的阻尼衰减因子，原始衰减振荡波形不是标准的衰减振荡波形，因此阻尼衰减因子可以有多种确定方式。若根据第一个和第二个负峰值的比例关系定义阻尼衰减因子，则可得标准衰减振荡波形如图 9-21 所示。可以看出，两波形的振荡周期基本一致，第一个和第二个负峰值的比例关系也基本相同。

在选取标准衰减振荡波形进行等效时，还需确定标准衰减振荡波形与原始衰减振荡波形的等效对应关系。一般而言，可按照正负峰值一致或者能量一致的原则进行等效。然而，若以 7.4 节所用 LNA 的增益压制效应为研究对象，并按照上述等效原则开展试验，则所得增益压制时间相差较大。其原因可能是影响增益压制效应的因素较多，单纯保证正负峰值一致或者能量一致可能并不全面。为此，可按照效应一致原则进行等效，即在幅值相对较低的情况下，保证原始衰减振荡波形和标准衰减振荡波形所得增益压制时间一致，从而确定两种波形幅值之间的等效对应关系。之后为进行等效高幅值原始衰减振荡波形的效应试验，可将标准衰减振荡波形的幅值线性外推。

进一步验证上述方法的正确性，按照图 9-5 所示配置分别开展辐射和等效注入试验，接收天线分别选用 TEM 天线和对数周期天线，EUT 选用某型 LNA。GTEM室的馈源为双指数脉冲源，TEM 天线的响应波形与图 9-21 所示原始衰减振荡波形一致。首先使用图 9-21 所示标准衰减振荡波形进行等效，该波形的第一个和第二个负峰值的比例关系与原始衰减振荡波形对应。为便于试验研究，该标准衰减振荡波形仍由任意波形发生器产生。按照前面给出的效应一致原则进行低场强等效和线性外推试验，得到的完全压制时间如表 9-5 所示。可以看出，线性外推后辐射和注入结果的误差较小，满足工程试验的精度要求。同理，当接收天线为对数周期天线时，按照同样的方法开展试验，所得试验结果如表 9-6 所示。试验误差产生的原因可能是所选取的等效原则不够严谨，线性外推也缺乏充分的依据。

下面按照第一个和第二个正峰值的比例关系对应一致的原则再次选取阻尼衰减因子。利用所得波形开展注入试验，在同样的试验方法下得到的试验结果如表 9-7 和表 9-8 所示。由表中数据可知，两种情况对应的辐射和注入试验结果的误差均较小。

表 9-5　使用 TEM 天线时辐射和注入所得完全压制时间

线性外推倍数/dB	辐射完全压制时间/μs	注入完全压制时间/μs	完全压制时间误差/%
0	4.62	4.78	3.46
1	6.3	6.02	4.44
2	7.54	7.14	5.31
3	8.98	8.54	4.9
4	10.1	9.62	4.75
5	11.38	11.06	2.81
6	12.62	12.18	3.49

表 9-6　使用对数周期天线时辐射和注入所得完全压制时间

线性外推倍数/dB	辐射完全压制时间/μs	注入完全压制时间/μs	完全压制时间误差/%
0	4.2	4.24	0.95
1	5.32	5.28	0.94
2	6.2	6.56	5.80
3	7.04	8.2	16.48
4	8.0	9.32	16.50
5	8.92	10.52	17.94
6	9.64	11.56	19.92

表 9-7　TEM 天线辐射和另一种标准衰减振荡波形注入时所得完全压制时间

线性外推倍数/dB	辐射完全压制时间/μs	注入完全压制时间/μs	完全压制时间误差/%
0	4.62	4.62	0
1	6.3	5.92	6.03
2	7.54	7.18	4.77
3	8.98	8.22	8.46
4	10.1	9.26	8.31
5	11.38	10.3	9.49
6	12.62	11.26	10.78

表 9-8　对数周期天线辐射和另一种标准衰减振荡波形注入时所得完全压制时间

线性外推倍数/dB	辐射完全压制时间/μs	注入完全压制时间/μs	完全压制时间误差/%
0	4.2	4.19	0.23
1	5.32	5.28	0.75
2	6.2	6.11	1.45
3	7.04	7.07	0.43
4	8.0	7.89	1.38
5	8.92	8.96	0.45
6	9.64	9.68	0.42

　　上述试验结果表明，采用较低幅值下效应一致原则确定的原始衰减振荡波形和简化波形的等效关系具备一定的可行性。由于很多情况下天线和线缆的宽带电磁脉冲响应波形是衰减振荡波形，所以这一简化方法可应用于实际工程中。

　　需要说明的是，上述试验只选取了一种效应说明简化方法的可行性，对于其他效应，该方法是否能保持较高的精度仍需验证。选取的效应对象也需要有连续变化的数值(如本节试验所选择的增益压制时间)可供观察，否则难以在低场强情况下实现等效。该方法的优势是相对容易模拟高幅值脉冲波形，更加经济高效，劣势是试验误差相对偏大。

第 10 章　电磁辐射效应差模电流注入试验方法实装验证

第 8 章和第 9 章分别提出了差模电流注入等效强场连续波电磁辐射和强电磁脉冲辐射效应的试验方法，开展的验证试验主要是以响应相等为等效依据，且为了方便试验的开展，以选取自行搭建的受试系统为主。为进一步验证差模电流注入试验方法的工程实用性，本章将以实装为受试对象，以装备的电磁辐射效应相同为等效依据，开展差模电流注入等效强场电磁辐射效应试验验证。

本章首先选用某型通信电台作为受试系统，以数字通信的阻塞效应为观测对象，将通信过程中的误码率大小作为等效依据，验证差模电流注入等效连续波强场电磁辐射效应试验方法的可行性。其次，选取天线和某型雷达射频前端组件构成的系统作为受试对象，以该系统出现增益压制效应时的完全压制时间为等效依据，验证差模电流注入等效强电磁脉冲辐射效应试验方法的准确性。此外，根据第 8 章和第 9 章提出的耦合装置接入影响的校正方法，研究工作信号和干扰信号共同存在时的校正方法，并以效应阈值为等效依据验证校正方法的准确性。

10.1　通信电台阻塞效应测试中连续波差模电流注入方法的准确性验证

本节首先以某型超短波通信电台为受试对象，在通信电台正常工作的情况下，通过辐射和注入方式对接收电台施加连续波电磁干扰，以通信电台出现阻塞效应时的误码率为等效判据，验证差模电流注入等效连续波强场电磁辐射效应试验方法的准确性。其次，研究工程中校正耦合装置接入影响方法的正确性。

10.1.1　辐射和注入试验的敏感度判据选取

通信电台是典型的用频装备，其天线暴露在外界环境中，很容易受到外界电磁干扰的影响。目前，有关通信电台的电磁辐射效应的研究表明，在以天线为主要耦合通道的情况下，辐射试验时通信电台容易出现阻塞效应[1,2]，主要表现为语音信号不清晰直至无法听到，或者数字信号接收的误码率增大直至信号无法接收。产生阻塞效应的原因主要是干扰信号进入接收主通道后会作用至接收机的前端电路，导致功率放大器或者混频器工作在饱和区或截止区。前端电路的增益降低，有用信号难以得到正常放大，并且难以被接收机的后续电路正确处理[3,4]。

对于语音通信，一般通过主观判断的方式辨别是否受到干扰，不同人员的判断结果可能不一致，因此在一定程度上缺乏客观性。相比之下，对于数字通信，可以通过接收前后的误码率大小判断通信电台是否受到干扰，这种判断方式是客观的，具有良好的可重复性。因此，通常选择数字通信的误码率作为观察效应的定量判据。

在工程实际中，为评估电磁辐射和注入的等效性，通常直接比较两次试验得到的敏感度临界值之差，差值越小说明等效性越好，反之等效性越差。误码率一般随着干扰场强或者注入电压的增大而不断变化，为便于判断是否出现阻塞效应，最好选取某一误码率作为判据，进而可以得到辐射和注入试验的敏感度临界值。因此，在开展具体的等效试验前，应确定以多大的误码率作为效应判据。

实际上，该判据应从误码率随干扰功率变化的敏感位置选取，其优势是此时较小的干扰功率变化即可引起误码率的改变，因而确定的敏感度临界值也就更精确。否则，若误码率随干扰功率变化不敏感，则相差较大的两干扰功率值可能对应相近的误码率，在获取敏感度临界值时容易人为引入较大误差。

为此，本节首先研究误码率随干扰功率的变化规律。将用于正式试验的某型超短波通信电台作为受试对象，开展辐射效应试验，具体配置如图 10-1 所示。试验在开阔场地开展，发射电台天线(以下简称发射天线)和接收电台天线(以下简称接收天线)间距离为 25m，干扰天线和接收天线间距离为 20m。试验时两电台间距离远小于实际应用中的通信距离，因此为模拟正常通信情况，实现接收电台接收到的工作信号强度与实际情况可比拟，在发射电台和发射天线之间连接 40dB 的衰减器。由于衰减器的作用，干扰信号对发射电台的影响将远小于其对接收电台

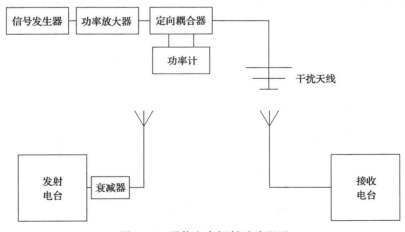

图 10-1　通信电台辐射试验配置

的影响。试验时将接收电台整体置于辐射区域内，干扰信号频率位于接收电台的通信频段（30～88MHz），经验证，在此频段内天线为主要耦合通道。

具体的试验方法如下：

（1）选定通信电台的工作频率和干扰信号频率，在正常定频通信的情况下，开展辐射效应试验。

（2）由小到大逐渐调节干扰信号源的强度，每次调节后均对通信电台进行链路测试（通信电台自带功能，会给出测试过程中的误码率），观察误码率大小。各干扰功率值下的误码率重复测试 3 次，不断增大干扰功率直至接收电台接收不到有用信号。

（3）记录不同干扰功率对应的误码率，之后更换工作频率和干扰频率重复上述试验。

所用通信电台有着良好的滤波特性，带外干扰一般难以通过主通道进入通信电台内部，因此为便于试验的开展，选取带内干扰频点开展辐射试验。试验时选择工作频率 f_s 为 f_1MHz 和 f_2MHz，当干扰频率 f_i 分别为 f_1+0.01MHz、f_1+0.02MHz、f_2+0.01MHz 和 f_2+0.02MHz 时，得到误码率随干扰功率的变化曲线如图 10-2 所示。可以看出，当干扰功率由小逐渐增大时，误码率均从 0 开始逐渐增大，且达到 0.2 左右之后开始出现波动，若继续增大干扰功率，则误码率最大能够达到 0.25 左右，此后用于获取误码率的链路测试无法正常进行，说明此时通信链路被完全阻塞。

显然，图 10-2 中曲线的斜率越大，误码率随干扰功率的变化越敏感，根据试验目的，应找到曲线中斜率最大的位置。为此，对图 10-2 中的数据进行三次样条插值，根据三点公式对插值后的数据求微分，得到各曲线斜率最大的位置，如表 10-1 所示。除图 10-2 所示数据外，表 10-1 中还给出了 f_s 和 f_i 均为 f_1MHz 或 f_2MHz 的

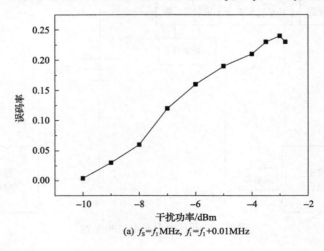

(a) $f_s = f_1$MHz, $f_i = f_1$+0.01MHz

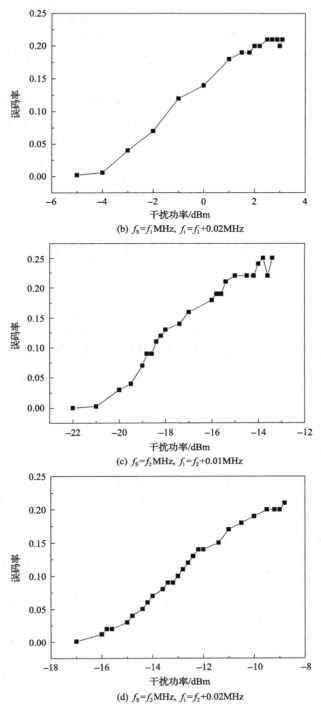

(b) $f_s = f_1$ MHz, $f_i = f_1 + 0.02$ MHz

(c) $f_s = f_2$ MHz, $f_i = f_2 + 0.01$ MHz

(d) $f_s = f_2$ MHz, $f_i = f_2 + 0.02$ MHz

图 10-2　不同工作频率和干扰频率下误码率随干扰功率的变化曲线

表 10-1   不同频率下误码率变化最快位置

频率/MHz	$f_s=f_1$ $f_i=f_1$	$f_s=f_1$ $f_i=f_1+0.01$	$f_s=f_1$ $f_i=f_1+0.02$	$f_s=f_2$ $f_i=f_2$	$f_s=f_2$ $f_i=f_2+0.01$	$f_s=f_2$ $f_i=f_2+0.02$
误码率变化最快位置	0.083~0.09	0.089~0.096	0.091	0.083	0.083	0.1

结果。需要说明的是，表中前两种情况得到的曲线斜率在一个区间内均为最大值。可以看出，不同情况下，斜率的最大位置主要分布在误码率为 0.08~0.1，选取该区间内的数值均可。为便于试验的开展，统一选择误码率等于 0.1 作为是否出现阻塞效应的判据。根据插值后的数据，得到可使误码率等于 0.1 的干扰功率最大值与最小值之差，如表 10-2 所示。由表中数据可知，由于干扰功率的过渡区间不超过 0.2dB，所以将误码率等于 0.1 作为判据是可行的，能够满足试验的精度要求。

表 10-2   使误码率为 0.1 的干扰功率最大值与最小值之差

频率/MHz	$f_s=f_1$ $f_i=f_1$	$f_s=f_1$ $f_i=f_1+0.01$	$f_s=f_1$ $f_i=f_1+0.02$	$f_s=f_2$ $f_i=f_2$	$f_s=f_2$ $f_i=f_2+0.01$	$f_s=f_2$ $f_i=f_2+0.02$
干扰功率差值/dB	<0.2	<0.2	<0.2	<0.1	<0.1	<0.1

10.1.2   差模电流注入等效连续波强场电磁辐射效应的试验验证

以前面确定的阻塞效应判据为基础，进一步在实际效应试验中，验证试验方法的工程实用性。

1. 天线为主要耦合通道

试验分干扰信号频率位于带内和带外两种情况开展，具体配置如图 10-3 所示，发射天线、接收天线和干扰天线相互之间的距离与 10.1.1 节中的试验一致。试验选取的频率范围为 30~88MHz，因此选用 100kHz~1GHz 频段的耦合装置。耦合装置监测端口(5#)连接频谱仪，辐射时耦合装置注入端口(4#)连接匹配负载，注入时连接信号源。需要说明的是，在进行带内辐射试验时，由于所需干扰功率较小，所以干扰天线连接额定输出功率为 50W 的功率放大器(AR 50WD1000)，而在进行注入试验时，不需要使用功率放大器。在进行带外辐射试验时，所需干扰功率较大，因而干扰天线连接额定输出功率为 10kW 的功率放大器(AR 10000LM45)，在进行注入试验时，使用 50W 的功率放大器。

首先开展电磁辐射试验，调节干扰功率使起始场强值变小，保证开始试验时接收电台基本不受干扰。开展链路测试，记录误码率、干扰场强和耦合装置监测端口电压值。需要注意的是，上述测量值均在链路测试完毕后获取，目的是防止链路测试过程中通信电台工作信号对测量值产生影响。逐渐增大干扰功率，记录误码率为 0.1 时的场强值，即为临界辐射干扰场强。需要注意的是，当误码率达到

0.1 附近时，误码率随场强的变化十分敏感，为找到误码率为 0.1 时对应的场强，应将场强调节的步长减小。此外，为保证测试结果的准确性，重复上述试验，取临界辐射干扰场强的平均值。

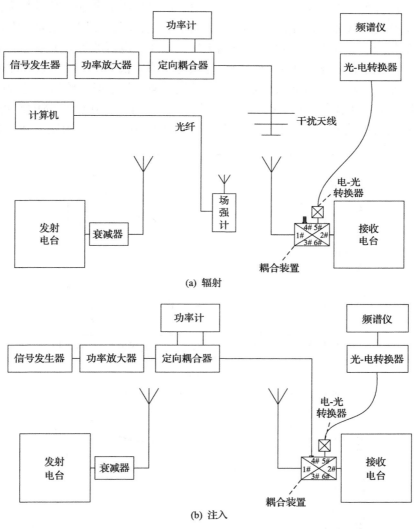

图 10-3　通信电台为受试对象时差模电流注入等效连续波强场辐射的试验配置

当干扰频率位于带内时，对应的临界辐射干扰场强值很小，受场强计的精度限制，无法直接测试得到此时的临界干扰场强值。为解决这一问题，采取线性外推方法。

首先进行场强标定，在场强计能够准确监测的前提下获取场强 E 和干扰天线输入功率 P_{in} 开平方的比例关系，即

$$k = E\Big/\sqrt{P_{\text{in}}} \tag{10-1}$$

　　由天线的线性性质可知，比例系数 k 在高低场强条件下保持不变，低场强辐射试验时直接监测干扰天线的输入功率，进而根据式(10-1)计算出相应的场强值。

　　其次开展等效差模电流注入试验。根据辐射试验测试数据，在通信电台误码率为 0 的情况下，由监测端口电压值确定场强和注入电压的等效关系。之后增大注入功率，记录误码率为 0.1 时对应的注入电压值。根据得到的场强和注入电压的等效关系，计算出注入等效的临界辐射干扰场强，与辐射试验结果进行比较。

　　选取不同的工作频率和干扰频率开展上述试验，得到 f_s 分别为 f_3MHz 和 f_2MHz 时辐射和注入等效的临界辐射干扰场强曲线，如图 10-4 所示。由图可知，干扰频

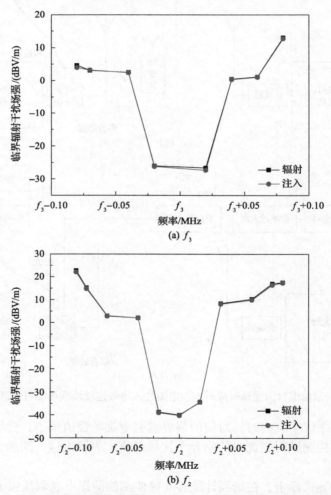

图 10-4　天线为耦合通道时辐射和注入等效试验得到的临界辐射干扰场强曲线

率离工作频率越近，对应的临界辐射干扰场强越小，这是因为此时干扰信号更容易通过通信电台前端电路的滤波器。辐射和注入结果表现出了良好的等效性，为定量比较，这里计算了对应数据间的误差，如图 10-5 所示。

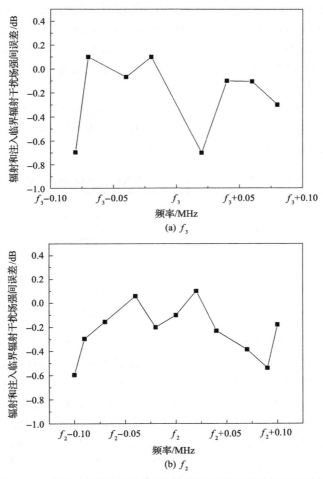

(a) f_3

(b) f_2

图 10-5　天线为耦合通道时试验所得临界辐射干扰场强间误差

图 10-5 中的最大误差为−0.7dB（对应百分比误差为 7.7%），从工程试验的角度，这一结果说明提出的差模电流注入等效连续波强场电磁辐射效应试验方法有着较高的准确性。上述试验产生误差的原因可能包括以下四个方面：

（1）受功率放大器本地噪声和通信电台工作信号的影响，测试得到的监测端口电压值可能不准确，影响了场强和注入电压等效关系的建立。

（2）试验通过误码率获取临界辐射干扰场强值，试验重复性存在一定的误差，在同样的场强（或注入电压）下，重复试验得到的误码率可能不完全相同，导致最终辐射和注入结果间存在误差。

（3）不同的场强（或注入电压）作用下可能均会出现误码率为 0.1 的情况，场强和注入电压的调节存在一定的步长，导致得到的临界辐射干扰场强值存在偏差。

（4）对于部分试验频点，当误码率在 0.1 附近时，误码率随功率的变化十分敏感，在试验确定的步长下，有时可能难以达到误码率刚好为 0.1 的状态。

进一步计算图 10-4 中两组曲线的相关性，得到工作信号频率为 f_3 和 f_2 时辐射和注入结果的相关系数分别为 0.9996 和 0.9997，说明辐射和注入试验结果有很好的相关性，进一步证明了试验方法的准确性。

在上述带内试验的基础上，开展带外试验，验证此时试验方法的准确性。考虑到试验条件的限制，选取偏离工作频率较近的带外干扰频率，得到不同频率下辐射和注入等效的临界辐射干扰场强，如表 10-3 所示。

表 10-3　不同频率下辐射和注入等效的临界辐射干扰场强

工作信号频率/MHz	干扰信号频率/MHz	辐射临界干扰场强/(V/m)	注入等效临界干扰场强/(V/m)	两种试验方法的相对误差/dB
f_4	f_4+1.1	14.95	14.99	0.02
f_4	f_4−1.5	7.58	6.52	−1.31
f_5	f_5+1.3	29.01	28.86	−0.04
f_5	f_5−1.3	17.34	17.98	0.32
f_6	f_6+1.15	24.54	23.20	−0.49
f_6	f_6−1.3	23.44	23.62	0.07

严格意义上，受试通信电台的带内是偏离工作频率 ±30kHz，表 10-3 中干扰频率偏离工作频率约为 1MHz，该频率偏离说明此时干扰频率已明显位于带外。上述带内试验中部分干扰频率的偏离达到 100kHz，位于带内和带外之间的过渡区。由表 10-3 可知，不同工作频率和干扰频率下辐射和注入试验结果之间误差很小，除其中一种情况的误差达到−1.31dB（对应的百分比误差为 14%）外，其余点的误差模值均小于 0.5dB（对应的百分比误差为 5.93%），证明了本节试验方法针对带外情况同样适用。个别频点误差相对较大的原因主要是，该频点受试通信电台阻塞效应结果的重复性较差。

在上述试验中，工作信号和干扰信号同时存在，由 8.1 节的分析可知，试验过程中需要排除工作信号对辐射场强和注入电压等效关系的影响。对于带外试验，干扰信号强度远大于通信电台的工作信号强度，此时工作信号的影响可以忽略。对于带内试验，干扰信号强度与工作信号强度可比拟。因此，应在两通信电台不通信的过程中获取场强和注入电压的等效关系，此时两通信电台间没有工作信号传输，保证了测试结果的准确性。

需要说明的是，试验中接收电台整体置于辐射场中，与实际的工程试验情况一致。在以天线为主要耦合通道的测试频段下，可采用这种配置开展差模电流注入等效辐射效应试验，结果证明该方法具有较高的准确性和工程实用性。

2. 同轴线缆为主要耦合通道

对于受试通信电台，由于接收天线的存在，同轴线缆在一般情况下难以成为主要耦合通道。为此，去掉发射电台和接收电台的天线，将两个电台直接通过同轴线缆进行连接。为模拟远距离通信，在发射电台和同轴线缆间连接 100dB 的衰减器。除此之外，试验的其他配置均与以天线为主要耦合通道时一致。干扰天线主要对同轴线缆和接收电台辐射，得到不同频率下辐射和注入试验的结果，如图 10-6 所示，计算得到对应结果之间的误差，如图 10-7 所示。

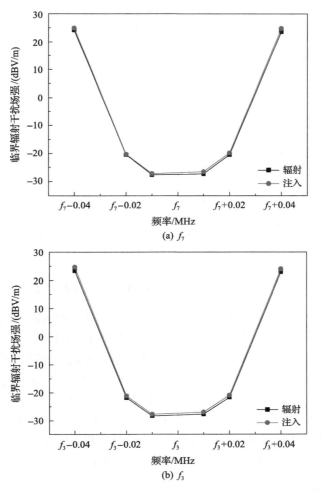

图 10-6　线缆为耦合通道时得到的辐射和注入试验的临界辐射干扰场强

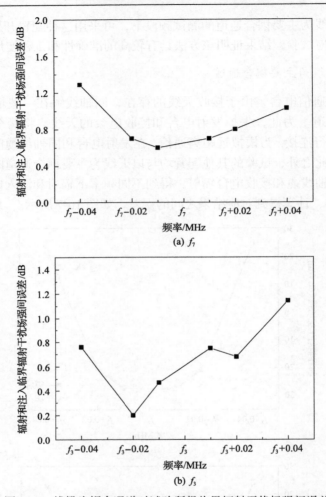

图 10-7　线缆为耦合通道时试验所得临界辐射干扰场强间误差

　　由图 10-6 和图 10-7 可知，虽然工作信号频率为 f_7 和 f_3 时的最大误差分别为 1.3dB 和 1.2dB（对应的百分比误差分别为 16.14% 和 14.82%），但是大部分频点下辐射和注入响应之间的误差小于 1dB，试验精度较高。可以看出，此时的试验误差大于以天线为主要耦合通道时的结果。这主要是因为线缆响应受其位置的影响十分明显，微小的位置变化就会导致线缆终端响应出现较大变化，进而导致辐射和注入结果之间的误差较大，这一误差与试验方法本身的精度无关。本节计算了图 10-6 中响应曲线间的相关系数，得到 f_7 和 f_3 的相关系数分别为 0.9998 和 0.9996。上述结果证明，实际工程中本节试验方法对以线缆为主要耦合通道的情况同样有效。

10.1.3　耦合装置接入对临界辐射干扰场强影响的校正方法

8.4 节提出了连续波情况下耦合装置接入的校正方法，在此基础上，本节对实际工程中的校正方法进行研究。在效应试验中，工作信号和干扰信号同时存在，因此在校正时需要一并考虑。

为补偿耦合装置接入系统带来的影响，根据 8.4 节提出的校正方法，在严格意义上，应同时补偿耦合装置接入后对主通道插损和线长的影响。然而在工程试验中，一般主要关心最后的辐射敏感度阈值，为简化试验步骤，只需校正对辐射敏感度阈值产生影响的因素。

需要说明的是，10.1.1 节和 10.1.2 节已经证明注入试验结果与接入耦合装置的辐射试验结果是等效的，因此本节直接通过是否接入耦合装置的辐射试验验证校正方法的准确性。

1. 天线为主要耦合通道

以天线为主要耦合通道下，线长改变的影响主要是信号传播时延发生变化。当耦合装置接入时，有用信号和干扰信号的传播时延会有微小的增加，但这一改变对阻塞效应的敏感度测试结果没有影响，因此线长的影响可不必校正。此外，耦合装置接入后会导致主通道插损增加，进一步使得工作信号和干扰信号的衰减增大，若耦合装置主通道插损较大，则最终敏感度测试结果也会受到较大影响。因此，应主要讨论如何校正耦合装置插损带来的影响。

本节试验所用耦合装置主通道的插损 k_{IL} 约为 3.8dB，因此接入耦合装置后，工作信号和干扰信号传输到接收电台输入端口时的幅值均约减小为没有耦合装置时的 $1/k_{IL}$。为此，试验时应将工作信号提高 k_{IL} 倍，此时接收电台输入端口的工作信号强度与没有接入耦合装置时相等。干扰信号在试验时可不必调整，得到的临界辐射干扰场强比无耦合装置时高出约 k_{IL} 倍，因此将接入耦合装置时的试验结果降低为 $1/k_{IL}$，就可获得无耦合装置时的临界辐射干扰场强。

为证明上述分析的正确性，按照图 10-3 所示配置分别开展有无耦合装置的辐射试验。当接入耦合装置时，将发射电台的工作信号强度相对于不接入耦合装置时提高 3.8dB，实现的方法是将发射电台和发射天线间衰减器的衰减倍数由 40dB 调整为 36.2dB。在其他条件不变的情况下，得到两种情况下的临界辐射干扰场强，如图 10-8 所示。由图可知，两种情况下的曲线形状基本一致，只是各数据点间存在一定的差值，计算得到该差值的大小，如表 10-4 所示。可以看出，两种情况的差值均接近 3.8dB，各频点的最大误差不超过 0.78dB（对应的百分比误差为 9.4%），证明前面提出的校正方法是正确的。试验出现误差的原因主要是个别频点测试结果的重复性相对较差。

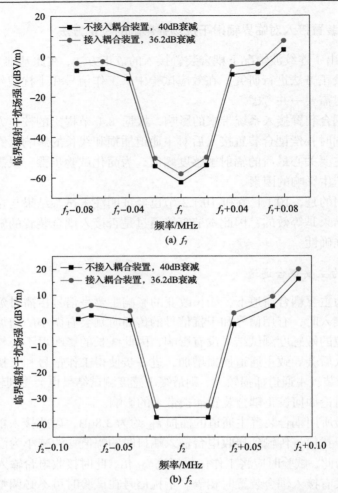

(a) f_7

(b) f_2

图 10-8　天线为耦合通道时辐射试验是否接入耦合装置对应的临界辐射干扰场强

表 10-4　天线为耦合通道时不同频率是否接入耦合装置所得临界辐射干扰场强差值 ΔE

频率/MHz	ΔE/dB	ΔE 与耦合装置插损间差值/dB	频率/MHz	ΔE/dB	ΔE 与耦合装置插损间差值/dB
f_7−0.08	3.72	−0.08	f_2−0.08	3.73	−0.07
f_7−0.06	3.71	−0.09	f_2−0.07	3.85	0.05
f_7−0.04	4.58	0.78	f_2−0.04	3.78	−0.02
f_7−0.02	3.90	0.10	f_2−0.02	4.29	0.49
f_7	4.20	0.40	f_2+0.02	4.51	0.71
f_7+0.02	3.90	0.10	f_2+0.04	4.38	0.58
f_7+0.04	3.92	0.12	f_2+0.07	3.70	−0.10
f_7+0.06	3.97	0.17	f_2+0.09	3.76	−0.04
f_7+0.08	4.46	0.66	—	—	—

需要说明的是，对于设计的应用频段为 600MHz 以上的耦合装置，其主通道插损在大部分频段小于 1dB，与等长线缆的插损接近，因此耦合装置接入后对原系统的影响相对较小，校正时只需进行微调。

2. 同轴线缆为主要耦合通道

若线缆为主要耦合通道，则由 8.4 节的分析可知，严格意义上应将接入耦合装置的响应校正到将耦合装置用等长线缆替换时的响应。类似于天线为主要耦合通道的情况，此时时延的影响同样可不予考虑，应主要考虑线长和插损的变化对线缆终端响应的影响。简便起见，直接将接入耦合装置的情况校正至原来不接入耦合装置的情况。8.4 节指出，校正时需要准确获知受试系统的 S 参数，为便于测试，应将 EUT 替换为外形尺寸与其一致的屏蔽壳体。工程中该操作相对麻烦，对于干扰频率离工作频率较近的情况，可采取另一种相对简单的方法。

由之前的试验结果可知，干扰频率离工作频率越近，产生阻塞效应所需干扰场强越低。当干扰信号位于带内时，在较小的干扰功率下即可保证通信电台出现阻塞效应，此时不存在所需辐射场强过高而难以模拟的问题，因而这种情况下可以容易地获取是否接入耦合装置的临界辐射干扰场强差值 ΔE。若接入和不接入耦合装置所得临界辐射干扰场强分别为 E_1 和 E_2，定义 $\Delta E = E_1 - E_2$，则当其他干扰频率离工作频率较近时，对应的线缆终端响应规律与带内时基本一致，可得该频率与参考频率的 ΔE 值相差较小。因此，试验时首先通过预试验获取参考频率的 ΔE 值，然后开展其他频率的试验，若接入耦合装置的临界辐射干扰场强为 E_3，则校正后的临界辐射干扰场强应为 $E_3 - \Delta E$。

下面通过试验对上述分析进行验证，试验配置与 10.1.2 节的试验配置相同。工作信号是通过同轴线缆直接传导耦合至接收电台的，因此接入耦合装置后工作信号受到的影响就是其幅值减小了约 3.8dB。为校正这一影响，正式试验时应将工作信号幅值提高 3.8dB。

分别开展接入和不接入耦合装置的辐射试验，对应的发射电台和同轴线缆间分别连接 100.2dB 和 104dB 的衰减器，得到的临界辐射干扰场强如图 10-9 所示，ΔE 值如表 10-5 所示。

图 10-9 中两种情况所得临界辐射干扰场强曲线有着良好的相关性。由表 10-5 可知，若选定 $f_7+0.01$MHz 和 $f_3+0.01$MHz 的 ΔE 为参考值，则其他频率与参考频率的 ΔE 间的差值均不大于 0.66dB（对应的百分比误差为 7.89%），证明了这种校正方法具有可行性。需要说明的是，试验所选频率距离参考频率较近，当频率偏差进一步增大时，线缆的耦合规律可能发生变化，该校正方法带来的误差可能会增大。受试验条件的限制，对频率偏差更大的情况没有开展试验验证。另外，若工作信

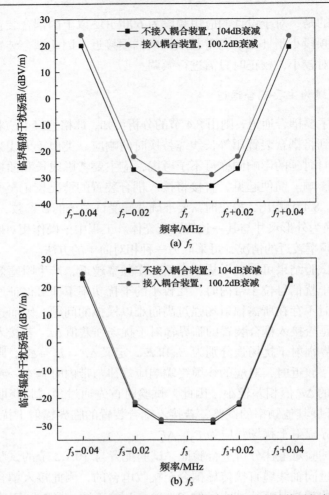

(a) f_7

(b) f_3

图 10-9　线缆为耦合通道时辐射试验是否接入耦合装置对应的临界辐射干扰场强

表 10-5　线缆为耦合通道时不同频率是否接入耦合装置所得临界辐射干扰场强差值 ΔE

频率/MHz	ΔE/dB	各频率与 f_7+0.01MHz 对应 ΔE 间差值/dB	频率/MHz	ΔE/dB	各频率与 f_3+0.01MHz 对应 ΔE 间差值/dB
f_7-0.04	4.02	-0.28	f_3-0.04	1.66	0.66
f_7-0.02	4.90	0.60	f_3-0.02	1.00	0
f_7-0.01	4.80	0.50	f_3-0.01	0.80	-0.20
f_7+0.01	4.30	—	f_3+0.01	1.00	—
f_7+0.02	4.70	0.40	f_3+0.02	0.70	-0.30
f_7+0.04	4.20	-0.10	f_3+0.04	0.70	-0.30

号与干扰信号均通过辐射耦合的方式进入 EUT,事先难以确定如何对工作信号进行校正,则难以采取这一简化的校正方法,仍需采用 9.4.2 节所述方法进行校正。

本节试验中校正方法的精度较高,其局限性的影响可忽略,证明其在工程中具有实用性。

10.2　雷达射频前端效应测试中脉冲差模电流注入方法的准确性验证

本节以天线和某型雷达射频前端组件组成的系统为受试对象,以增益压制效应的时间长短为辐射和注入的等效依据,验证差模电流注入等效强电磁脉冲辐射效应试验方法的准确性。在此基础上,研究校正耦合装置接入影响方法的准确性。为尽量接近实际情况,试验时将受试系统整体置于辐射场中。

10.2.1　差模电流注入等效强电磁脉冲辐射效应的试验验证

常用的雷达系统通常由天线、同轴线缆和收发机组成,收发机在接收状态下容易受到外界电磁干扰的影响,其接收电路主要包括射频前端组件和后续信号处理电路两部分。天线接收的干扰首先耦合至射频前端,干扰信号能否在射频前端被有效滤除,将对整个系统能否正常工作起到重要影响。此外,射频前端也是其他天线系统的重要组成部分。因此,本节选取天线和射频前端组件构成的典型天线系统作为受试对象。由 7.4.3 节的分析可知,射频前端组件中 LNA 等器件在电磁脉冲作用下会出现增益压制效应,本节以该效应对应的完全压制时间长短为等效依据,验证差模电流注入方法等效强电磁脉冲辐射效应的准确性。

实际雷达收发机内部电路集成度较高,难以直接监测其中射频前端的输出。为便于开展试验,使用功能相近的器件搭建射频前端组件,该组件的内部构成和实物图如图 10-10 所示。需要说明的是,由于试验条件的限制,为使射频前端能够在较小的辐射场强下出现增益压制效应,这里去掉了 LNA 前端的限幅器。

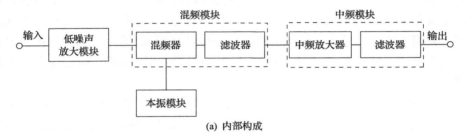

(a) 内部构成

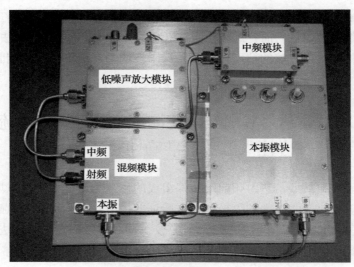

(b) 实物图

图 10-10　射频前端组件的内部构成和实物图

试验时在 GTEM 室内产生辐射场，具体的试验配置如图 10-11(a)所示，选用 TEM 天线作为接收天线，试验时将整个天线系统置于 GTEM 室内，模拟实际情况下该系统遭受电磁脉冲辐射的情况，采用额定输出电压为 12V 的蓄电池作为射频前端组件供电，GTEM 室内实物图如图 10-11(b)所示。由于模拟增益压制效应时需要提供连续波工作信号，所以将连续波信号源和双指数脉冲源的输出信号通过功率合成器合成后连接至 GTEM 室输入端口，使 GTEM 室内同时产生工作信号和脉冲信号的辐射场。连续波信号源输出连接 40dB 衰减器，目的是减小倒灌至连续波信号源输出端口的电磁脉冲幅值，避免脉冲信号过大而造成设备损坏。注入试验时将双指数脉冲源去掉，连续波信号源连接方式不变。耦合装置注入端口在辐射试验时连接匹配负载，在注入试验时连接任意波形发生器和功率放大器组成的脉冲注入源。

首先开展辐射试验，调整连续波信号源的输出，使射频前端组件正常工作。为获取等效注入波形，先进行低场强辐射预试验。施加幅值较小的电磁脉冲信号，保证此时射频前端没有出现增益压制效应，同时监测端波形能够被准确测量到。关闭连续波信号源，记录监测端电磁脉冲波形 $u_m(t)$。进行高场强辐射试验，提高脉冲干扰信号的幅值，记录脉冲干扰信号不同幅值对应的完全增益压制时间 t_1。

其次开展等效注入试验，射频前端组件输入端口反射较小，因此根据 9.2.1 节所述简化方法获取等效注入波形。开展注入等效高场强电磁辐射试验，设置

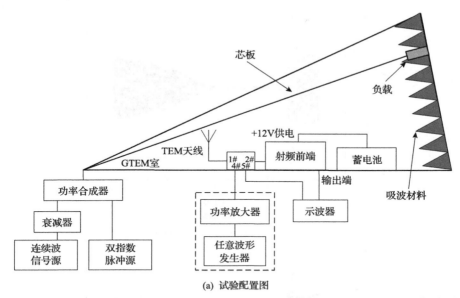

(a) 试验配置图

(b) GTEM室内实物图

(c) GTEM室外配置图

图 10-11　差模电流注入方法等效强电磁脉冲辐射效应的试验配置及实物照片

$u^{(I)}(t)$ 的放大倍数与辐射时场强 $E(t)$ 的放大倍数相同，记录完全增益压制时间 t_2，与辐射结果进行比较。辐射和注入试验时，同一种情况重复试验 3 次，取所得增益压制时间的平均值。

当 $E(t)$ 和 $u^{(I)}(t)$ 的幅值相对于低场强预试验均放大 $k=17\text{dB}$ 时，得到射频前端输出波形，如图 10-12 所示。可以看出，两种情况对应的完全增益压制时间基本一致。需要说明的是，辐射和注入时工作信号的幅值存在较小的差别，经过试验验证，工作信号这种量级的差别不会影响增益压制时间的长短，决定增益压制时间长短的是干扰信号的强度。表 10-6 给出了 k 取不同值时辐射和注入试验的完全增益压制时间。

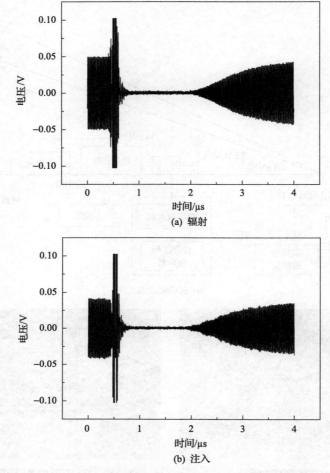

(a) 辐射

(b) 注入

图 10-12　k=17dB 时辐射和注入试验得到的射频前端输出波形

表 10-6　k 取不同值时辐射和注入试验的完全增益压制时间

放大倍数 k/dB	辐射完全增益压制时间/ns	注入完全增益压制时间/ns	辐射和注入结果误差/%
14	622.0	543.3	12.65
17	1260.7	1152.0	8.62
20	1510.7	1459.7	3.38

由表 10-6 可知，辐射和等效注入时的增益压制时间差别较小，满足工程试验的准确度要求。误差产生的原因主要是采用简化方法获取的等效注入波形与理论所需波形存在一定的偏差，在部分情况下（如 k=14dB），增益压制时间受注入波形偏差的影响较大，因而对应的试验误差较大。此外，有时完全增益压制时间的边界难以准确界定（可参考图 10-12），这同样会导致试验误差的产生。

10.2.2　耦合装置接入对效应结果影响的校正方法

以 9.4 节提出的校正方法为基础，本节研究 10.2.1 节试验中工作信号和干扰信号同时存在时的校正方法。

10.2.1 节试验中以天线为主要耦合通道，耦合装置接入后，进入射频前端组件输入端口的工作信号和干扰信号的强度均会减小，减小的倍数等于耦合装置主通道的插损。因此，为补偿耦合装置接入的影响，应将工作信号强度提高 3.8dB，此时接入耦合装置所得试验结果应与不接入耦合装置时将干扰信号相应降低 3.8dB 后所得结果一致。

开展试验验证上述校正方法的可行性。试验配置与图 10-11 一致，首先测试是否接入耦合装置时射频前端输入端口信号，在只施加干扰信号的情况下，令接入与不接入耦合装置时对应 GTEM 室输入端脉冲源幅值分别为 53.8dBV 和 50dBV，所得结果如图 10-13 所示。可以看出，两种情况的信号波形有较好的一致性，误差主要表现在波形的时延上。

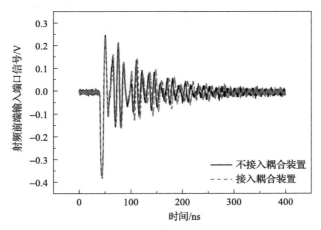

图 10-13　是否接入耦合装置时射频前端输入端口信号

进一步开展高场强辐射试验，为保证两种情况下的工作信号强度一致，将接入耦合装置时工作信号的强度相比于不接入耦合装置时提高 3.8dB，得到不同干扰信号强度下的效应试验结果，如表 10-7 所示，表中 $U=50$dBV。由表中数据可知，不接入耦合装置且脉冲源幅值为 U' (dBV)时所得增益压制时间，与接入耦合装置且脉冲源幅值为 $U'+3.8$ (dBV)所得结果有良好的一致性。脉冲源幅值相差 3.8dB 意味着辐射场强同样相差 3.8dB，因而这一试验结果证明了上述分析的正确性。

在实际的效应试验中，为补偿耦合装置接入系统带来的影响，应在等效注入试验中将工作信号幅值提高 3.8dB，并将所得临界辐射干扰场强值减去 3.8dB，所得结果即为不接入耦合装置辐射试验的临界辐射干扰场强。

表 10-7　是否接入耦合装置时得到的完全增益压制时间

不接入耦合装置		接入耦合装置		是否接入耦合装置时完全增益压制时间的误差/%
脉冲源幅值/dBV	完全增益压制时间/ns	脉冲源幅值/dBV	完全增益压制时间/ns	
U	1130.5	$U+3.8$	1198.7	6.03
$U+2$	1390	$U+5.8$	1382.3	0.55
$U+4$	1523	$U+7.8$	1460	4.14

参 考 文 献

[1] 魏光辉, 耿利飞, 潘晓东. 通信电台电磁辐射效应机理[J]. 高电压技术, 2014, 40(9): 2685-2692.

[2] 耿利飞, 魏光辉, 潘晓东, 等. 某型通信电台超宽带辐射效应[J]. 强激光与粒子束, 2011, 23(12): 3358-3362.

[3] 翁木云, 张其星, 谢绍斌, 等. 频谱管理与监测[M]. 北京: 电子工业出版社, 2009.

[4] 赵惠昌, 张淑宁. 电子对抗理论与方法[M]. 北京: 国防工业出版社, 2010.

第四部分　非线性系统大电流注入
等效试验技术

第11章　大电流注入等效强场电磁辐射理论基础

武器装备的同轴线缆种类繁多，从线缆结构类型上可分为平行双线缆、双绞线缆、排线缆、多芯线缆、屏蔽多芯线缆、同轴线缆等。在上述不同结构类型的线缆中，平行双线缆、双绞线缆、排线缆、多芯线缆、屏蔽多芯线缆主要用于传输低频的模拟信号和数字信号，大部分的信号频率在几十兆赫兹以下，最高一般不超过 200MHz，否则信号传输的效率将大大降低，同时极易发生相互串扰。同轴线缆主要用于传输高频信号，通常可达到吉赫兹，传输信号的上限频率取决于线缆的性能[1]。外界电磁辐射信号对同轴线缆的作用，主要通过同轴线缆的转移阻抗，将共模皮电流转换为差模干扰信号，进而对装备造成干扰，因此作者采用DDI 方法解决同轴线缆耦合通道效应试验的难题。下面以平行双线缆、多芯线缆和屏蔽多芯线缆等典型低频线缆为研究对象，深入研究大电流注入等效替代强场电磁辐射的理论模型、试验方法及实现技术。

多芯线缆和屏蔽多芯线缆相对于平行双线缆结构更复杂，但其构成以平行双线缆为基础，因此为便于研究电磁辐射和大电流注入的等效性，首先以平行双线缆为对象进行研究，进一步扩展至多芯线缆和屏蔽多芯线缆的情况。

11.1　注入等效强场辐射的理论依据

研究表明，虽然辐射和 BCI 试验时干扰信号源作用的物理过程在本质上是不同的，但是只要合理选择等效准则，两者的等效就可以实现。一种准则是辐射和注入时同轴线缆上的电流分布一致。此时线缆为主要耦合通道，因此只要线缆上的电流分布一致，就可以进一步保证线缆终端 EUT 的响应相等。然而，只有当辐射场参数满足特定条件时，才能实现线缆上电流分布相等。另一种准则是保证线缆终端 EUT 响应在辐射和注入时相等，无须关心线缆上的电流分布是否一致。这种等效准则在各种辐射场条件下均可实现，虽然此时辐射和注入并没有达到完全等效，但从工程角度来看，最终关心的是 EUT 响应是否一致，采用这种等效准则同样可行。因为该准则对辐射场参数的限制少，所以在实际应用中被广泛接受，作者提出的等效试验方法也将采用这一等效准则，即注入与辐射试验等效的依据是两者对 EUT 的响应相等，工程上等效的依据是两者产生的效应相同。为了能够从理论上对这一等效型问题进行分析，本节以 EUT 的端口响应相等为等效依据，分析注入与辐射等效的条件，进而通过理论推导建立注入与辐射等效的分析模型[2]。

典型互联系统简化模型如图 11-1 所示，右端为受试设备 B，阻抗为 Z_B，左端为辅助设备 A，阻抗为 Z_A，用平行双线缆来表示同轴线缆，入射场方向为 η。以受试设备 B 的电磁辐射敏感度为出发点，保证辐射和注入时作用到受试设备 B 的电压或电流信号相等，就可以引起受试设备 B 产生相同的干扰效应，即使互联传输线上的分布电流不完全等效也是可以的。

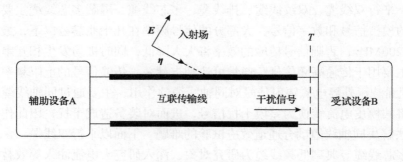

图 11-1　典型互联系统简化模型

根据戴维南定理，可以对受试设备 B 的左端（T 左侧）进行等效，辐射和注入的等效电路分别如图 11-2 和图 11-3 所示。

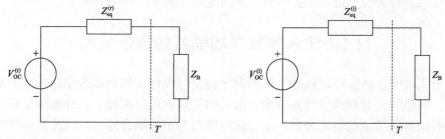

图 11-2　电磁辐射时受试互联系统等效电路　　图 11-3　注入时受试互联系统等效电路

电磁辐射时，参考面 T 左侧的等效电压源和等效源阻抗分别为 $V_{OC}^{(r)}$ 和 $Z_{eq}^{(r)}$，注入时参考面 T 左侧的等效电压源和等效源阻抗分别为 $V_{OC}^{(i)}$ 和 $Z_{eq}^{(i)}$，根据分压原理，可得辐射时受试设备 B 的响应为

$$V_B^{(r)} = \frac{V_{OC}^{(r)}}{Z_B + Z_{eq}^{(r)}} Z_B \tag{11-1}$$

同理，注入时受试设备 B 的响应为

$$\dot{V}_{\text{B}}^{(\text{i})} = \frac{V_{\text{OC}}^{(\text{i})}}{Z_{\text{B}} + Z_{\text{eq}}^{(\text{i})}} Z_{\text{B}} \tag{11-2}$$

在强场辐射试验条件下，Z_{B} 可能表现出非线性，导致 EUT 响应也可能表现出非线性。为保证强场下注入与辐射两种条件下等效的集总电压源在 EUT 外部端口有相同的激励效果，即 $V_{\text{B}}^{(\text{r})} = V_{\text{B}}^{(\text{i})}$，这里采取工程上便于实现的线性外推方法，将辐射场强和注入激励电压源之间的等效关系作为线性外推的依据。由式(11-1)和式(11-2)可知，若辐射和注入时的无源等效电路相同，即 $Z_{\text{eq}}^{(\text{r})} = Z_{\text{eq}}^{(\text{i})}$，则不论 EUT 特性如何，只要保证 $V_{\text{OC}}^{(\text{r})} = V_{\text{OC}}^{(\text{i})}$，就可以保证 EUT 响应相等，这一结论的成立与 EUT 特性无关。若 $Z_{\text{eq}}^{(\text{r})}$ 和 $Z_{\text{eq}}^{(\text{i})}$ 不相等，则 EUT 的阻抗特性会影响 $V_{\text{OC}}^{(\text{r})}$ 和 $V_{\text{OC}}^{(\text{i})}$ 的等效关系，从而难以保证等效对应关系是线性的。因此，在辅助设备 A 响应为线性且 $Z_{\text{eq}}^{(\text{r})} = Z_{\text{eq}}^{(\text{i})}$ 的条件下，不论 EUT 是否为非线性系统，$V_{\text{OC}}^{(\text{r})}$ 和 $V_{\text{OC}}^{(\text{i})}$ 之间的等效关系均为线性，这是采用线性外推方法开展等效试验的依据。

在工程上的注入替代强场试验中，替代强场的注入激励电压源无法通过实际监测得到，这就需要进行线性外推。只有当注入激励电压源与辐射场强之间呈线性关系时，才能进行线性外推，这个等效关系正是需要研究的重点和难点[3,4]。因此，在实际工程中，可以首先在低场强的情况下找到辐射和注入的关系，然后进行线性外推，就可以通过注入方式进行强场电磁辐射敏感度研究。下面通过理论模型研究注入激励电压源是否与辐射场强呈线性关系。

11.2　共差模转换原理和等效电路模型

在建模之前，首先分析引起效应的干扰信号的产生过程。平行双线缆作为往返线路输送电力或信号，但在这两根导线之外，往往还有大地的影响，其与这两根导线构成了两个地回路。由于地回路的存在，外界干扰电磁场直接在信号线和大地之间构成回路感应产生共模电流。通常电路结构不平衡，共模电压会转换为平行双线缆之间的差模电压，而实际工程中对受试设备起作用的是差模干扰。

共差模转换可发生在线缆上或者线缆终端，在线缆上发生共差模转换的条件是线缆结构与大地不对称，而线缆终端发生共差模转换的条件是两线缆终端的对地阻抗不相等。对于常用的各类多芯线缆，线缆各芯线对地结构的不对称性可忽略，而终端阻抗的不平衡性是引起共差模转换的主要原因，即辐射和注入时线缆终端设备的差模响应是在线缆终端由共模干扰信号转换而来的，本节主要讨论终端阻抗不平衡导致的共差模转换过程。

在试验及工程应用中，平行双线缆互联系统可等效为如图 11-4 所示电路模型，其中平行双线缆的长度为 L，左右分别连接辅助设备与受试设备，Z_1 为左端辅助设备的阻抗，Z_2、Z_3 为左侧线缆终端两根线的对地阻抗；Z_4 为右端受试设备的阻抗，Z_5、Z_6 为右侧线缆终端两根线的对地阻抗。若 Z_2 与 Z_3 不相等，即左端阻抗不平衡，则有电流从 Z_1 上流过，形成差模响应。同理，若 Z_5 与 Z_6 不相等，则右端会出现共差模转换。

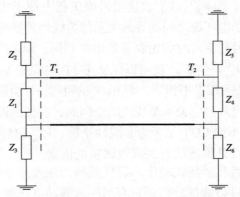

图 11-4　平行双线缆互联系统 π 形等效电路

图 11-4 中左右两端(Z_1、Z_2、Z_3)与(Z_4、Z_5、Z_6)分别构成一个 π 形等效电路。为了方便研究，将该电路转换为 T 形电路，如图 11-5 所示。根据两电路的转换公式，可得

$$Z_{G,L} = \frac{Z_2 Z_3}{Z_1 + Z_2 + Z_3} \tag{11-3}$$

$$\frac{Z_{DL}}{2}(1 + \delta_L) = \frac{Z_1 Z_2}{Z_1 + Z_2 + Z_3} \tag{11-4}$$

$$\frac{Z_{DL}}{2}(1 - \delta_L) = \frac{Z_1 Z_3}{Z_1 + Z_2 + Z_3} \tag{11-5}$$

$$Z_{G,R} = \frac{Z_5 Z_6}{Z_4 + Z_5 + Z_6} \tag{11-6}$$

$$\frac{Z_{DR}}{2}(1 + \delta_R) = \frac{Z_4 Z_5}{Z_4 + Z_5 + Z_6} \tag{11-7}$$

$$\frac{Z_{DR}}{2}(1 - \delta_R) = \frac{Z_4 Z_6}{Z_4 + Z_5 + Z_6} \tag{11-8}$$

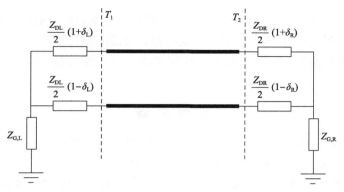

图 11-5　平行双线缆互联系统 T 形结构电路

由式(11-3)和式(11-5)可得

$$Z_{DL} = \frac{Z_1(Z_2 + Z_3)}{Z_1 + Z_2 + Z_3} \tag{11-9}$$

$$\delta_L = \frac{Z_2 - Z_3}{Z_2 + Z_3} \tag{11-10}$$

由式(11-6)~式(11-8)可得

$$Z_{DR} = \frac{Z_4(Z_5 + Z_6)}{Z_4 + Z_5 + Z_6} \tag{11-11}$$

$$\delta_R = \frac{Z_5 - Z_6}{Z_5 + Z_6} \tag{11-12}$$

根据图 11-5，平行双线缆左右两端形成的阻抗矩阵为

$$\boldsymbol{Z}_L' = \begin{bmatrix} \dfrac{Z_{DL}}{2}(1 + \delta_L) + Z_{G,L} & Z_{G,L} \\[4mm] Z_{G,L} & \dfrac{Z_{DL}}{2}(1 - \delta_L) + Z_{G,L} \end{bmatrix} \tag{11-13}$$

$$\boldsymbol{Z}_R' = \begin{bmatrix} \dfrac{Z_{DR}}{2}(1 + \delta_R) + Z_{G,R} & Z_{G,R} \\[4mm] Z_{G,R} & \dfrac{Z_{DR}}{2}(1 - \delta_R) + Z_{G,R} \end{bmatrix} \tag{11-14}$$

其中，$\delta_X(X = L, R)$ 为左右两个终端的不平衡度；$Z_{G,X}(X = L, R)$ 为转换为 T 形

电路后左右两个终端的对地阻抗；Z_{DL} 为线缆左端设备的差模阻抗；Z_{DR} 为线缆右端设备的差模阻抗；$\boldsymbol{Z}'_X (X = L, R)$ 为线缆左右两端的阻抗矩阵。

　　根据上述电路模型，可分析电磁辐射和注入时线缆两端的响应，为等效性研究提供理论工具。

参 考 文 献

[1] 杨茂松, 孙永卫, 潘晓东, 等. 低频线缆 BCI 等效替代强场连续波电磁辐射理论研究[J]. 河北师范大学学报（自然科学版）, 2018, 42（5）: 396-402.

[2] 潘晓东, 魏光辉, 卢新福, 等. 电磁注入等效替代辐照理论模型及实现技术[J]. 高电压技术, 2012,（9）: 2293-2301.

[3] 魏光辉, 卢新福, 潘晓东. 强场电磁辐射效应测试方法研究进展与发展趋势[J]. 高电压技术, 2016,（11）: 1347-1355.

[4] 潘晓东, 魏光辉, 万浩江, 等. 电子设备电磁辐射敏感度测试相关问题研究[J]. 强激光与粒子束, 2020, 32: 073002.

第 12 章 大电流注入等效强场电磁辐射实现技术

12.1 电流注入方式及其等效电路模型

在大电流注入试验中，电流注入探头是不可或缺的一部分，信号源输出的电磁信号通过电流注入探头耦合至线缆，从而实现注入的效果。当前，在大电流注入方法研究中最常用的就是卡钳式电流注入探头。在大电流注入时，根据所卡线缆的不同，可实现共模电流注入和差模电流注入。当所卡线缆同时包括信号线和地线时，所采取的注入方式为共模电流注入方式；当所卡线缆仅有信号线时，该注入方式为差模电流注入方式[1]。电流注入探头的等效电路如图 12-1 所示，其中 Z_P 表示探头卡入线缆后由加载效应等效的阻抗，电压源 V_S 表示注入源耦合到传输线上的电压值，Y_P 是探头与线缆之间形成电容的导纳。该等效电路连接在信号线和地线之间，因此对于平行双线缆情况，若电流注入探头只卡一根线缆，则注入时的等效电路如图 12-2 所示。若注入探头同时卡两根线缆，则每根线缆与大地之间均构成图 12-1 所示的等效电路，在理论分析时需要根据注入方式建立对应的等效电路模型[2]。

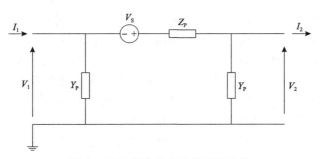

图 12-1 电流注入探头的等效电路

I_1, V_1: 探头左端的电流和电压；I_2, V_2: 探头右端的电流和电压

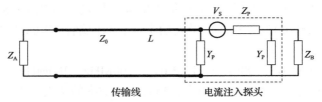

传输线 电流注入探头

图 12-2 平行双线缆差模电流注入等效电路

Z_0: 传输线的特性阻抗

12.2　大电流注入探头线性度

电流注入等效替代电磁辐射以及强场条件下线性外推试验要求注入源电压 V_I 与输出耦合到线缆上的等效电压源 $V_S^{(I)}$ 为线性关系，两者的关系如式(12-1)所示。目前，为了提高注入效率，商品化的电流注入探头线圈缠绕得很密，同时在线圈中插入了高磁导率的磁芯，线圈的匝间电容、线圈与壳体之间的电容以及高磁导率材料的磁饱和等因素的共同作用，造成了电流注入探头的上限频率较低、高电平下的注入线性度较差。另外，高功率注入后，探头升温会导致磁芯磁导率下降(特别是达到居里温度以后，磁芯的磁导率将急剧下降)，同样会导致注入线性度下降。电流注入探头的输入功率与输出功率呈非线性关系，导致在进行注入与辐射等效线性外推时，结果不再准确。

$$V_S^{(I)} = H(j\omega) \cdot V_I \tag{12-1}$$

为此，对商品化的电流注入探头的注入线性度进行测试。测试结果表明，在大电流注入探头工作频率 0.3～400MHz 范围内的 S_{21} 比较平缓，其 25～250MHz 范围内 S_{21} 基本稳定在–5dB 左右，由此可见这种探头在其工作频率范围内的大多数情况下，S_{21} 较大且趋于稳定，这说明电流注入探头在其工作频率范围内开展电磁辐射等效试验是满足试验要求的。当输入功率在–5～10dBm 范围内变化时，四个频点对应的 S_{21} 以及输入端口的 SWR 均保持不变，说明其输入、输出功率之间并没有发生非线性变化。这也证明了在这个功率范围内大电流注入探头输入、输出功率保持了良好的线性关系，对电流注入与电磁辐射等效以及线性外推不会产生影响。但是，多数情况下实验室要求的输入功率要大于矢量网络分析仪内部源的最大值，因此需要进一步增大功率对探头线性度进行测试[3]。

矢量网络分析仪内部源的最大输出功率为 10dBm，为进一步研究大输入功率对电流注入探头线性度的影响，本节设计了以下试验，大功率注入试验装置图如图 12-3 所示，图 12-3(a)为试验实物图，图 12-3(b)为试验配置示意图。校准装置一端接匹配负载，另一端接由 40dB 衰减器和频谱仪(Agilent E4440A)组成的接收测试系统，电流注入探头注入端口接由射频信号发生器(R&S SML01)、功率放大器(AR 75A400M2)、双通道微波功率计、双向耦合器 DC3002 组成的注入源系统。

本节选用 50MHz、100MHz、150MHz、200MHz、300MHz 五个频点不断增大注入功率，同时记录实际输出功率。随着注入功率的增大，不同频点的线性误差增大，表明大电流注入探头的输入、输出功率之间不同程度地出现了非线性。其中，在低于 30W 时，各个频点的线性误差均低于 5%，这表明，在注入功率低

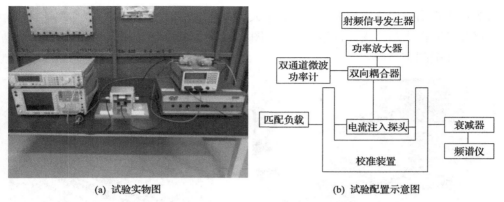

(a) 试验实物图　　　　　　　　　　　　(b) 试验配置示意图

图 12-3　大功率注入试验装置图

于 30W 时，电流注入探头输入、输出功率能够保证一定的线性度，这对于注入等效辐射试验是必须具备的条件。但是在 150MHz 频点，随着注入功率增大至 60W，其线性误差高于 12%，这对于注入等效替代强场电磁辐射试验要求注入功率达到几十瓦具有一定的影响。如果要求等效更高场强的辐射试验，那么需要研制更高注入功率条件下线性度良好的电流注入探头。

12.3　大功率高线性度电流注入探头研制

　　针对武器装备强场电磁辐射效应等效注入试验的技术需求，特别是为了确保大电流注入与高强度辐射场效应试验的等效性，需要具备高耐受功率和高线性度的电流注入探头。目前，商品化的电流注入探头主要用于按照《分系统和设备电磁干扰特性控制要求》(MIL-STD-461G)、《军用设备和分系统电磁发射和敏感度要求与测量》(GJB 151B—2013)、《高强度辐射场(HIRF)环境中飞机认证指南》(SAE ARP 5583A—2010)等国内外标准开展武器装备和电子设备的传导敏感度试验，通常电流注入探头的耐受功率在 200W 左右，不能满足开展强场等效注入试验的技术需求，特别是随着注入功率的增大，电流注入探头插损将发生显著变化(插损线性度差)，工程中更是无法满足等效注入试验的技术需求。

　　研究发现：电流注入探头的插损线性度与注入功率密切相关，存在相互制约关系。注入功率的提升必然导致电流注入探头发热严重，这里的热损耗来自两个方面：一是缠绕线圈的焦耳损耗；二是磁芯(铁氧体材料)的涡流损耗和磁滞损耗，这两个方面的损耗均为频率越高，发热越严重。电流注入探头温度的提升导致铁氧体材料磁导率下降，进而导致电流注入探头的插损(注入效率)出现非线性，特别是当磁芯的温度超过居里温度时，磁畴磁矩的整齐排列将会被破坏，与磁畴相联系的一系列铁磁性质(如高磁导率、磁滞架线、磁致伸缩等)全部消失，电流注入探头将表现出插损急剧增大、注入效率大大下降的现象。图 12-4 为大功率信号注入仅几秒时探头塑料支撑件熔化照片，图 12-5 为大功率信号注入仅几秒时电流注入探头插损测试结果。

图 12-4　大功率信号注入仅几秒时探头塑料支撑件熔化照片

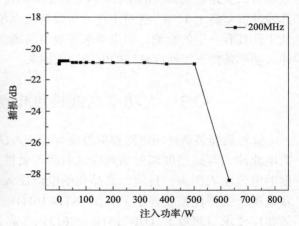

图 12-5　大功率信号注入仅几秒时电流注入探头插损测试结果

由图 12-4 和图 12-5 可以看出：大功率信号注入仅几秒，电流注入探头内部塑料支撑件瞬间发生熔化，探头注入能力表现出跳崖式下降。因此，研制大功率、高线性度的电流注入探头，需要从选择性能良好的铁氧体材料、优化缠绕线圈以及改变磁芯与外壳结构等方面进行设计，具体设计研制方案如下：

（1）选择居里温度高、不易发生磁饱和的铁氧体材料。选择锰锌 2000 铁氧体材料作为电流注入探头的磁芯，该材料具有饱和磁通密度高、功率损耗小、居里温度高等特点，适用于上限频率为 400MHz 的大功率、高线性度电流注入探头的研制。

（2）改进缠绕线圈的结构及绕线方式。采用双侧线圈设计方案，为了降低缠绕线圈导致的焦耳热损耗，同时使电流注入探头不易发生磁饱和，将传统的单根多匝缠绕线圈转变为线圈四线并绕(多根并联)，同时通过减少缠绕匝数的方法进行优化设计。线圈四线并绕能够有效降低高频阻抗(减少发热)和增强承受电流的能力，适当减少缠绕匝数能够使铁氧体磁芯不易发生磁饱和。

(3)改进磁芯及电流注入探头外壳的结构设计。

磁芯及电流注入探头外壳的结构设计如图 12-6 所示。

(1)调整电流注入探头内、外金属壳体尺寸，使铁氧体与金属壳体紧密接触，有利于散热。

(2)在外金属壳体内壁和内金属壳体外壁开槽，线圈从槽里面走，使铁氧体与金属壳体能够紧密接触。

(3)对外金属壳体外壁进行散热处理，增大机壳散热面积，进一步增强散热效果。

(4)采用双侧线圈设计方案，降低线圈电流的同时提高左右两侧磁场的均匀性，使两侧发热均匀，提高电流注入探头承受功率的能力。

(5)铁氧体材料采用多层结构，单层应尽可能薄，同时铁氧体材料不同层之间应是绝缘且紧密接触的(可通过刷绝缘漆等方式实现)，从而有效降低了涡流损耗，减少了发热，提高了承受注入功率的能力。

(6)铁氧体与金属壳体之间的小间隙填入导热硅脂，以改善注入探头的散热条件，提高其耐受功率值。

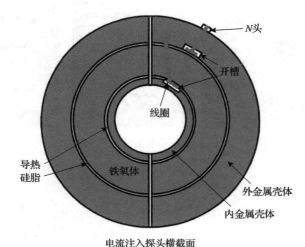

电流注入探头横截面

图 12-6　磁芯及电流注入探头外壳的结构设计

采用上述设计方案研制的系列电流注入探头实物图如图 12-7 所示，最终优化后的电流注入探头实物图如图 12-8 所示，对其性能参数进行测试，测试实物配置图如图 12-9 所示，矢量网络分析仪测试自研电流注入探头插损曲线如图 12-10 所示，随注入功率变化自研电流注入探头插损测试结果如图 12-11 所示。

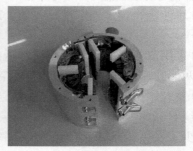

图 12-7　研制的系列电流注入探头实物图

图 12-8　最终优化后的电流注入探头实物图

图 12-9 电流注入探头进行性能测试的实物配置图

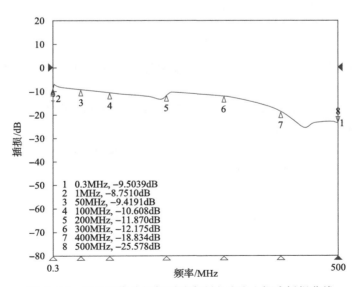

图 12-10 矢量网络分析仪测试自研电流注入探头插损曲线

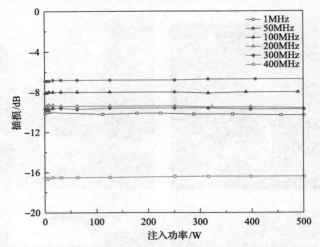

图 12-11　随注入功率变化自研电流注入探头插损测试结果

　　由前面的测试结果可以看出：电流注入探头的测试频段优于 300kHz～400MHz（该电流注入探头不用于电磁脉冲测试，因此对插损曲线平坦度没有要求）；当输入功率从 1W 变化到 500W 时，不同频点电流注入探头的插损变化很小，最大变化量为 0.3dB。不同频率下施加 500W 功率达到 1min 后，电流注入探头未发生损坏。上述试验结果表明：自研电流注入探头最大耐受功率可达 500W，插损随注入功率的变化具备良好的线性度 0.3dB@1-500W，可以满足开展大电流注入等效强场电磁辐射效应试验的技术需求。

参 考 文 献

[1] 卢新福. 同轴线缆互联系统强场电磁辐射敏感度等效试验技术[D]. 石家庄: 军械工程学院, 2016.

[2] 杨茂松, 孙永卫, 潘晓东, 等. 平行双线 BCI 等效替代强场电磁辐射实验研究[J]. 强激光与粒子束, 2018, (9): 093201.

[3] 孙永卫, 杨茂松, 潘晓东, 等. 大电流注入探头对电磁辐射敏感性研究的影响[J]. 北京理工大学学报, 2020, 40(12): 1362-1368.

第13章　平行双线缆耦合通道大电流注入等效试验方法

13.1　单端大电流共模注入等效试验方法

13.1.1　等效依据的选取

在很多情况下，双线线缆或多芯线缆各芯线间距很小，电磁辐射场直接在芯线间产生的差模响应可忽略，终端差模响应主要由共模干扰转换而来。因此，在这种情况下，为等效电磁辐射，大电流注入应采取共模电流注入方式，试验时电流注入探头卡住整条线缆，试验配置如图 13-1 所示。

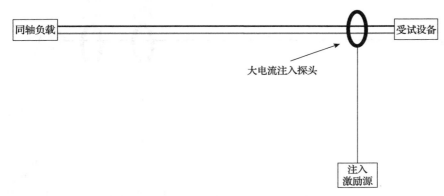

图 13-1　大电流共模电流注入时试验配置

在现有的测试标准中，如《军用设备和分系统电磁发射和敏感度要求与测量》（GJB 151B—2013），大电流注入方法主要作为传导敏感度的测试方法，在其试验配置中除使用注入探头外，还使用监测探头，目的是监测线缆上的电流值，为实时调节注入源输出功率大小提供依据。在等效注入试验中，需要获取电磁辐射和电流注入试验之间的等效关系，首先尝试以监测探头响应相等作为辐射和注入等效依据的可行性。实际上，当监测探头同时卡两根线缆时，其测试的是线缆上所在位置处的共模电流，辐射和注入时线缆上的电流分布难以保持一致，仅保证线缆上某处共模电流一致，因此难以保证一般情况下线缆终端的差模响应也相等。下面通过试验验证上述分析的正确性。

试验配置如图 13-2 和图 13-3 所示，实物图如图 13-4 所示。辐射和注入时监测探头位置不变，简便起见，平行双线缆两端均连接 50Ω 阻抗。试验时首先分

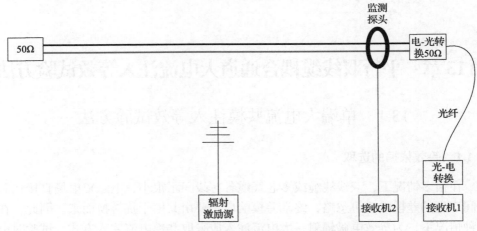

图 13-2　平行双线缆耦合通道辐射试验配置

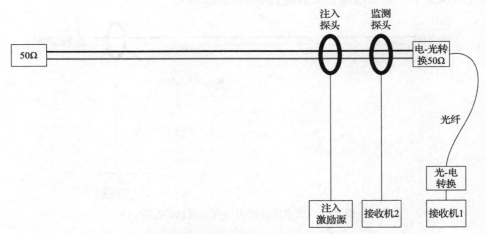

图 13-3　平行双线缆耦合通道注入试验配置

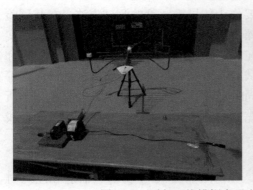

图 13-4　平行双线缆耦合通道辐射和注入试验配置实物图

别开展电磁辐射和注入试验，通过调节注入源输出，保证辐射和注入时终端负载响应相等，观察辐射和注入时监测探头的响应是否相等。试验结果如表 13-1 和图 13-5 所示，响应差值如图 13-6 所示。可以看出，响应差值较大，最大差值可达 8.9dB，说明以监测端响应作为等效依据不可行，与理论分析结果一致。针对上述问题，可直接选取终端响应相等作为注入等效辐射的依据。

表 13-1　监测探头响应与终端响应辐射和注入的相关性试验结果

频率 /MHz	辐射试验			注入试验			辐射与注入试验监测探头响应差值/dB
	辐射功率 /dBm	监测探头响应 /dBm	线缆终端响应 /dBm	注入功率 /dBm	监测探头响应 /dBm	线缆终端响应 /dBm	
50	10	−62.3	−43.9	−17.7	−60.5	−43.9	1.8
85	10	−41.7	−22.9	−8.3	−40.9	−22.9	0.8
100	10	−28.6	−19.2	1.0	−30.0	−19.2	1.4
150	10	−39.2	−25.7	4.7	−36.4	−25.7	2.8
170	10	−40.9	−28.4	−7.9	−44.4	−28.4	3.5
200	10	−47.5	−23.9	−10.3	−38.6	−23.9	8.9
250	10	−37.9	−26.5	−6.2	−39.2	−26.5	1.3
320	10	−32.5	−23.4	1.7	−27.3	−23.4	5.2
350	10	−35.7	−31.2	−7.9	−33.4	−31.2	2.3
400	10	−47.0	−42.2	−20.4	−52.4	−42.2	5.4

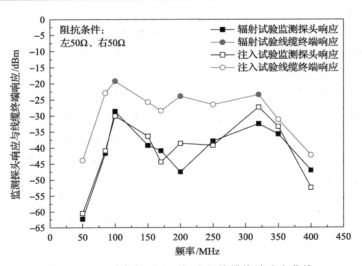

图 13-5　两种条件下监测探头与线缆终端响应曲线

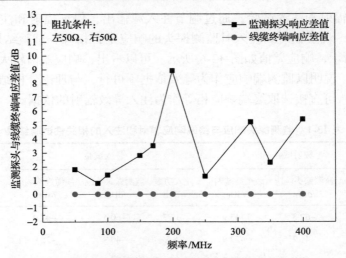

图 13-6　两种条件下监测探头线缆终端响应差值

13.1.2　注入与辐射等效理论建模

前面的戴维南等效电路模型分析,给出了注入与辐射等效应满足的条件,即注入与辐射等效电路模型中开路电压相同(激励效果相同)和模块器件响应的分压比相同。

在工程上的注入替代强场试验中,替代强场的注入激励电压源无法通过实际监测得到,这就需要进行线性外推。只有当注入激励电压源与辐射场强之间呈线性关系时,才容易进行线性外推,该等效关系正是需要研究的重点和难点。下面通过理论模型研究注入激励电压源是否与辐射场强呈线性关系。

采用网络法分析电磁辐射和注入时的响应[1],首先分析大电流注入时的等效电路模型,监测探头的响应无法作为辐射和注入等效依据,因此在试验中仅接入电流注入探头,注入试验的具体配置如图 13-1 所示,其简化的等效网络模型如图 13-7 所示。图 13-7 中给出的是三线模型,其中上面两根线代表平行双线缆,下面一根线代表大地。Z_L 和 Z_R 为左右两端阻抗构成的矩阵,$\boldsymbol{\Phi}_P$ 代表电流注入探头接入阻抗的链路参数矩阵,$\boldsymbol{F}_P$ 代表等效注入源链路参数向量,$\boldsymbol{\Phi}_W(L_1)$ 和 $\boldsymbol{\Phi}_W(L_2)$ 分别代表

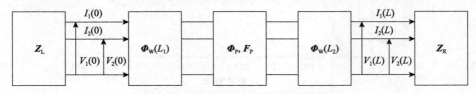

图 13-7　注入试验配置等效网络模型

被电流注入探头隔开的左右两段传输线链路参数矩阵，其长度分别为 L_1 和 L_2，线缆左端两根线上的电压和电流分别为 $V_1(0)$、$V_2(0)$ 以及 $I_1(0)$、$I_2(0)$。

根据链路参数网络的计算法则，可得线缆两端的响应满足如下关系：

$$\begin{bmatrix} \boldsymbol{V}(L) \\ \boldsymbol{I}(L) \end{bmatrix} = \boldsymbol{\Phi}_{\mathrm{W}}(L_2) \cdot \boldsymbol{\Phi}_{\mathrm{P}} \cdot \boldsymbol{\Phi}_{\mathrm{W}}(L_1) \cdot \begin{bmatrix} \boldsymbol{V}(0) \\ \boldsymbol{I}(0) \end{bmatrix} + \boldsymbol{\Phi}_{\mathrm{W}}(L_2) \cdot \boldsymbol{F}_{\mathrm{P}} \tag{13-1}$$

$$\boldsymbol{V}(L) = \boldsymbol{Z}_{\mathrm{R}} \cdot \boldsymbol{I}(L) \tag{13-2}$$

$$\boldsymbol{V}(0) = -\boldsymbol{Z}_{\mathrm{L}} \cdot \boldsymbol{I}(0) \tag{13-3}$$

将线缆两端的电压和电流全部替换为对应的共差模响应形式，此时式(13-2)、式(13-3)中各参数的表达式对应调整为如下形式：

$$\boldsymbol{Z}_{\mathrm{L}} = \begin{bmatrix} Z_{\mathrm{G,L}} + \dfrac{Z_{\mathrm{DL}}}{4} & \dfrac{\delta_{\mathrm{L}}}{2} Z_{\mathrm{DL}} \\[2mm] \dfrac{\delta_{\mathrm{L}}}{2} Z_{\mathrm{DL}} & Z_{\mathrm{DL}} \end{bmatrix} \tag{13-4}$$

$$\boldsymbol{Z}_{\mathrm{R}} = \begin{bmatrix} Z_{\mathrm{G,R}} + \dfrac{Z_{\mathrm{DR}}}{4} & \dfrac{\delta_{\mathrm{R}}}{2} Z_{\mathrm{DR}} \\[2mm] \dfrac{\delta_{\mathrm{R}}}{2} Z_{\mathrm{DR}} & Z_{\mathrm{DR}} \end{bmatrix} \tag{13-5}$$

$$\boldsymbol{\Phi}_{\mathrm{W}}(L_1) = \begin{bmatrix} \cosh(\gamma_0 L_1) \mathbf{1}_{2 \times 2} & -\sinh(\gamma_0 L_1) \boldsymbol{Z}_{\mathrm{C}} \\ -\sinh(\gamma_0 L_1) \boldsymbol{Z}_{\mathrm{C}}^{-1} & \cosh(\gamma_0 L_1) \mathbf{1}_{2 \times 2} \end{bmatrix} \tag{13-6}$$

$$\boldsymbol{\Phi}_{\mathrm{W}}(L_2) = \begin{bmatrix} \cosh(\gamma_0 L_2) \mathbf{1}_{2 \times 2} & -\sinh(\gamma_0 L_2) \boldsymbol{Z}_{\mathrm{C}} \\ -\sinh(\gamma_0 L_2) \boldsymbol{Z}_{\mathrm{C}}^{-1} & \cosh(\gamma_0 L_2) \mathbf{1}_{2 \times 2} \end{bmatrix} \tag{13-7}$$

$$\boldsymbol{\Phi}_{\mathrm{P}} = \begin{bmatrix} \mathbf{1}_{2 \times 2} + \boldsymbol{Z}_{\mathrm{P}} \cdot \boldsymbol{Y}_{\mathrm{P}} & -\boldsymbol{Z}_{\mathrm{P}} \\ -\boldsymbol{Y}_{\mathrm{P}} \cdot (2\mathbf{1}_{2 \times 2} + \boldsymbol{Z}_{\mathrm{P}} \cdot \boldsymbol{Y}_{\mathrm{P}}) & \mathbf{1}_{2 \times 2} + \boldsymbol{Z}_{\mathrm{P}} \cdot \boldsymbol{Y}_{\mathrm{P}} \end{bmatrix} \tag{13-8}$$

$$\boldsymbol{Z}_{\mathrm{P}} = \begin{bmatrix} Z_{\mathrm{P}}^{\mathrm{CM}} & 0 \\ 0 & Z_{\mathrm{P}}^{\mathrm{DM}} \end{bmatrix} \tag{13-9}$$

$$\boldsymbol{Y}_{\mathrm{P}} = \begin{bmatrix} Y_{\mathrm{P}}^{\mathrm{CM}} & 0 \\ 0 & Y_{\mathrm{P}}^{\mathrm{DM}} \end{bmatrix} \tag{13-10}$$

其中，$\boldsymbol{\Phi}_P$ 为探头模态域矩阵；$\boldsymbol{Z}_P$ 为模态域探头阻抗矩阵；$\boldsymbol{Y}_P$ 为模态域探头导纳矩阵；Z_P^{CM} 为探头耦合到平行双线缆上的共模阻抗；Z_P^{DM} 为探头耦合到平行双线缆上的差模阻抗；Y_P^{CM} 为探头耦合到平行双线缆上的共模导纳；Y_P^{DM} 为探头耦合到平行双线缆上的差模导纳。

$$\boldsymbol{F}_P = \begin{bmatrix} V_S & -Y_P \cdot V_S \end{bmatrix}^T \tag{13-11}$$

$$V_S = V_S \begin{bmatrix} 1 & 0 \end{bmatrix}^T \tag{13-12}$$

其中，$\boldsymbol{F}_P$ 为源向量；V_S 为注入源向量；V_S 为注入探头加载到平行双线缆上的共模电压。

进一步计算终端差模响应，将式(13-4)～式(13-7)代入式(13-1)～式(13-3)可得模态域下各参数间的关系表达式为

$$\begin{bmatrix} \boldsymbol{V}^{(i)}(L) \\ \boldsymbol{I}^{(i)}(L) \end{bmatrix} = \boldsymbol{\Phi}_W(L_2) \cdot \boldsymbol{\Phi}_P \cdot \boldsymbol{\Phi}_W(L_1) \cdot \begin{bmatrix} \boldsymbol{V}^{(i)}(0) \\ \boldsymbol{I}^{(i)}(0) \end{bmatrix} + \boldsymbol{\Phi}_W(L_2) \cdot \boldsymbol{F}_P$$
$$= \begin{bmatrix} \boldsymbol{E} & \boldsymbol{F} \\ \boldsymbol{G} & \boldsymbol{H} \end{bmatrix} \begin{bmatrix} -\boldsymbol{Z}_L \cdot \boldsymbol{I}^{(i)}(0) \\ \boldsymbol{I}^{(i)}(0) \end{bmatrix} + \begin{bmatrix} \boldsymbol{M}_1 \\ \boldsymbol{N}_1 \end{bmatrix} \tag{13-13}$$

其中，$\begin{bmatrix} \boldsymbol{V}^{(i)}(L) \\ \boldsymbol{I}^{(i)}(L) \end{bmatrix}$ 为模态域下注入法右端 EUT 的响应矩阵；$\begin{bmatrix} \boldsymbol{V}^{(i)}(0) \\ \boldsymbol{I}^{(i)}(0) \end{bmatrix}$ 为模态域下注入法左端测试设备的响应矩阵。将上述两个模态域矩阵代入式(13-2)和式(13-3)可得

$$\boldsymbol{V}^{(i)}(L) = \boldsymbol{Z}_R \cdot \boldsymbol{I}^{(i)}(L) \tag{13-14}$$

$$\boldsymbol{V}^{(i)}(0) = -\boldsymbol{Z}_L \cdot \boldsymbol{I}^{(i)}(0) \tag{13-15}$$

$\boldsymbol{M}_1$、$\boldsymbol{N}_1$ 的具体表达式分别如下：

$$\boldsymbol{M}_1 = \begin{bmatrix} m_{11}^{(1)} \\ m_{21}^{(1)} \end{bmatrix} = \begin{bmatrix} V_S[\cosh(\gamma_0 L_2) + Y_P^{CM} Z_{CM} \sinh(\gamma_0 L_2)] \\ 0 \end{bmatrix} = \begin{bmatrix} k_1 V_S \\ 0 \end{bmatrix} \tag{13-16}$$

$$\boldsymbol{N}_1 = \begin{bmatrix} n_{11}^{(1)} \\ n_{21}^{(1)} \end{bmatrix} = \begin{bmatrix} V_S[Y_P^{CM} \cosh(\gamma_0 L_2) + \sinh(\gamma_0 L_2)/Z_{CM}] \\ 0 \end{bmatrix} = \begin{bmatrix} k_2 V_S \\ 0 \end{bmatrix} \tag{13-17}$$

解上述矩阵方程可得

$$V^{(i)}(L) = \begin{bmatrix} V_{CM}^{(i)}(L) \\ V_{DM}^{(i)}(L) \end{bmatrix}$$

$$= Z_R \cdot \left[Z_R - (F - E \cdot Z_L) \cdot (H - G \cdot Z_L)^{-1} \right]^{-1} \left[M_1 - (F - E \cdot Z_L) \cdot (H - G \cdot Z_L)^{-1} \cdot N_1 \right]$$

$$(13\text{-}18)$$

同理，计算电磁辐射时终端差模响应。平行双线缆耦合通道电磁辐射试验配置如图 13-8 所示，该试验配置等效网络模型如图 13-9 所示。

图 13-8　平行双线缆耦合通道电磁辐射试验配置

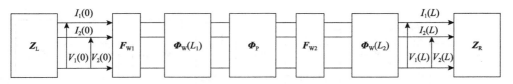

图 13-9　电磁辐射试验配置等效网络模型

由于场线耦合过程为线性过程，所以源 S_1、S_2 与辐射场强大小呈线性关系。因此，V_{SL1}、V_{SR1}、V_{SL2}、V_{SR2} 与辐射场强大小呈线性关系。

辐射时右端 EUT 响应的矩阵为

$$\begin{bmatrix} V^{(r)}(L) \\ I^{(r)}(L) \end{bmatrix} = \Phi_W(L_2) \cdot \Phi_P \cdot \Phi_W(L_1) \cdot \begin{bmatrix} V^{(r)}(0) \\ I^{(r)}(0) \end{bmatrix} - \Phi_W(L_2) \cdot \Phi_P \cdot \Phi_W(L_1) \cdot F_{W1} - \Phi_W(L_2) \cdot F_{W2}$$

$$= \begin{bmatrix} E & F \\ G & H \end{bmatrix} \cdot \begin{bmatrix} -Z_L I^{(r)}(0) \\ I^{(r)}(0) \end{bmatrix} + \begin{bmatrix} M_2 \\ N_2 \end{bmatrix} \tag{13-19}$$

$$V^{(r)}(L) = Z_R \cdot I^{(r)}(L) \tag{13-20}$$

$$V^{(\mathrm{r})}(0) = -\boldsymbol{Z}_{\mathrm{L}} \cdot \boldsymbol{I}^{(\mathrm{r})}(0) \tag{13-21}$$

其中，上标 (r) 表示辐射条件；$\begin{bmatrix} \boldsymbol{V}^{(\mathrm{r})}(L) \\ \boldsymbol{I}^{(\mathrm{r})}(L) \end{bmatrix}$ 为模态域下辐射时右端 EUT 的响应矩阵；

$\begin{bmatrix} \boldsymbol{V}^{(\mathrm{r})}(0) \\ \boldsymbol{I}^{(\mathrm{r})}(0) \end{bmatrix}$ 为模态域下辐射时左端测试设备的响应矩阵；$\boldsymbol{F}_{\mathrm{W1}}$ 和 $\boldsymbol{F}_{\mathrm{W2}}$ 为两段传输线

的等效源向量。当电磁辐射试验配置采用阻抗参数矩阵进行计算时，对应的网络模型如图 13-10 所示。根据 BLT 方程，可以计算得到电磁辐射时线缆两端的开路电压，即 V_{SL1}、V_{SR1}、V_{SL2}、V_{SR2} 的表达式[3]分别为

$$
\begin{cases}
V_{\mathrm{SL1}} = \dfrac{2(S_1 + \mathrm{e}^{\gamma_0 L_1} S_2)}{\mathrm{e}^{2\gamma_0 L_1} - 1} \\[2mm]
V_{\mathrm{SR1}} = \dfrac{2(\mathrm{e}^{\gamma_0 L_1} S_1 + S_2)}{\mathrm{e}^{2\gamma_0 L_1} - 1} \\[2mm]
V_{\mathrm{SL2}} = \dfrac{2(S_1 + \mathrm{e}^{\gamma_0 L_2} S_2)}{\mathrm{e}^{2\gamma_0 L_2} - 1} \\[2mm]
V_{\mathrm{SR2}} = \dfrac{2(\mathrm{e}^{\gamma_0 L_2} S_1 + S_2)}{\mathrm{e}^{2\gamma_0 L_2} - 1}
\end{cases} \tag{13-22}
$$

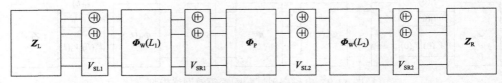

图 13-10　辐射试验系统等效阻抗参数网络模型

进一步计算阻抗参数的源向量与链路参数源向量之间的关系，图 13-11 给出了平行双线缆阻抗参数源向量转换为链路参数源向量示意图，可得[2]

$$
\begin{aligned}
\begin{bmatrix} V'(1) \\ I'(1) \end{bmatrix}
&= \begin{bmatrix} \cosh(\gamma_0 L) & \sinh(\gamma_0 L)Z_{\mathrm{C}} \\ \sinh(\gamma_0 L)/Z_{\mathrm{C}} & \cosh(\gamma_0 L) \end{bmatrix} \cdot \begin{bmatrix} V'(2) - V_{\mathrm{SR}} \\ I'(2) \end{bmatrix} + \begin{bmatrix} V_{\mathrm{SL}} \\ 0 \end{bmatrix} \\
&= \begin{bmatrix} \cosh(\gamma_0 L) & \sinh(\gamma_0 L)Z_{\mathrm{C}} \\ \sinh(\gamma_0 L)/Z_{\mathrm{C}} & \cosh(\gamma_0 L) \end{bmatrix} \cdot \begin{bmatrix} V'(2) \\ I'(2) \end{bmatrix} + \begin{bmatrix} V_{\mathrm{SL}} - V_{\mathrm{SR}}\cosh(\gamma_0 L) \\ -V_{\mathrm{SR}}\sinh(\gamma_0 L)/Z_{\mathrm{C}} \end{bmatrix} \\
&= \begin{bmatrix} \cosh(\gamma_0 L) & \sinh(\gamma_0 L)Z_{\mathrm{C}} \\ \sinh(\gamma_0 L)/Z_{\mathrm{C}} & \cosh(\gamma_0 L) \end{bmatrix} \cdot \begin{bmatrix} V'(2) \\ I'(2) \end{bmatrix} + \begin{bmatrix} V_1 \\ I_1 \end{bmatrix}
\end{aligned} \tag{13-23}
$$

其中，$V'(1)$、$I'(1)$、$V'(2)$、$I'(2)$ 分别为两端口网络左右两端的电压和电流；V_{SL}、

V_{SR} 为传输线两端的集总激励电压源；V_1、I_1 分别为传输线左端的集总激励电压源和集总激励电流源。根据式（13-23），可得 $\boldsymbol{F}_{W1}$ 和 $\boldsymbol{F}_{W2}$ 的表达式分别为

$$\boldsymbol{F}_{W1} = \begin{bmatrix} \boldsymbol{V}_{SL1} - \cosh(\gamma_0 L_1)\boldsymbol{V}_{SR1} & -\sinh(\gamma_0 L_1)\boldsymbol{Z}_C^{-1}\cdot\boldsymbol{V}_{SR1} \end{bmatrix}^T \tag{13-24}$$

$$\boldsymbol{F}_{W2} = \begin{bmatrix} \boldsymbol{V}_{SL2} - \cosh(\gamma_0 L_2)\boldsymbol{V}_{SR2} & -\sinh(\gamma_0 L_2)\boldsymbol{Z}_C^{-1}\cdot\boldsymbol{V}_{SR2} \end{bmatrix}^T \tag{13-25}$$

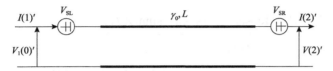

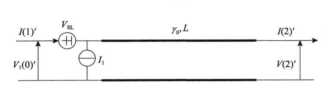

图 13-11　平行双线缆阻抗参数源向量转换为链路参数源向量示意图

式（13-19）中 $\boldsymbol{M}_2$、$\boldsymbol{N}_2$ 的具体表达式如式（13-26）和式（13-27）所示：

$$\boldsymbol{M}_2 = \begin{bmatrix} m_{11}^{(2)} \\ m_{21}^{(2)} \end{bmatrix} = \begin{bmatrix} k_3 V_{SL1} + k_4 V_{SR1} + k_5 V_{SL2} + k_6 V_{SR2} \\ k_7 V_{SL1} + k_8 V_{SR1} \end{bmatrix} \tag{13-26}$$

其中

$$k_3 = -\frac{\cosh(\gamma_0 L_2)\Big[Z_{CM}\left(1 + Y_P^{CM}Z_P^{CM}\right)\cosh(\gamma_0 L_1) + Z_P^{CM}\sinh(\gamma_0 L_1)\Big]}{Z_{CM}}$$
$$- \sinh(\gamma_0 L_2)\Big[Y_P^{CM}Z_{CM}\left(2 + Y_P^{CM}Z_P^{CM}\right)\cosh(\gamma_0 L_1) + \left(1 + Y_P^{CM}Z_P^{CM}\right)\sinh(\gamma_0 L_1)\Big]$$

$$k_4 = Y_P^{CM}Z_{CM}\left(2 + Y_P^{CM}Z_P^{CM}\right)\sinh(\gamma_0 L_2) + \left(1 + Y_P^{CM}Z_P^{CM}\right)\cosh(\gamma_0 L_2)$$

$$k_5 = \cosh(\gamma_0 L_2)$$

$$k_6 = 1$$

$$k_7 = -\cosh(\gamma_0 L_1)\cosh(\gamma_0 L_2) - \frac{Z_{DM}\Big[2Y_P^{DM}Z_{CM}\cosh(\gamma_0 L_1) + \sinh(\gamma_0 L_1)\Big]\sinh(\gamma_0 L_2)}{Z_{CM}}$$

$$k_8 = \cosh(\gamma_0 L_2) + 2Z_{DM}Y_P^{CM}\sinh(\gamma_0 L_2)$$

$$N_2 = \begin{bmatrix} n_{11}^{(2)} \\ n_{22}^{(2)} \end{bmatrix} = \begin{bmatrix} k_9 V_{SL1} + k_{10} V_{SR1} + k_{11} V_{SL2} + k_{12} V_{SR2} \\ k_{13} V_{SL1} + k_{14} V_{SR1} \end{bmatrix} \tag{13-27}$$

其中

$$k_9 = \frac{\cosh(\gamma_0 L_2)\left[Y_P^{CM} Z_{CM}\left(2 + Y_P^{CM} Z_P^{CM}\right)\cosh(\gamma_0 L_1) + \left(1 + Y_P^{CM} Z_P^{CM}\right)\sinh(\gamma_0 L_1)\right]}{Z_{CM}}$$
$$+ \frac{Z_{CM}\left(1 + Y_P^{CM} Z_P^{CM}\right)\cosh(\gamma_0 L_1) + Z_P^{CM}\sinh(\gamma_0 L_1)}{Z_{CM}^2}$$

$$k_{10} = -\cosh(\gamma_0 L_2)\left[Y_P^{CM}\left(2 + Y_P^{CM} Z_P^{CM}\right)\right] - \frac{\sinh(\gamma_0 L_2)\left(1 + Y_P^{CM} Z_P^{CM}\right)}{Z_{CM}}$$

$$k_{11} = \frac{\sinh(\gamma_0 L_2)}{Z_{CM}}$$

$$k_{12} = \frac{1}{Z_{CM}}$$

$$k_{13} = \cosh(\gamma_0 L_2)\left[2 Y_P^{DM}\cosh(\gamma_0 L_1) + \frac{\sinh(\gamma_0 L_1)}{Z_{CM}}\right] + \frac{\cosh(\gamma_0 L_1)\sinh(\gamma_0 L_2)}{Z_{DM}}$$

$$k_{14} = -2 Y_P^{DM}\cosh(\gamma_0 L_2) - \frac{\sinh(\gamma_0 L_2)}{Z_{DM}}$$

通过上述推导，右端 EUT 的响应矩阵为

$$V^{(r)}(L) = \begin{bmatrix} V_{CM}^{(r)}(L) \\ V_{DM}^{(r)}(L) \end{bmatrix}$$
$$= Z_R \cdot \left[Z_R - (F - E \cdot Z_L)\cdot(H - G \cdot Z_L)^{-1}\right]^{-1} \cdot \left[M_2 - (F - E \cdot Z_L)\cdot(H - G \cdot Z_L)^{-1}\cdot N_2\right] \tag{13-28}$$

为了探索注入时的注入电压与辐射时激励源之间的对应关系，以右端 EUT 的差模电压相等为等效依据，即

$$V_{DM}^{(i)}(L) = V_{DM}^{(r)}(L) \tag{13-29}$$

经过计算可得

$$V_S = X_1 X_2 \tag{13-30}$$

其中

$$
\begin{aligned}
X_1 = {}& 4g_{12}h_{21}Z_{\mathrm{DL}} - g_{11}h_{22}Z_{\mathrm{DL}} + 2g_{11}h_{21}\delta_{\mathrm{L}}Z_{\mathrm{DL}} - 2g_{12}h_{22}\delta_{\mathrm{L}}Z_{\mathrm{DL}} - g_{12}g_{21}Z_{\mathrm{DL}}^2 \\
& + g_{11}g_{22}Z_{\mathrm{DL}}^2 + g_{12}g_{21}\delta_{\mathrm{L}}^2 Z_{\mathrm{DL}}^2 - g_{11}g_{22}\delta_{\mathrm{L}}^2 Z_{\mathrm{DL}}^2 + h_{11}\left(4h_{22} - 4g_{22}Z_{\mathrm{DL}} - 2g_{21}\delta_{\mathrm{L}}Z_{\mathrm{DL}}\right) \\
& - 4g_{11}h_{22}Z_{\mathrm{G,L}} - 4g_{12}g_{21}Z_{\mathrm{DL}}Z_{\mathrm{G,L}} + 4g_{11}g_{22}Z_{\mathrm{DL}}Z_{\mathrm{G,L}} \\
& + h_{12}\left(-4h_{21} + g_{21}Z_{\mathrm{D1}} + 2g_{22}\delta_{\mathrm{L}}Z_{\mathrm{DL}} + 4g_{21}Z_{\mathrm{G,L}}\right)
\end{aligned}
$$

$$(13\text{-}31)$$

$$
X_2 = k_7 V_{\mathrm{SL1}} + k_8 V_{\mathrm{SR1}} + \frac{A}{B}\left(k_{13}V_{\mathrm{SL1}} + k_{14}V_{\mathrm{SR1}}\right) - \frac{C}{B}\left(k_9 V_{\mathrm{SL1}} + k_{11}V_{\mathrm{SL2}} + k_{10}V_{\mathrm{SR1}} + k_{12}V_{\mathrm{SR2}}\right)
$$

$$(13\text{-}32)$$

其中

$$
\begin{aligned}
A = {}& \left(-2h_{12} + 2g_{12}Z_{\mathrm{DL}} + g_{11}\delta_{\mathrm{L}}Z_{\mathrm{DL}}\right)\left[-4f_{21} + 2e_{22}\delta_{\mathrm{L}}Z_{\mathrm{DL}} + e_{21}\left(Z_{\mathrm{DL}} + 4Z_{\mathrm{G,L}}\right)\right] \\
& + \left[2f_{22} - \left(2e_{22} + e_{21}\delta_{\mathrm{L}}\right)Z_{\mathrm{DL}}\right]\left[-4h_{11} + 2g_{12}\delta_{\mathrm{L}}Z_{\mathrm{DL}} + g_{11}\left(Z_{\mathrm{DL}} + 4Z_{\mathrm{G,L}}\right)\right] \\
B = {}& \left(-2h_{22} + 2g_{22}Z_{\mathrm{DL}} + g_{21}\delta_{\mathrm{L}}Z_{\mathrm{DL}}\right)\left[-4h_{11} + 2g_{12}\delta_{\mathrm{L}}Z_{\mathrm{DL}} + g_{11}\left(Z_{\mathrm{DL}} + 4Z_{\mathrm{G,L}}\right)\right] \\
& + \left[2h_{12} - \left(2g_{12} + g_{11}\delta_{\mathrm{L}}\right)Z_{\mathrm{DL}}\right]\left[-4h_{21} + 2g_{22}\delta_{\mathrm{L}}Z_{\mathrm{DL}} + g_{21}\left(Z_{\mathrm{DL}} + 4Z_{\mathrm{G,L}}\right)\right] \\
C = {}& \left(-2h_{22} + 2g_{22}Z_{\mathrm{DL}} + g_{21}\delta_{\mathrm{L}}Z_{\mathrm{DL}}\right)\left[-4f_{21} + 2e_{22}\delta_{\mathrm{L}}Z_{\mathrm{DL}} + e_{21}\left(Z_{\mathrm{DL}} + 4Z_{\mathrm{G,L}}\right)\right] \\
& + \left[2f_{22} - \left(2e_{22} + e_{21}\delta_{\mathrm{L}}\right)Z_{\mathrm{DL}}\right]\left[-4h_{21} + 2g_{22}\delta_{\mathrm{L}}Z_{\mathrm{DL}} + g_{21}\left(Z_{\mathrm{DL}} + 4Z_{\mathrm{G,L}}\right)\right]
\end{aligned}
$$

　　观察式(13-31)和式(13-32)，X_1、X_2 各项均与右端 EUT 的各参数无关。$\boldsymbol{E}$、$\boldsymbol{F}$、$\boldsymbol{G}$、$\boldsymbol{H}$ 中的各参量表征的是平行双线缆的物理量，因此可以判定注入法的激励电压源 V_{S} 与辐射时的源向量 S_1、S_2 呈线性关系。$\boldsymbol{E}$、$\boldsymbol{F}$、$\boldsymbol{G}$、$\boldsymbol{H}$ 的表达式分别如下：

$$
\boldsymbol{E} = \begin{bmatrix} e_{11} & e_{12} \\ e_{21} & e_{22} \end{bmatrix}
\tag{13-33}
$$

其中

$$
\begin{aligned}
e_{11} = {}& -\frac{\sinh(\gamma_0 L_1)\left[-Z_{\mathrm{P}}^{\mathrm{CM}}\cosh(\gamma_0 L_2) - Z_{\mathrm{CM}}\left(1 + Y_{\mathrm{P}}^{\mathrm{CM}}Z_{\mathrm{P}}^{\mathrm{CM}}\right)\sinh(\gamma_0 L_2)\right]}{Z_{\mathrm{CM}}} \\
& + \cosh(\gamma_0 L_1)\left[\left(1 + Y_{\mathrm{P}}^{\mathrm{CM}}Z_{\mathrm{P}}^{\mathrm{CM}}\right)\cosh(\gamma_0 L_2) + Y_{\mathrm{P}}^{\mathrm{CM}}Z_{\mathrm{P}}^{\mathrm{CM}}\left(2 + Y_{\mathrm{P}}^{\mathrm{CM}}Z_{\mathrm{P}}^{\mathrm{CM}}\right)\sinh(\gamma_0 L_2)\right] \\
e_{12} = {}& \frac{Z_{\mathrm{CM}}\sinh(\gamma_0 L_1)\sinh(\gamma_0 L_2)}{Z_{\mathrm{DM}}} + \left[\cosh(\gamma_0 L_2) + 2Y_{\mathrm{P}}^{\mathrm{CM}}Z_{\mathrm{CM}}\sinh(\gamma_0 L_2)\right]
\end{aligned}
$$

$$e_{21} = \frac{Z_{DM}\sinh(\gamma_0 L_1)\sinh(\gamma_0 L_2)}{Z_{CM}} + \cosh(\gamma_0 L_1)\Big[\cosh(\gamma_0 L_2) + 2Y_P^{DM}Z_{DM}\sinh(\gamma_0 L_2)\Big]$$

$$e_{22} = -\frac{\sinh(\gamma_0 L_1)\Big[-Z_P^{DM}\cosh(\gamma_0 L_2) - Z_{DM}\big(1 + Y_P^{DM}Z_P^{DM}\big)\sinh(\gamma_0 L_2)\Big]}{Z_{DM}}$$

$$+ \cosh(\gamma_0 L_1)\Big[\big(1 + Y_P^{DM}Z_P^{DM}\big)\cosh(\gamma_0 L_2) + Y_P^{DM}Z_P^{DM}\big(2 + Y_P^{DM}Z_P^{DM}\big)\sinh(\gamma_0 L_2)\Big]$$

$$\boldsymbol{F} = \begin{bmatrix} f_{11} & f_{12} \\ f_{21} & f_{22} \end{bmatrix} \tag{13-34}$$

其中

$$f_{11} = \cosh(\gamma_0 L_1)\Big[-Z_P^{CM}\cosh(\gamma_0 L_2) - Z_{CM}\big(1 + Y_P^{CM}Z_P^{CM}\big)\sinh(\gamma_0 L_2)\Big]$$

$$- Z_{CM}\sinh(\gamma_0 L_1)\Big[\big(1 + Y_P^{CM}Z_P^{CM}\big)\cosh(\gamma_0 L_2) + Y_P^{CM}Z_P^{CM}\big(2 + Y_P^{CM}Z_P^{CM}\big)\sinh(\gamma_0 L_2)\Big]$$

$$f_{12} = -Z_{CM}\cosh(\gamma_0 L_1)\sinh(\gamma_0 L_2) - Z_{DM}\sinh(\gamma_0 L_1)\Big[\cosh(\gamma_0 L_2) + 2Y_P^{CM}Z_{CM}\sinh(\gamma_0 L_2)\Big]$$

$$f_{21} = -Z_{DM}\cosh(\gamma_0 L_1)\sinh(\gamma_0 L_2) - Z_{CM}\sinh(\gamma_0 L_1)\Big[\cosh(\gamma_0 L_2) + 2Y_P^{DM}Z_{DM}\sinh(\gamma_0 L_2)\Big]$$

$$f_{22} = \cosh(\gamma_0 L_1)\Big[-Z_P^{DM}\cosh(\gamma_0 L_2) - Z_{DM}\big(1 + Y_P^{DM}Z_P^{DM}\big)\sinh(\gamma_0 L_2)\Big]$$

$$- Z_{DM}\sinh(\gamma_0 L_1)\Big[\big(1 + Y_P^{DM}Z_P^{DM}\big)\cosh(\gamma_0 L_2) + Y_P^{DM}Z_P^{DM}\big(2 + Y_P^{DM}Z_P^{DM}\big)\sinh(\gamma_0 L_2)\Big]$$

$$\boldsymbol{G} = \begin{bmatrix} g_{11} & g_{12} \\ g_{21} & g_{22} \end{bmatrix} \tag{13-35}$$

其中

$$g_{11} = -\frac{\sinh(\gamma_0 L_1)\Big[\big(1 + Y_P^{CM}Z_P^{CM}\big)\cosh(\gamma_0 L_2) + \dfrac{Z_P^{CM}\sinh(\gamma_0 L_2)}{Z_{CM}}\Big]}{Z_{CM}}$$

$$+ \cosh(\gamma_0 L_1)\left[-Y_P^{CM}\big(2 + Y_P^{CM}Z_P^{CM}\big)\cosh(\gamma_0 L_2) - \frac{\big(1 + Y_P^{CM}Z_P^{CM}\big)\sinh(\gamma_0 L_2)}{Z_{CM}}\right]$$

$$g_{12} = -\frac{\cosh(\gamma_0 L_2)\sinh(\gamma_0 L_1)}{Z_{DM}} + \cosh(\gamma_0 L_1)\left[-2Y_P^{CM}\cosh(\gamma_0 L_2) - \frac{\sinh(\gamma_0 L_2)}{Z_{CM}}\right]$$

$$g_{21} = -\frac{\cosh(\gamma_0 L_2)\sinh(\gamma_0 L_1)}{Z_{CM}} + \cosh(\gamma_0 L_1)\left[-2Y_P^{DM}\cosh(\gamma_0 L_2) - \frac{\sinh(\gamma_0 L_2)}{Z_{DM}}\right]$$

$$g_{22} = -\frac{\sinh(\gamma_0 L_1)\left[\left(1 + Y_P^{DM} Z_P^{DM}\right)\cosh(\gamma_0 L_2) + \dfrac{Z_P^{DM}\sinh(\gamma_0 L_2)}{Z_{DM}}\right]}{Z_{DM}}$$

$$+ \cosh(\gamma_0 L_1)\left[-Y_P^{DM}\left(2 + Y_P^{DM} Z_P^{DM}\right)\cosh(\gamma_0 L_2) - \frac{\left(1 + Y_P^{DM} Z_P^{DM}\right)\sinh(\gamma_0 L_2)}{Z_{DM}}\right]$$

$$\boldsymbol{H} = \begin{bmatrix} h_{11} & h_{12} \\ h_{21} & h_{22} \end{bmatrix} \tag{13-36}$$

其中

$$h_{11} = \cosh(\gamma_0 L_1)\left[\left(1 + Y_P^{CM} Z_P^{CM}\right)\cosh(\gamma_0 L_2) + \frac{Z_P^{CM}\sinh(\gamma_0 L_2)}{Z_{CM}}\right]$$

$$- Z_{CM}\sinh(\gamma_0 L_1)\left[-Y_P^{CM}\left(2 + Y_P^{CM} Z_P^{CM}\right)\cosh(\gamma_0 L_2) - \frac{\left(1 + Y_P^{CM} Z_P^{CM}\right)\sinh(\gamma_0 L_2)}{Z_{CM}}\right]$$

$$h_{12} = \cosh(\gamma_0 L_1)\cosh(\gamma_0 L_2) - Z_{DM}\sinh(\gamma_0 L_1)\left[-2Y_P^{CM}\cosh(\gamma_0 L_2) - \frac{\sinh(\gamma_0 L_2)}{Z_{CM}}\right]$$

$$h_{21} = \cosh(\gamma_0 L_1)\cosh(\gamma_0 L_2) - Z_{CM}\sinh(\gamma_0 L_1)\left[-2Y_P^{DM}\cosh(\gamma_0 L_2) - \frac{\sinh(\gamma_0 L_2)}{Z_{DM}}\right]$$

$$h_{22} = \cosh(\gamma_0 L_1)\left[\left(1 + Y_P^{DM} Z_P^{DM}\right)\cosh(\gamma_0 L_2) + \frac{Z_P^{DM}\sinh(\gamma_0 L_2)}{Z_{DM}}\right]$$

$$- Z_{DM}\sinh(\gamma_0 L_1)\left[-Y_P^{DM}\left(2 + Y_P^{DM} Z_P^{DM}\right)\cosh(\gamma_0 L_2) - \frac{\left(1 + Y_P^{DM} Z_P^{DM}\right)\sinh(\gamma_0 L_2)}{Z_{DM}}\right]$$

将式(13-30)代入实际模型的参数可得

$$V_S = X_3(X_5 + X_6) \tag{13-37}$$

$$X_4 = D + E \tag{13-38}$$

其中

$$D = \left[2g_{12}Z_1(Z_2 - Z_3) + 4g_{11}Z_2 Z_3 + g_{11}Z_1(Z_2 + Z_3) - 4h_{11}(Z_1 + Z_2 + Z_3)\right]$$
$$\cdot\left[g_{21}Z_1(Z_2 - Z_3) + 2g_{22}Z_1(Z_2 + Z_3) - 2h_{22}(Z_1 + Z_2 + Z_3)\right]$$

$$E = \left[2g_{22}Z_1(Z_2 - Z_3) + 4g_{21}Z_2Z_3 + g_{21}Z_1(Z_2 + Z_3) - 4h_{21}(Z_1 + Z_2 + Z_3) \right]$$
$$\cdot \left[2h_{12}(Z_1 + Z_2 + Z_3) - Z_1\left(g_{11}(Z_2 - Z_3) + 2g_{12}(Z_2 + Z_3)\right) \right]$$

$$X_5 = k_7 V_{SL1} + k_8 V_{SR1} + \frac{Y_1 + Y_2}{X_4}(k_{13}V_{SL1} + k_{14}V_{SR1}) \tag{13-39}$$

其中

$$Y_1 = \left[2e_{22}Z_1(Z_2 - Z_3) + 4e_{21}Z_2Z_3 + e_{21}Z_1(Z_2 + Z_3) - 4f_{21}(Z_1 + Z_2 + Z_3) \right]$$
$$\cdot \left[g_{11}Z_1(Z_2 - Z_3) + 2g_{12}Z_1(Z_2 + Z_3) - 2h_{12}(Z_1 + Z_2 + Z_3) \right]$$
$$Y_2 = \left[2g_{12}Z_1(Z_2 - Z_3) + 4g_{11}Z_2Z_3 + g_{11}Z_1(Z_2 + Z_3) - 4h_{11}(Z_1 + Z_2 + Z_3) \right]$$
$$\cdot \left[2f_{22}(Z_1 + Z_2 + Z_3) - Z_1\left(e_{21}(Z_2 - Z_3) + 2e_{22}(Z_2 + Z_3)\right) \right]$$

$$X_6 = -\frac{Y_3 + Y_4}{X_4}(k_9 V_{SL1} + k_{11}V_{SL2} + k_{10}V_{SR1} + k_{12}V_{SR1}) \tag{13-40}$$

其中

$$Y_3 = \left[2e_{22}Z_1(Z_2 - Z_3) + 4e_{21}Z_2Z_3 + e_{21}Z_1(Z_2 + Z_3) - 4f_{21}(Z_1 + Z_2 + Z_3) \right]$$
$$\cdot \left[g_{21}Z_1(Z_2 - Z_3) + 2g_{22}Z_1(Z_2 + Z_3) - 2h_{22}(Z_1 + Z_2 + Z_3) \right]$$
$$Y_4 = \left[2g_{22}Z_1(Z_2 - Z_3) + 4g_{21}Z_2Z_3 + g_{21}Z_1(Z_2 + Z_3) - 4h_{21}(Z_1 + Z_2 + Z_3) \right]$$
$$\cdot \left[2f_{22}(Z_1 + Z_2 + Z_3) - Z_1\left(e_{21}(Z_2 - Z_3) + 2e_{22}(Z_2 + Z_3)\right) \right]$$

X_4是X_5、X_6的元素。

简化式(13-37)，可得

$$V_S = H_{PL}(\gamma_0, L_1, L_2, Z_{CM}, Z_{DM}, Z_P^{CM}, Y_P^{CM}, Z_P^{DM}, Y_P^{DM}, Z_{G,L}, Z_{DL})E_0 \tag{13-41}$$

其中，H_{PL}为平行双线缆耦合通道的传递函数。由式(13-37)～式(13-40)可以看出，该传递函数的表达式极为复杂。但是这个传递函数由平行双线缆本身的阻抗特性、电流注入探头耦合到线缆上的阻抗特性、导纳特性以及左端发射端的阻抗特性决定，与右端EUT的阻抗特性无关。工程中发射端通常呈现低阻状态，其阻抗往往是比较稳定的。因此，可以认为式(13-41)中的等效对应关系是线性的。通过理论推导，EUT是非线性系统、注入激励电压源如何获取以及直接线性外推激励源模拟高场强辐射试验依据不足这3个问题可以得到解决。

对于问题1，BCI法中注入激励电压源的大小与辐射场强的对应关系只与平行双线缆本身的阻抗特性、电流注入探头耦合到线缆上的阻抗特性以及线缆左端发射端的阻抗特性有关，与右端EUT的阻抗特性无关，也就是说这种对应关系也适用于非线性系统。

对于问题 2,式(13-41)中的等效对应关系与 EUT 的阻抗特性无关,因此可以采用将 EUT 取下或者并联监测线缆终端响应的方法来获取等效注入激励电压源。在辐射和注入条件下,调整注入激励电压源的幅值,使得线缆终端在这两种条件下的线缆终端响应一致,此时已经获取等效注入激励电压源,与辐射场强的对应关系建立完毕。

对于问题 3,可以在低场强下进行注入等效辐射的预试验,找到注入激励电压源与辐射场强的对应关系。由于式(13-41)的等效对应关系中并没有定义辐射场强的大小,所以低场强线性外推到高场强后的对应关系依然是线性的。这样就可以通过线性外推激励源的方法来模拟高场强下辐射效应试验。

因此,首先在低场强条件下获取注入激励电压源与辐射场强的等效对应关系,然后在高场强条件下将注入激励电压源线性外推,线性外推后的结果可等效强场辐射的效应试验。

13.1.3　平行双线缆单端注入等效试验方法

目前,受试设备类型多种多样,且大部分受试设备没有直接输出端口,测得其在一定条件下的响应比较困难,导致低场强下通过直接监测端口响应相等来建立注入等效辐射的线性关系难度很大。通过上述理论分析可以发现,注入源与辐射场强的关系与受试设备的阻抗无关,因此在实际工程中首先将线缆断开,直接测试线缆的终端响应,或者在受试设备输入端口处,以并联接入的方式测试端口响应。然后在低场强下建立注入等效辐射的线性关系,接着将受试设备接入或者将并联接入的监测设备去掉,通过线性外推后进行与强场辐射等效的注入试验。

综合之前的分析及理论推导,现提出平行双线缆耦合通道大电流单端注入等效强场电磁辐射效应试验方法:

(1)进行试验准备,互联传输线的左端设备保持不变,若右端受试设备的响应易于监测,则直接监测;若右端受试设备的响应不易监测,则尝试以并联接入的方式将监测设备接入线缆右端,以该并联端口的响应作为辐射和注入的等效依据;若上述监测方式均不可行,则将平行双线缆右端的受试设备取下,右端接入光-电转换模块(必要时接入衰减器或通过式负载等),以此来监测线缆的端口响应。

(2)开展低场强预试验,在已知某一低场强的辐射条件下,得到平行双线缆右端测试端口的响应。在注入条件下调整大电流注入电压源的大小,使得注入激励时右端测试端口的响应与辐射激励时右端测试端口的响应相同,从而建立注入激励电压源与辐射场强的等效关系。

(3)进行高场强外推试验,在之前得到的等效关系的基础上,将激励源线性外推,同时在平行双线缆的右端接回原来的受试设备,此时大电流注入的激励对受试设备的效应即为辐射场强通过相同的线性外推对受试设备的效应。根据试验要求，获取线缆耦合通道电磁辐射敏感度阈值或安全裕度阈值，强场条件下大电流单端注入等效辐射试验完成。

13.1.4 平行双线缆单端注入方法试验验证

为验证理论推导以及提出试验方法的准确性，结合实验室现有条件，按照图 13-12 和图 13-13 分别进行辐射和注入的试验配置。

试验系统组成如下：在高度为 1m 的水平桌面上放置 2m 长的平行双线缆，平行双线缆左端接入阻抗值为 50Ω 的同轴负载（模拟辅助设备 A），在低、高场强辐射试验及其等效注入试验中，右端依次接入阻抗值为 150Ω、50Ω、25Ω 的通过式负载，根据并联阻抗的计算方法，此时右端 EUT 的等效阻抗按照 37.5Ω、25Ω、16.7Ω 的顺序变化，以此来模拟右端 EUT 在不同强度激励下负载阻抗的非线性变化。平行双线缆辐射与单端注入试验配置实物图如图 13-14 所示。

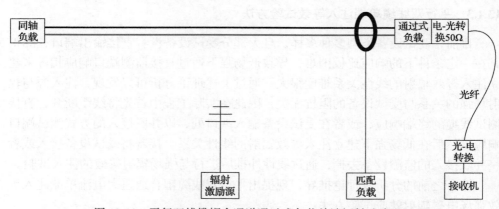

图 13-12　平行双线缆耦合通道通过式负载单端辐射试验配置

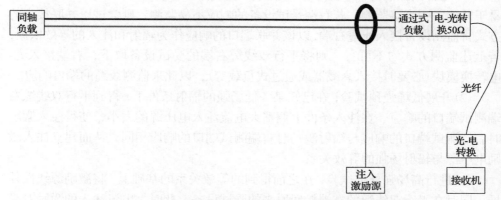

图 13-13　平行双线缆耦合通道通过式负载单端注入试验配置

图 13-14 平行双线缆辐射与单端注入试验配置实物图

辐射时，距离平行双线缆 1m 处，放置一双锥天线作为辐射激励源，在平行双线缆靠近右侧位置加入电流注入探头，探头端口接匹配负载。注入时，探头位置不动，探头端口接注入激励电压源（信号源）。

为保证监测右端通过式负载响应的准确性，在通过式负载右端接入电-光转换模块，将电信号转换为光信号。通过光纤连接光-电转换模块，再连接至接收机（频谱仪）。

试验方法如下：

（1）开展注入预试验，调整注入探头在线缆上的位置，在同样的注入功率下，监测线缆终端响应，选取终端响应相对较大的注入位置，在该频率下电流注入探头的位置保持不变。

（2）进行低场强下的预试验，选取某一特定频点，使用天线对平行双线缆进行辐射，记录此频点下平行双线缆右端频谱仪数值，该数值即为右端负载的响应。

（3）开展注入试验，调整信号源注入功率，使得右端负载的响应与辐射时的一致。

（4）进行高场强线性外推试验，更换右端通过式负载，分别将辐射时和注入时的信号源线性外推 10dB，记录两种激励条件下右端 EUT 的差模响应。利用本节方法进行了两次场强线性外推试验，每次试验均比之前提高 10dB，每次试验均对右端 EUT 进行变阻抗。

由图 13-15 可以看出，在低场强预试验中，大电流注入替代辐射是十分准确的。在此前提下，线性外推 10dB 后，通过高场强变阻抗，大电流注入时右端 EUT 的响应曲线与辐射时右端 EUT 的响应曲线几乎是完全重合的。

由图 13-16 可以看出，模拟的右端通过式负载阻抗在高场强下非线性变化的过程中，在低于 400MHz 的频率范围内，误差均小于 0.5dB。除了 400MHz（误差 1dB）和 900MHz（误差 0.9dB），其余频点的误差均小于 0.6dB。考虑到工程实际以及测量误差，这些误差是可以接受的。

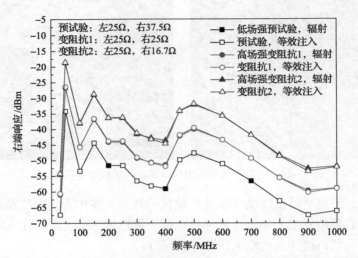

图 13-15　平行双线缆耦合通道单端变阻抗注入与辐射线缆右端响应

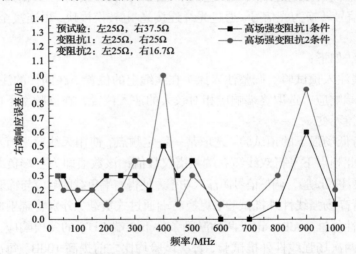

图 13-16　平行双线缆耦合通道单端变阻抗注入与辐射线缆右端响应误差

　　在上述研究的基础上，开展平行双线缆耦合通道双端变阻抗条件下的单端注入试验。基本试验配置保持不变，在低场强预试验条件下，双端阻抗分别为：左 25Ω，右 37.5Ω；在高场强外推试验 1 条件下，双端阻抗分别为：左 16.7Ω，右 25Ω；在高场强外推试验 2 条件下，双端阻抗分别为：左 37.5Ω，右 16.7Ω。以此来模拟平行双线缆左右两端在不同强度激励下负载阻抗的非线性变化情况。平行双线缆双端变阻抗注入与辐射线缆右端响应如图 13-17 所示，平行双线缆双端变阻抗注入与辐射线缆右端响应误差如图 13-18 所示。

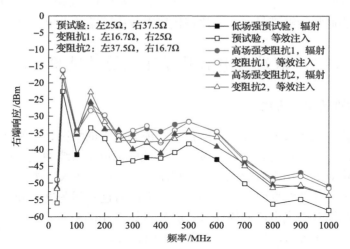

图 13-17　平行双线缆双端变阻抗注入与辐射线缆右端响应

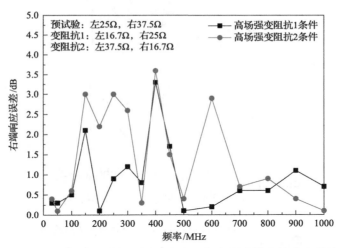

图 13-18　平行双线缆双端变阻抗注入与辐射线缆右端响应误差

　　从上述试验结果可知：平行双线缆耦合通道双端变阻抗条件下采用单端注入试验，测试线缆右端在强场辐射与注入试验条件下的响应，最大试验误差在 3dB 左右。受试线缆主要用于传输低频信号，对外界辐射耦合或大电流注入的高频干扰信号具有较大的衰减作用，因此受试线缆左端阻抗变化造成的反射影响并未对试验结果产生颠覆性的影响。此外，工程中对于线缆两端的设备，通常一端为输出端口，另一端为输入端口，为保证信号能够顺利传输至下一级，通常设置输出端口阻抗较小、输入端口阻抗较大，通常是对输入端口进行试验考核，而输出端口的阻抗在外界电磁辐射和注入试验条件下往往变化不大（为了验证方法的有效性，本节试验采用了较为恶劣的人为变阻抗试验条件)。因此，工程中采用单端注入的试验方法通常能够满足注入等效替代辐射效应试验的需求。

13.2　双端大电流共模注入等效试验方法

13.2.1　等效理论建模研究

上述试验方法考查的是受试设备位于线缆某一端的情况，单端注入时仅能保证某一端受试设备响应与辐射时一致，若受试设备位于线缆两端，或者另一端设备的阻抗变化对测试结果有较大影响，则需要采用双端注入方法[4,5]，但是针对两端受试设备表现为非线性时如何实现等效，下面对这一问题进行分析。

平行双线缆双端大电流共模注入试验配置如图 13-19 所示，其简化的等效网络模型如图 13-20 所示，与单端注入方法类似，可得

$$\boldsymbol{Z}_{\mathrm{L}} = \begin{bmatrix} Z_{\mathrm{G,L}} + \dfrac{Z_{\mathrm{D1}}}{4} & \dfrac{\delta_{\mathrm{L}}}{2}Z_{\mathrm{D1}} \\[2mm] \dfrac{\delta_{\mathrm{L}}}{2}Z_{\mathrm{D1}} & Z_{\mathrm{D1}} \end{bmatrix} \tag{13-42}$$

$$\boldsymbol{Z}_{\mathrm{R}} = \begin{bmatrix} Z_{\mathrm{G,R}} + \dfrac{Z_{\mathrm{D2}}}{4} & \dfrac{\delta_{\mathrm{R}}}{2}Z_{\mathrm{D2}} \\[2mm] \dfrac{\delta_{\mathrm{R}}}{2}Z_{\mathrm{D2}} & Z_{\mathrm{D2}} \end{bmatrix} \tag{13-43}$$

$$\boldsymbol{\Phi}_{\mathrm{W}}(L_1) = \begin{bmatrix} \cosh(\gamma_0 L_1)\mathbf{1}_{2\times2} & -\sinh(\gamma_0 L_1)\boldsymbol{Z}_{\mathrm{C}} \\ -\sinh(\gamma_0 L_1)\boldsymbol{Z}_{\mathrm{C}}^{-1} & \cosh(\gamma_0 L_1)\mathbf{1}_{2\times2} \end{bmatrix} \tag{13-44}$$

$$\boldsymbol{\Phi}_{\mathrm{W}}(L_2) = \begin{bmatrix} \cosh(\gamma_0 L_2)\mathbf{1}_{2\times2} & -\sinh(\gamma_0 L_2)\boldsymbol{Z}_{\mathrm{C}} \\ -\sinh(\gamma_0 L_2)\boldsymbol{Z}_{\mathrm{C}}^{-1} & \cosh(\gamma_0 L_2)\mathbf{1}_{2\times2} \end{bmatrix} \tag{13-45}$$

$$\boldsymbol{\Phi}_{\mathrm{W}}(L_3) = \begin{bmatrix} \cosh(\gamma_0 L_3)\mathbf{1}_{2\times2} & -\sinh(\gamma_0 L_3)\boldsymbol{Z}_{\mathrm{C}} \\ -\sinh(\gamma_0 L_3)\boldsymbol{Z}_{\mathrm{C}}^{-1} & \cosh(\gamma_0 L_3)\mathbf{1}_{2\times2} \end{bmatrix} \tag{13-46}$$

$$\boldsymbol{\Phi}_{\mathrm{P1}} = \begin{bmatrix} \mathbf{1}_{2\times2} + \boldsymbol{Z}_{\mathrm{P1}}\cdot\boldsymbol{Y}_{\mathrm{P1}} & -\boldsymbol{Z}_{\mathrm{P1}} \\ -\boldsymbol{Y}_{\mathrm{P1}}\cdot(2\mathbf{1}_{2\times2} + \boldsymbol{Z}_{\mathrm{P1}}\cdot\boldsymbol{Y}_{\mathrm{P1}}) & \mathbf{1}_{2\times2} + \boldsymbol{Z}_{\mathrm{P1}}\cdot\boldsymbol{Y}_{\mathrm{P1}} \end{bmatrix} \tag{13-47}$$

$$\boldsymbol{\Phi}_{\mathrm{P2}} = \begin{bmatrix} \mathbf{1}_{2\times2} + \boldsymbol{Z}_{\mathrm{P2}}\boldsymbol{Y}_{\mathrm{P2}} & -\boldsymbol{Z}_{\mathrm{P2}} \\ -\boldsymbol{Y}_{\mathrm{P2}}(2\mathbf{1}_{2\times2} + \boldsymbol{Z}_{\mathrm{P2}}\boldsymbol{Y}_{\mathrm{P2}}) & \mathbf{1}_{2\times2} + \boldsymbol{Z}_{\mathrm{P2}}\boldsymbol{Y}_{\mathrm{P2}} \end{bmatrix} \tag{13-48}$$

$$\boldsymbol{F}_{P1} = \begin{bmatrix} V_{S1} & -\boldsymbol{Y}_{P1} \cdot V_{S1} \end{bmatrix}^{\mathrm{T}} \tag{13-49}$$

$$\boldsymbol{F}_{P2} = \begin{bmatrix} V_{S2} & -\boldsymbol{Y}_{P2} \cdot V_{S2} \end{bmatrix}^{\mathrm{T}} \tag{13-50}$$

$$\boldsymbol{Z}_{C} = \begin{bmatrix} Z_{CM} & 0 \\ 0 & Z_{DM} \end{bmatrix} \tag{13-51}$$

$$\boldsymbol{Z}_{P1} = \begin{bmatrix} Z_{P1}^{CM} & 0 \\ 0 & Z_{P1}^{DM} \end{bmatrix} \tag{13-52}$$

$$\boldsymbol{Z}_{P2} = \begin{bmatrix} Z_{P2}^{CM} & 0 \\ 0 & Z_{P2}^{DM} \end{bmatrix} \tag{13-53}$$

$$\boldsymbol{Y}_{P1} = \begin{bmatrix} Y_{P1}^{CM} & 0 \\ 0 & Y_{P1}^{DM} \end{bmatrix} \tag{13-54}$$

$$\boldsymbol{Y}_{P2} = \begin{bmatrix} Y_{P2}^{CM} & 0 \\ 0 & Y_{P2}^{DM} \end{bmatrix} \tag{13-55}$$

$$\boldsymbol{V}_{S1} = V_{S1} \begin{bmatrix} 1 & 0 \end{bmatrix}^{\mathrm{T}} \tag{13-56}$$

$$\boldsymbol{V}_{S2} = V_{S2} \begin{bmatrix} 1 & 0 \end{bmatrix}^{\mathrm{T}} \tag{13-57}$$

其中，$\boldsymbol{Z}_{C}$ 为平行双线缆模态域矩阵；Z_{CM} 为平行双线缆共模特性阻抗；Z_{DM} 为平行双线缆差模特性阻抗；$\boldsymbol{\Phi}_{W}(L_{1})$ 为左端探头左侧模态域下平行双线缆传输矩阵，对应平行双线缆长度为 L_{1}；$\boldsymbol{\Phi}_{W}(L_{2})$ 为左端探头右侧至右端探头左侧模态域下平行双线缆传输矩阵，对应平行双线缆长度为 L_{2}；$\boldsymbol{\Phi}_{W}(L_{3})$ 为右端探头右侧模态域下平行双线缆传输矩阵，对应平行双线缆长度为 L_{3}；$\boldsymbol{\Phi}_{P1}$ 为左端探头模态域矩阵；$\boldsymbol{Z}_{P1}$ 为模态域左端探头阻抗矩阵；$\boldsymbol{Y}_{P1}$ 为模态域左端探头导纳矩阵；Z_{P1}^{CM} 为左端探头耦合到平行双线缆上的共模阻抗；Z_{P1}^{DM} 为左端探头耦合到平行双线缆上的差模阻抗；Y_{P1}^{CM} 为左端探头耦合到平行双线缆上的共模导纳；Y_{P1}^{DM} 为左端探头耦合到平行双线缆上的差模导纳；$\boldsymbol{\Phi}_{P2}$ 为右端探头模态域矩阵；$\boldsymbol{Z}_{P2}$ 为模态域右端探头阻抗矩阵；$\boldsymbol{Y}_{P2}$ 为模态域右端探头导纳矩阵；Z_{P2}^{CM} 为右端探头耦合到平行双线缆上的共模阻抗；Z_{P2}^{DM} 为右端探头耦合到平行双线缆上的差模阻抗；Y_{P2}^{CM} 为右端探头耦合到平行双线缆上的共模导纳；Y_{P2}^{DM} 为右端探头耦合到平行双线缆上的差模导纳；V_{S1} 为左端注入探头加载到平行双线缆上的共模电压；V_{S2} 为右端注入探头加载到平行双线缆上的共模电压。

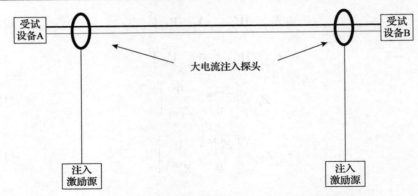

图 13-19　平行双线缆双端大电流共模注入试验配置

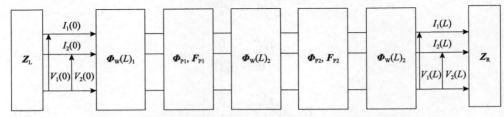

图 13-20　平行双线缆双端大电流共模注入等效网络模型

根据链路参数计算方法，可得

$$\begin{bmatrix} \boldsymbol{V}^{(i)}(L) \\ \boldsymbol{I}^{(i)}(L) \end{bmatrix} = \boldsymbol{\Phi}_{\mathrm{W}}(L_3) \cdot \boldsymbol{\Phi}_{\mathrm{P2}} \cdot \boldsymbol{\Phi}_{\mathrm{W}}(L_2) \cdot \boldsymbol{\Phi}_{\mathrm{P1}} \cdot \boldsymbol{\Phi}_{\mathrm{W}}(L_1) \cdot \begin{bmatrix} \boldsymbol{V}^{(i)}(0) \\ \boldsymbol{I}^{(i)}(0) \end{bmatrix}$$
$$+ \boldsymbol{\Phi}_{\mathrm{W}}(L_3) \cdot \boldsymbol{\Phi}_{\mathrm{P2}} \cdot \boldsymbol{\Phi}_{\mathrm{W}}(L_2) \cdot \boldsymbol{F}_{\mathrm{P1}} + \boldsymbol{\Phi}_{\mathrm{W}}(L_3) \cdot \boldsymbol{\Phi}_{\mathrm{P2}} \cdot \boldsymbol{F}_{\mathrm{P2}}$$
$$= \begin{bmatrix} \boldsymbol{W} & \boldsymbol{X} \\ \boldsymbol{Y} & \boldsymbol{Z} \end{bmatrix} \cdot \begin{bmatrix} \boldsymbol{V}^{(i)}(0) \\ \boldsymbol{I}^{(i)}(0) \end{bmatrix} + \begin{bmatrix} \boldsymbol{M}_3 \\ \boldsymbol{N}_3 \end{bmatrix} \tag{13-58}$$

$$\boldsymbol{F}_{\mathrm{P1}} = \begin{bmatrix} \boldsymbol{V}_{\mathrm{S1}} & -\boldsymbol{Y}_{\mathrm{P1}} \cdot \boldsymbol{V}_{\mathrm{S1}} \end{bmatrix}^{\mathrm{T}} \tag{13-59}$$

$$\boldsymbol{F}_{\mathrm{P2}} = \begin{bmatrix} \boldsymbol{V}_{\mathrm{S2}} & -\boldsymbol{Y}_{\mathrm{P2}} \cdot \boldsymbol{V}_{\mathrm{S2}} \end{bmatrix}^{\mathrm{T}} \tag{13-60}$$

其中，$\begin{bmatrix} \boldsymbol{V}^{(i)}(L) \\ \boldsymbol{I}^{(i)}(L) \end{bmatrix}$ 为模态域下注入法右端 EUT 的响应矩阵；$\begin{bmatrix} \boldsymbol{V}^{(i)}(0) \\ \boldsymbol{I}^{(i)}(0) \end{bmatrix}$ 为模态域下注

入法左端测试设备的响应矩阵；$\boldsymbol{F}_{\mathrm{P1}}$ 为左端探头源向量；$\boldsymbol{V}_{\mathrm{S1}}$ 为左端注入源向量；$\boldsymbol{F}_{\mathrm{P2}}$ 为右端探头源向量；$\boldsymbol{V}_{\mathrm{S2}}$ 为右端注入源向量。

设 $\boldsymbol{\Phi}_{\mathrm{W}}(L_3) \cdot \boldsymbol{\Phi}_{\mathrm{P2}} \cdot \boldsymbol{\Phi}_{\mathrm{W}}(L_2) \cdot \boldsymbol{\Phi}_{\mathrm{P1}} \cdot \boldsymbol{\Phi}_{\mathrm{W}}(L_1) = \begin{bmatrix} \boldsymbol{W} & \boldsymbol{X} \\ \boldsymbol{Y} & \boldsymbol{Z} \end{bmatrix}$，其中

$$W = \begin{bmatrix} w_{11} & w_{12} \\ w_{21} & w_{22} \end{bmatrix}, \quad X = \begin{bmatrix} x_{11} & x_{12} \\ x_{21} & x_{22} \end{bmatrix}, \quad Y = \begin{bmatrix} y_{11} & y_{12} \\ y_{21} & y_{22} \end{bmatrix}, \quad Z = \begin{bmatrix} z_{11} & z_{12} \\ z_{21} & z_{22} \end{bmatrix}$$

式 (13-58) 中

$$M_3 = \begin{bmatrix} m_{11}^{(3)} \\ m_{21}^{(3)} \end{bmatrix}, \quad N_3 = \begin{bmatrix} n_{11}^{(3)} \\ n_{21}^{(3)} \end{bmatrix}$$

M_3 和 N_3 的表达式如式 (13-61) 和式 (13-62) 所示：

$$M_3 = \begin{bmatrix} m_{11}^{(3)} \\ m_{21}^{(3)} \end{bmatrix} = \begin{bmatrix} k_{15} V_{S1} + k_{16} V_{S2} \\ k_{17} V_{S1} + k_{18} V_{S2} \end{bmatrix} \tag{13-61}$$

其中

$$k_{15} = \frac{Y_5}{Z_{CM}} \cosh(\gamma_0 L_3) + \sinh(\gamma_0 L_3) Y_6$$

其中

$$Y_5 = Z_{CM} \left[1 + Y_{P1}^{CM} Z_{P2}^{CM} + Y_{P2}^{CM} Z_{P2}^{CM} \right] \cosh(\gamma_0 L_2) + \left[Z_{P2}^{CM} + Y_{P1}^{CM} Z_{CM}^2 \left(1 + Y_{P2}^{CM} Z_{P2}^{CM} \right) \right]$$
$$\cdot \sinh(\gamma_0 L_2)$$

$$Y_6 = Z_{CM} \left[Y_{P1}^{CM} + Y_{P1}^{CM} Y_{P2}^{CM} Z_{P2}^{CM} + Y_{P2}^{CM} \left(2 + Y_{P2}^{CM} Z_{P2}^{CM} \right) \right] \cosh(\gamma_0 L_2) + \left[1 + Y_{P2}^{CM} Z_{P2}^{CM} \right.$$
$$\left. + Y_{P1}^{CM} Y_{P2}^{CM} Z_{CM}^2 \left(2 + Y_{P2}^{CM} Z_{P2}^{CM} \right) \right] \sinh(\gamma_0 L_2)$$

$$k_{16} = \cosh(\gamma_0 L_3) \left(1 + 2 Y_{P2}^{CM} Z_{P2}^{CM} \right) + \sinh(\gamma_0 L_3) \left[Y_{P2}^{CM} Z_{CM} \left(3 + 2 Y_{P2}^{CM} Z_{P2}^{CM} \right) \right]$$

$$k_{17} = \cosh(\gamma_0 L_3) \left[\cosh(\gamma_0 L_2) + Y_{P1}^{CM} Z_{CM} \sinh(\gamma_0 L_2) \right] + \frac{Z_{DM} \sinh(\gamma_0 L_3)}{Z_{CM}}$$
$$\cdot \left(Y_{P1}^{CM} + 2 Y_{P2}^{DM} \right) \cosh(\gamma_0 L_2) + \frac{Z_{DM} \sinh(\gamma_0 L_3)}{Z_{CM}} \left[\left(1 + 2 Y_{P1}^{CM} Y_{P2}^{DM} Z_{CM}^2 \right) \sinh(\gamma_0 L_2) \right]$$

$$k_{18} = \cosh(\gamma_0 L_3) + Z_{DM} \left(Y_{P2}^{CM} + 2 Y_{P2}^{DM} \right) \sinh(\gamma_0 L_3)$$

$$N_3 = \begin{bmatrix} n_{11}^{(3)} \\ n_{21}^{(3)} \end{bmatrix} = \begin{bmatrix} k_{19} V_{S1} + k_{20} V_{S2} \\ k_{21} V_{S1} + k_{22} V_{S2} \end{bmatrix} \tag{13-62}$$

其中

$$k_{19} = -\frac{Y_7 Z_{CM} \cosh(\gamma_0 L_3) + Y_8 \sinh(\gamma_0 L_3) \sinh(\gamma_0 L_2)}{Z_{CM}^2}$$

其中

$$Y_7 = Z_{CM}\left[Y_{P1}^{CM} + Y_{P1}^{CM} Y_{P2}^{CM} Z_{P2}^{CM} + Y_{P2}^{CM}\left(2 + Y_{P2}^{CM} Z_{P2}^{CM}\right)\right]\cosh(\gamma_0 L_2)$$
$$+ \left[1 + Y_{P2}^{CM} Z_{P2}^{CM} + Y_{P1}^{CM} Y_{P2}^{CM} Z_{CM}^2\left(2 + Y_{P2}^{CM} Z_{P2}^{CM}\right)\right]\sinh(\gamma_0 L_2)$$

$$Y_8 = Z_{CM}\left(1 + Y_{P1}^{CM} Z_{P2}^{CM} + Y_{P2}^{CM} Z_{P2}^{CM}\right)\cosh(\gamma_0 L_2) + \left[Z_{P2}^{CM} + Y_{P1}^{CM} Z_{CM}^2\left(1 + Y_{P2}^{CM} Z_{P2}^{CM}\right)\right]$$

$$k_{20} = -\frac{\cosh(\gamma_0 L_3)\left[Y_{P2}^{CM} Z_{CM}\left(3 + 2Y_{P2}^{CM} Z_{P2}^{CM}\right)\right] + \sinh(\gamma_0 L_3)\left(1 + 2Y_{P2}^{CM} Z_{P2}^{CM}\right)}{Z_{CM}}$$

$$k_{21} = -\frac{Y_9 \cosh(\gamma_0 L_3)}{Z_{CM}} - \frac{Y_{10} \sinh(\gamma_0 L_3)}{Z_{DM}}$$

其中

$$Y_9 = \left(Y_{P1}^{CM} + 2Y_{P2}^{DM}\right) Z_{CM} \cosh(\gamma_0 L_2) + \left(1 + 2Y_{P1}^{CM} Y_{P2}^{DM} Z_{CM}^2\right)\sinh(\gamma_0 L_2)$$

$$Y_{10} = \cosh(\gamma_0 L_2) + Y_{P1}^{CM} Z_{CM} \sinh(\gamma_0 L_2)$$

$$k_{22} = -\cosh(\gamma_0 L_3)\left(Y_{P2}^{CM} + 2Y_{P2}^{DM}\right) - \frac{1}{Z_{DM}}\sinh(\gamma_0 L_3)$$

下面计算辐射时响应，辐射时试验配置如图 13-21 所示，对应的网络模型如图 13-22 所示。

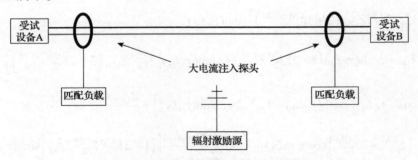

图 13-21　平行双线缆电磁辐射试验配置

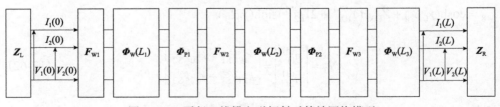

图 13-22　平行双线缆电磁辐射时等效网络模型

由图 13-22 可得

$$
\begin{aligned}
\begin{bmatrix} \boldsymbol{V}^{(\mathrm{r})}(L) \\ \boldsymbol{I}^{(\mathrm{r})}(L) \end{bmatrix} &= \boldsymbol{\Phi}_{\mathrm{W}}(L_3) \cdot \boldsymbol{\Phi}_{\mathrm{P2}} \cdot \boldsymbol{\Phi}_{\mathrm{W}}(L_2) \cdot \boldsymbol{\Phi}_{\mathrm{P1}} \cdot \boldsymbol{\Phi}_{\mathrm{W}}(L_1) \cdot \begin{bmatrix} \boldsymbol{V}^{(\mathrm{r})}(0) \\ \boldsymbol{I}^{(\mathrm{r})}(0) \end{bmatrix} \\
&\quad - \boldsymbol{\Phi}_{\mathrm{W}}(L_3) \cdot \boldsymbol{\Phi}_{\mathrm{P2}} \cdot \boldsymbol{\Phi}_{\mathrm{W}}(L_2) \cdot \boldsymbol{\Phi}_{\mathrm{P1}} \cdot \boldsymbol{\Phi}_{\mathrm{W}}(L_1) \cdot \boldsymbol{F}_{\mathrm{W1}} \\
&\quad - \boldsymbol{\Phi}_{\mathrm{W}}(L_3) \cdot \boldsymbol{\Phi}_{\mathrm{P2}} \cdot \boldsymbol{\Phi}_{\mathrm{W}}(L_2) \cdot \boldsymbol{F}_{\mathrm{W2}} - \boldsymbol{\Phi}_{\mathrm{W}}(L_3) \cdot \boldsymbol{F}_{\mathrm{W3}} \\
&= \begin{bmatrix} \boldsymbol{W} & \boldsymbol{X} \\ \boldsymbol{Y} & \boldsymbol{Z} \end{bmatrix} \cdot \begin{bmatrix} \boldsymbol{V}^{(\mathrm{r})}(0) \\ \boldsymbol{I}^{(\mathrm{r})}(0) \end{bmatrix} + \begin{bmatrix} \boldsymbol{M}_4 \\ \boldsymbol{N}_4 \end{bmatrix}
\end{aligned}
\tag{13-63}
$$

式中

$$
\boldsymbol{M}_4 = \begin{bmatrix} m_{11}^{(4)} \\ m_{21}^{(4)} \end{bmatrix}, \quad \boldsymbol{N}_4 = \begin{bmatrix} n_{11}^{(4)} \\ n_{21}^{(4)} \end{bmatrix}
$$

$$
\begin{cases}
\boldsymbol{F}_{\mathrm{W1}} = \begin{bmatrix} V_{\mathrm{SL1}} - \cosh(\gamma_0 L_1) V_{\mathrm{SR1}} & -\sinh(\gamma_0 L_1) \boldsymbol{Z}_{\mathrm{C}}^{-1} \cdot V_{\mathrm{SR1}} \end{bmatrix}^{\mathrm{T}} \\
\boldsymbol{F}_{\mathrm{W2}} = \begin{bmatrix} V_{\mathrm{SL2}} - \cosh(\gamma_0 L_2) V_{\mathrm{SR2}} & -\sinh(\gamma_0 L_2) \boldsymbol{Z}_{\mathrm{C}}^{-1} \cdot V_{\mathrm{SR2}} \end{bmatrix}^{\mathrm{T}} \\
\boldsymbol{F}_{\mathrm{W3}} = \begin{bmatrix} V_{\mathrm{SL3}} - \cosh(\gamma_0 L_3) V_{\mathrm{SR3}} & -\sinh(\gamma_0 L_3) \boldsymbol{Z}_{\mathrm{C}}^{-1} \cdot V_{\mathrm{SR3}} \end{bmatrix}^{\mathrm{T}}
\end{cases}
\tag{13-64}
$$

其中

$$
\begin{cases}
V_{\mathrm{SL1}} = \dfrac{2(S_1 + \mathrm{e}^{\gamma_0 L_1} S_2)}{\mathrm{e}^{2\gamma_0 L_1} - 1} \\[2mm]
V_{\mathrm{SR1}} = \dfrac{2(\mathrm{e}^{\gamma_0 L_1} S_1 + S_2)}{\mathrm{e}^{2\gamma_0 L_1} - 1} \\[2mm]
V_{\mathrm{SL2}} = \dfrac{2(S_1 + \mathrm{e}^{\gamma_0 L_2} S_2)}{\mathrm{e}^{2\gamma_0 L_2} - 1} \\[2mm]
V_{\mathrm{SR2}} = \dfrac{2(\mathrm{e}^{\gamma_0 L_2} S_1 + S_2)}{\mathrm{e}^{2\gamma_0 L_2} - 1} \\[2mm]
V_{\mathrm{SL3}} = \dfrac{2(S_1 + \mathrm{e}^{\gamma_0 L_3} S_2)}{\mathrm{e}^{2\gamma_0 L_3} - 1} \\[2mm]
V_{\mathrm{SR3}} = \dfrac{2(\mathrm{e}^{\gamma_0 L_3} S_1 + S_2)}{\mathrm{e}^{2\gamma_0 L_3} - 1}
\end{cases}
\tag{13-65}
$$

场线耦合过程为线性过程，S_1、S_2 与辐射场强 E 呈线性关系，因此 V_{SL1}、V_{SR1}、V_{SL2}、V_{SR2}、V_{SL3}、V_{SR3} 与辐射场强 E 呈线性关系。$\boldsymbol{M}_4$ 和 $\boldsymbol{N}_4$ 的表达式为

$$\boldsymbol{M}_4 = \begin{bmatrix} m_{11}^{(4)} \\ m_{21}^{(4)} \end{bmatrix} = \begin{bmatrix} k_{23}V_{\mathrm{SL1}} + k_{24}V_{\mathrm{SR1}} + k_{25}V_{\mathrm{SL2}} + k_{26}V_{\mathrm{SR2}} + k_{27}V_{\mathrm{SL3}} + k_{28}V_{\mathrm{SR3}} \\ k_{29}V_{\mathrm{SL1}} + k_{30}V_{\mathrm{SR1}} + k_{31}V_{\mathrm{SL2}} + k_{32}V_{\mathrm{SR2}} \end{bmatrix} \tag{13-66}$$

其中

$$k_{23} = \frac{\sinh(\gamma_0 L_1)Y_5}{Z_{\mathrm{CM}}^2} + \frac{\cosh(\gamma_0 L_1)Y_6}{Z_{\mathrm{CM}}Z_{\mathrm{DM}}}$$

$$\begin{aligned} Y_5 = {} & Z_{\mathrm{CM}}^2 \cosh(\gamma_0 L_2)\sinh(\gamma_0 L_3) + Z_{\mathrm{CM}}Z_{\mathrm{DM}}\sinh(\gamma_0 L_2)\left[\cosh(\gamma_0 L_3) + Y_{\mathrm{P2}}^{\mathrm{CM}}Z_{\mathrm{CM}}\sinh(\gamma_0 L_3)\right] \\ & + Z_{\mathrm{P1}}^{\mathrm{CM}}X_7 - Z_{\mathrm{CM}}\left(1 + Y_{\mathrm{P1}}^{\mathrm{CM}}Z_{\mathrm{P1}}^{\mathrm{CM}}\right)X_8 \end{aligned}$$

$$\begin{aligned} Y_6 = {} & Z_{\mathrm{CM}}^2 \sinh(\gamma_0 L_2)\sinh(\gamma_0 L_3) + Z_{\mathrm{CM}}Z_{\mathrm{DM}}\cosh(\gamma_0 L_2)\left[\cosh(\gamma_0 L_3) + Y_{\mathrm{P2}}^{\mathrm{CM}}Z_{\mathrm{CM}}\sinh(\gamma_0 L_3)\right] \\ & + 2Y_{\mathrm{P1}}^{\mathrm{DM}}Z_{\mathrm{CM}}Z_{\mathrm{DM}}\left\{Z_{\mathrm{DM}}\cosh(\gamma_0 L_3)\sinh(\gamma_0 L_2) + Z_{\mathrm{CM}}\left[\cosh(\gamma_0 L_2) + Y_{\mathrm{P2}}^{\mathrm{CM}}Z_{\mathrm{DM}}\sinh(\gamma_0 L_2)\right] \right. \\ & \left. \cdot \sinh(\gamma_0 L_3)\right\} + Z_{\mathrm{DM}}\left(1 + Y_{\mathrm{P1}}^{\mathrm{CM}}Z_{\mathrm{P1}}^{\mathrm{CM}}\right)X_7 - Y_{\mathrm{P1}}^{\mathrm{CM}}Z_{\mathrm{CM}}Z_{\mathrm{DM}}\left(2 + Y_{\mathrm{P1}}^{\mathrm{CM}}Z_{\mathrm{P1}}^{\mathrm{CM}}\right)X_8 \end{aligned}$$

$$\begin{aligned} X_7 = {} & \sinh(\gamma_0 L_2)\left[Z_{\mathrm{P2}}^{\mathrm{CM}}\cosh(\gamma_0 L_3) + Z_{\mathrm{CM}}\left(1 + Y_{\mathrm{P2}}^{\mathrm{CM}}Z_{\mathrm{P2}}^{\mathrm{CM}}\right)\sinh(\gamma_0 L_3)\right] \\ & + Z_{\mathrm{CM}}\cosh(\gamma_0 L_2)\left[\left(1 + Y_{\mathrm{P2}}^{\mathrm{CM}}Z_{\mathrm{P2}}^{\mathrm{CM}}\right)\cosh(\gamma_0 L_3) + Y_{\mathrm{P2}}^{\mathrm{CM}}Z_{\mathrm{CM}}\left(2 + Y_{\mathrm{P2}}^{\mathrm{CM}}Z_{\mathrm{P2}}^{\mathrm{CM}}\right)\sinh(\gamma_0 L_3)\right] \end{aligned}$$

$$\begin{aligned} X_8 = {} & -\cosh(\gamma_0 L_2)\left[Z_{\mathrm{P2}}^{\mathrm{CM}}\cosh(\gamma_0 L_3) + Z_{\mathrm{CM}}\left(1 + Y_{\mathrm{P2}}^{\mathrm{CM}}Z_{\mathrm{P2}}^{\mathrm{CM}}\right)\sinh(\gamma_0 L_3)\right] \\ & - Z_{\mathrm{CM}}\sinh(\gamma_0 L_2)\left[\left(1 + Y_{\mathrm{P2}}^{\mathrm{CM}}Z_{\mathrm{P2}}^{\mathrm{CM}}\right)\cosh(\gamma_0 L_3) + Y_{\mathrm{P2}}^{\mathrm{CM}}Z_{\mathrm{CM}}\left(2 + Y_{\mathrm{P2}}^{\mathrm{CM}}Z_{\mathrm{P2}}^{\mathrm{CM}}\right)\sinh(\gamma_0 L_3)\right] \end{aligned}$$

$$k_{24} = k_{23}\left[\cosh(\gamma_0 L_1) - \sinh(\gamma_0 L_1)\right]$$

$$\begin{aligned} k_{25} = {} & \frac{1}{Z_{\mathrm{CM}}}\left\{\sinh(\gamma_0 L_2)\left[Z_{\mathrm{P2}}^{\mathrm{CM}}\cosh(\gamma_0 L_3) + Z_{\mathrm{CM}}\left(1 + Y_{\mathrm{P2}}^{\mathrm{CM}}Z_{\mathrm{P2}}^{\mathrm{CM}}\right)\sinh(\gamma_0 L_3)\right] \right. \\ & \left. + Z_{\mathrm{CM}}\cosh(\gamma_0 L_2)\left[\left(1 + Y_{\mathrm{P2}}^{\mathrm{CM}}Z_{\mathrm{P2}}^{\mathrm{CM}}\right)\cosh(\gamma_0 L_3) + Y_{\mathrm{P2}}^{\mathrm{CM}}Z_{\mathrm{CM}}\left(2 + Y_{\mathrm{P2}}^{\mathrm{CM}}Z_{\mathrm{P2}}^{\mathrm{CM}}\right)\sinh(\gamma_0 L_3)\right]\right\} \end{aligned}$$

$$\begin{aligned} k_{26} = {} & -\frac{k_{25}}{Z_{\mathrm{CM}}}\cosh(\gamma_0 L_2) + \frac{1}{Z_{\mathrm{CM}}}\sinh(\gamma_0 L_2)\left\{\cosh(\gamma_0 L_2)\left[Z_{\mathrm{P2}}^{\mathrm{CM}}\cosh(\gamma_0 L_3)\right.\right. \\ & \left. + Z_{\mathrm{CM}}\left(1 + Y_{\mathrm{P2}}^{\mathrm{CM}}Z_{\mathrm{P2}}^{\mathrm{CM}}\right)\sinh(\gamma_0 L_3)\right] + Z_{\mathrm{CM}}\sinh(\gamma_0 L_2)\left[\left(1 + Y_{\mathrm{P2}}^{\mathrm{CM}}Z_{\mathrm{P2}}^{\mathrm{CM}}\right)\cosh(\gamma_0 L_3)\right. \\ & \left.\left. + Y_{\mathrm{P2}}^{\mathrm{CM}}Z_{\mathrm{CM}}\left(2 + Y_{\mathrm{P2}}^{\mathrm{CM}}Z_{\mathrm{P2}}^{\mathrm{CM}}\right)\sinh(\gamma_0 L_3)\right]\right\} \end{aligned}$$

$$k_{27} = \cosh(\gamma_0 L_3)$$

$$k_{28} = -\cosh(\gamma_0 L_3)k_{27} + \sinh^2(\gamma_0 L_3)$$

$$\begin{aligned} k_{29} = {} & \frac{1}{Z_{\mathrm{CM}}^2 Z_{\mathrm{DM}}}\left\{Z_{\mathrm{CM}}\cosh(\gamma_0 L_2)\left[\left(Z_{\mathrm{P1}}^{\mathrm{CM}} + Z_{\mathrm{P2}}^{\mathrm{CM}}\right)\cosh(\gamma_0 L_3) + Z_{\mathrm{DM}}\left(2 + Y_{\mathrm{P1}}^{\mathrm{CM}}Z_{\mathrm{P1}}^{\mathrm{CM}}\right.\right.\right. \\ & \left.\left. + 2Y_{\mathrm{P2}}^{\mathrm{DM}}Z_{\mathrm{P1}}^{\mathrm{CM}} + Y_{\mathrm{P2}}^{\mathrm{DM}}Z_{\mathrm{P2}}^{\mathrm{DM}}\right)\sinh(\gamma_0 L_3)\right] + \sinh(\gamma_0 L_2)Y_7 + Z_{\mathrm{CM}}\cosh(\gamma_0 L_1)Y_8\Big\} \end{aligned}$$

$$Y_7 = Z_{CM}\left(Z_{CM} + Z_{DM} + Y_{P1}^{CM}Z_{CM}Z_{P1}^{CM} + Y_{P2}^{DM}Z_{DM}Z_{P2}^{DM}\right)\cosh(\gamma_0 L_3)$$
$$+ Z_{DM}\left[Z_{P1}^{CM} + 2Y_{P2}^{DM}Z_{CM}\left(Z_{CM} + Z_{DM} + Y_{P1}^{CM}Z_{CM}Z_{P1}^{CM}\right) + Y_{P2}^{DM2}Z_{CM}Z_{DM}Z_{P2}^{DM}\right]$$
$$\cdot \sinh(\gamma_0 L_3)$$

$$Y_8 = Z_{CM}\left[2Y_{P1}^{CM}Z_{CM}Z_{DM} + Y_{P1}^{CM2}Z_{CM}Z_{DM}Z_{P1}^{CM} + Z_{P2}^{DM} + 2Y_{P1}^{DM}Z_{CM}^2\left(1 + Y_{P2}^{DM}Z_{P2}^{DM}\right)\right]\cosh(\gamma_0 L_3)$$
$$+ Z_{DM}\sinh(\gamma_0 L_3)\left[Z_{CM} + Z_{DM} + Y_{P1}^{CM}Z_{DM}Z_{P1}^{CM} + 2Y_{P1}^{CM}Y_{P2}^{DM}Z_{CM}^2Z_{DM}\left(2 + Y_{P1}^{CM}Z_{P1}^{CM}\right)\right.$$
$$\left. + Y_{P2}^{DM}Z_{CM}Z_{P2}^{DM} + 2Y_{P1}^{DM}Y_{P2}^{DM}Z_{CM}Z_{DM}^2\left(2 + Y_{P2}^{DM}Z_{P2}^{DM}\right)\right]$$

$$k_{30} = -\cosh(\gamma_0 L_1)k_{29} + \frac{\sinh(\gamma_0 L_1)}{Z_{CM}^2}\left[\cosh(\gamma_0 L_1)Y_9 + Z_{CM}\cosh(\gamma_0 L_2)Y_{10}\right]$$

$$Y_9 = Z_{CM}\cosh(\gamma_0 L_2)\left[\left(Z_{P1}^{CM} + Z_{P2}^{DM}\right)\cosh(\gamma_0 L_3) + Z_{DM}\left(2 + Y_{P1}^{CM}Z_{P1}^{CM} + 2Y_{P2}^{DM}Z_{P1}^{CM}\right.\right.$$
$$\left.+ Y_{P2}^{DM}Z_{P2}^{DM}\right)\sinh(\gamma_0 L_3)\right] + \sinh(\gamma_0 L_2)\left\{Z_{CM}\left(Z_{CM} + Z_{DM} + Y_{P1}^{CM}Z_{CM}Z_{P1}^{CM}\right.\right.$$
$$\left.+ Y_{P2}^{DM}Z_{DM}Z_{P2}^{DM}\right)\cosh(\gamma_0 L_3) + Z_{DM}\left[Z_{P1}^{CM} + 2Y_{P2}^{DM}Z_{CM}\left(Z_{CM} + Z_{DM}\right.\right.$$
$$\left.\left.\left. + Y_{P1}^{CM}Z_{CM}Z_{P1}^{CM}\right) + Y_{P2}^{DM2}Z_{CM}Z_{DM}Z_{P2}^{DM}\right]\sinh(\gamma_0 L_3)\right\}$$

$$Y_{10} = \left(2 + Y_{P1}^{CM}Z_{P1}^{CM} + 2Y_{P1}^{DM}Z_{P2}^{CM} + Y_{P2}^{DM}Z_{P2}^{DM}\right)\cosh(\gamma_0 L_3)$$
$$+ Z_{DM}\left[Y_{P1}^{CM2}Z_{P1}^{CM} + 2Y_{P1}^{CM}\left(1 + Y_{P2}^{DM}Z_{P1}^{CM}\right) + 2Y_{P1}^{DM}\left(1 + Y_{P2}^{DM}Z_{P2}^{DM}\right)\right.$$
$$\left. + Y_{P2}^{DM}\left(4 + Y_{P2}^{DM}Z_{P2}^{DM}\right)\right]\sinh(\gamma_0 L_3)$$

$$k_{31} = \frac{1}{Z_{CM}}\left[Z_{DM}\sinh(\gamma_0 L_2)\sinh(\gamma_0 L_3) + Z_{CM}\cosh(\gamma_0 L_2)\left(\cosh(\gamma_0 L_3)\right.\right.$$
$$\left.\left. + 2Y_{P2}^{DM}Z_{DM}\sinh(\gamma_0 L_3)\right)\right]$$

$$k_{32} = \frac{\sinh(\gamma_0 L_2)}{Z_{CM}}\left\{Z_{CM}\cosh(\gamma_0 L_3)\sinh(\gamma_0 L_2) + Z_{DM}\left[\cosh(\gamma_0 L_2)\right.\right.$$
$$\left.\left. + 2Y_{P2}^{DM}Z_{CM}\sinh(\gamma_0 L_2)\right]\sinh(\gamma_0 L_3)\right\} - \cosh(\gamma_0 L_2)k_{31}$$

$$N_4 = \begin{bmatrix} n_{11}^{(4)} \\ n_{21}^{(4)} \end{bmatrix} = \begin{bmatrix} k_{33}V_{SL1} + k_{34}V_{SR1} + k_{35}V_{SL2} + k_{36}V_{SR2} + k_{37}V_{SL3} + k_{38}V_{SR3} \\ k_{39}V_{SL1} + k_{40}V_{SR1} + k_{41}V_{SL2} + k_{42}V_{SR2} \end{bmatrix} \tag{13-67}$$

其中

$$k_{33} = -\frac{Z_{DM}\sinh(\gamma_0 L_1)Y_7 + Z_{CM}\cosh(\gamma_0 L_1)Y_8}{Z_{CM}^3 Z_{DM}}$$

$$X_9 = Z_{\text{CM}} \left(1 + Y_{\text{P2}}^{\text{CM}} Z_{\text{P2}}^{\text{CM}}\right) \cosh(\gamma_0 L_3) + Z_{\text{P2}}^{\text{CM}} \sinh(\gamma_0 L_3)$$

$$X_{10} = Y_{\text{P2}}^{\text{CM}} Z_{\text{CM}} \left(2 + Y_{\text{P2}}^{\text{CM}} Z_{\text{P2}}^{\text{CM}}\right) \cosh(\gamma_0 L_3) + \left(1 + Y_{\text{P2}}^{\text{CM}} Z_{\text{P2}}^{\text{CM}}\right) \sinh(\gamma_0 L_3)$$

$$\begin{aligned}
Y_7 = {}& Z_{\text{CM}}^2 \cosh(\gamma_0 L_2) \cosh(\gamma_0 L_3) + Z_{\text{CM}} Z_{\text{DM}} \sinh(\gamma_0 L_2) \Big[2 Y_{\text{P2}}^{\text{CM}} Z_{\text{CM}} \cosh(\gamma_0 L_3) \\
& + \sinh(\gamma_0 L_3) \Big] + Z_{\text{P1}}^{\text{CM}} \sinh(\gamma_0 L_2) X_9 + Z_{\text{CM}} \cosh(\gamma_0 L_2) X_{10} + Z_{\text{CM}} \left(1 + Y_{\text{P1}}^{\text{CM}} Z_{\text{P1}}^{\text{CM}}\right) \\
& \cdot \left[\cosh(\gamma_0 L_2) X_9 + Z_{\text{CM}} \sinh(\gamma_0 L_2) X_{10} \right]
\end{aligned}$$

$$\begin{aligned}
Y_8 = {}& Z_{\text{CM}}^2 \cosh(\gamma_0 L_3) \sinh(\gamma_0 L_2) + Z_{\text{CM}} Z_{\text{DM}} \cosh(\gamma_0 L_2) \Big[2 Y_{\text{P2}}^{\text{CM}} Z_{\text{CM}} \cosh(\gamma_0 L_3) + \sinh(\gamma_0 L_3) \Big] \\
& + 2 Y_{\text{P1}}^{\text{DM}} Z_{\text{CM}} Z_{\text{DM}} \Big\{ Z_{\text{CM}} \cosh(\gamma_0 L_2) \cosh(\gamma_0 L_3) + Z_{\text{DM}} \sinh(\gamma_0 L_2) \Big[2 Z_{\text{P2}}^{\text{CM}} Z_{\text{CM}} \cosh(\gamma_0 L_3) \\
& + \sinh(\gamma_0 L_3) \Big] \Big\} + Z_{\text{DM}} \left(1 + Y_{\text{P1}}^{\text{CM}} Z_{\text{P1}}^{\text{CM}}\right) \left[\sinh(\gamma_0 L_2) X_9 + Z_{\text{CM}} \cosh(\gamma_0 L_2) X_{10} \right] \\
& + Y_{\text{P1}}^{\text{CM}} Z_{\text{CM}} Z_{\text{DM}} \left(2 + Y_{\text{P1}}^{\text{CM}} Z_{\text{P1}}^{\text{CM}}\right) \left[\cosh(\gamma_0 L_2) X_9 + Z_{\text{CM}} \sinh(\gamma_0 L_2) X_{10} \right]
\end{aligned}$$

$$k_{34} = -\cosh(\gamma_0 L_1) k_{33} + \sinh(\gamma_0 L_1) \left[Z_{\text{DM}} \cosh(\gamma_0 L_1) Y_9 + Z_{\text{CM}} \sinh(\gamma_0 L_1) Y_{10} \right]$$

$$\begin{aligned}
Y_9 = {}& Z_{\text{CM}}^2 \cosh(\gamma_0 L_2) \cosh(\gamma_0 L_3) + Z_{\text{CM}} Z_{\text{DM}} \sinh(\gamma_0 L_2) \Big[2 Y_{\text{P2}}^{\text{CM}} Z_{\text{CM}} \cosh(\gamma_0 L_3) \\
& + \sinh(\gamma_0 L_3) \Big] + Z_{\text{P1}}^{\text{CM}} \left[\sinh(\gamma_0 L_2) X_9 + Z_{\text{CM}} \cosh(\gamma_0 L_2) X_{10} \right] + Z_{\text{CM}} \left(1 + Y_{\text{P1}}^{\text{CM}} Z_{\text{P1}}^{\text{CM}}\right) \\
& \cdot \left[\cosh(\gamma_0 L_2) X_9 + Z_{\text{CM}} \sinh(\gamma_0 L_2) X_{10} \right]
\end{aligned}$$

$$\begin{aligned}
Y_{10} = {}& Z_{\text{CM}}^2 \cosh(\gamma_0 L_3) \sinh(\gamma_0 L_2) + Z_{\text{CM}} Z_{\text{DM}} \cosh(\gamma_0 L_2) \Big[2 Y_{\text{P2}}^{\text{CM}} Z_{\text{CM}} \cosh(\gamma_0 L_3) + \sinh(\gamma_0 L_3) \Big] \\
& + 2 Y_{\text{P1}}^{\text{DM}} Z_{\text{CM}} Z_{\text{DM}} \Big\{ Z_{\text{CM}} \cosh(\gamma_0 L_2) \cosh(\gamma_0 L_3) + Z_{\text{DM}} \sinh(\gamma_0 L_2) \Big[2 Y_{\text{P2}}^{\text{CM}} Z_{\text{CM}} \cosh(\gamma_0 L_3) \\
& + \sinh(\gamma_0 L_3) \Big] \Big\} + Z_{\text{DM}} \left(1 + Y_{\text{P1}}^{\text{CM}} Z_{\text{P1}}^{\text{CM}}\right) \left[\sinh(\gamma_0 L_2) X_9 + Z_{\text{CM}} \cosh(\gamma_0 L_2) X_{10} \right] \\
& + Y_{\text{P1}}^{\text{CM}} Z_{\text{CM}} Z_{\text{DM}} \left(2 + Y_{\text{P1}}^{\text{CM}} Z_{\text{P1}}^{\text{CM}}\right) \left[\cosh(\gamma_0 L_2) X_9 + Z_{\text{CM}} \sinh(\gamma_0 L_2) X_{10} \right]
\end{aligned}$$

$$\begin{aligned}
k_{35} = {}& -\frac{1}{Z_{\text{CM}}^2 Z_{\text{DM}}} \Big\{ \sinh(\gamma_0 L_2) \Big[Z_{\text{CM}} \left(1 + Y_{\text{P2}}^{\text{CM}} Z_{\text{P2}}^{\text{CM}}\right) \cosh(\gamma_0 L_3) + Z_{\text{P2}}^{\text{CM}} \sinh(\gamma_0 L_3) \Big] \\
& + Z_{\text{CM}} \cosh(\gamma_0 L_2) \Big[Y_{\text{P2}}^{\text{CM}} Z_{\text{CM}} \left(2 + Y_{\text{P2}}^{\text{CM}} Z_{\text{P2}}^{\text{CM}}\right) \cosh(\gamma_0 L_3) + \left(1 + Y_{\text{P2}}^{\text{CM}} Z_{\text{P2}}^{\text{CM}}\right) \sinh(\gamma_0 L_3) \Big] \Big\}
\end{aligned}$$

$$\begin{aligned}
k_{36} = {}& -\cosh(\gamma_0 L_2) k_{35} + \frac{1}{Z_{\text{CM}}^2 Z_{\text{DM}}} \sinh(\gamma_0 L_2) \Big\{ \cosh(\gamma_0 L_2) \Big[Z_{\text{CM}} \left(1 + Y_{\text{P2}}^{\text{CM}} Z_{\text{P2}}^{\text{CM}}\right) \cosh(\gamma_0 L_3) \\
& + Z_{\text{P2}}^{\text{CM}} \sinh(\gamma_0 L_3) \Big] + Z_{\text{CM}} \sinh(\gamma_0 L_2) \Big[Y_{\text{P2}}^{\text{CM}} Z_{\text{CM}} \left(2 + Y_{\text{P2}}^{\text{CM}} Z_{\text{P2}}^{\text{CM}}\right) \cosh(\gamma_0 L_3) \\
& + \left(1 + Y_{\text{P2}}^{\text{CM}} Z_{\text{P2}}^{\text{CM}}\right) \sinh(\gamma_0 L_3) \Big] \Big\}
\end{aligned}$$

$$k_{37} = \frac{\sinh(\gamma_0 L_3)}{Z_{CM}}$$

$$k_{38} = -\cosh(\gamma_0 L_3)k_{37} + \frac{1}{2Z_{CM}}\sinh(2\gamma_0 L_3)$$

$$k_{39} = -\frac{1}{Z_{CM}^2 Z_{DM}^2}\left\{Z_{DM}\sinh(\gamma_0 L_1)\left[Z_{CM}\cosh(\gamma_0 L_2)Y_{11} + \sinh(\gamma_0 L_2)Y_{12}\right]\right.$$
$$\left. + Z_{CM}\cosh(\gamma_0 L_1)\left[Z_{CM}Z_{DM}\cosh(\gamma_0 L_2)Y_{13} + \sinh(\gamma_0 L_2)Y_{14}\right]\right\}$$

$$Y_{11} = Z_{DM}\left(2 + Y_{P1}^{CM}Z_{P1}^{CM} + 2Y_{P2}^{DM}Z_{P1}^{CM} + Y_{P2}^{DM}Z_{P2}^{DM}\right)\cosh(\gamma_0 L_3) + \left(Z_{P1}^{CM} + Z_{P2}^{DM}\right)\sinh(\gamma_0 L_3)$$

$$Y_{12} = Z_{DM}\left[Z_{P1}^{CM} + 2Y_{P2}^{DM}Z_{CM}\left(Z_{CM} + Z_{DM} + Y_{P1}^{CM}Z_{CM}Z_{P1}^{CM}\right) + Y_{P2}^{DM2}Z_{CM}Z_{DM}Z_{P2}^{DM}\right]\cosh(\gamma_0 L_3)$$
$$+ Z_{CM}\left(Z_{CM} + Z_{DM} + Y_{P1}^{CM}Z_{CM}Z_{P1}^{CM} + Y_{P2}^{DM}Z_{DM}Z_{P2}^{DM}\right)\sinh(\gamma_0 L_3)$$

$$Y_{13} = Z_{DM}\left[Y_{P1}^{CM2}Z_{P1}^{CM} + 2Y_{P1}^{CM}\left(1 + Y_{P2}^{DM}Z_{P1}^{CM}\right) + 2Y_{P1}^{DM}\left(1 + Y_{P2}^{DM}Z_{P2}^{DM}\right)\right.$$
$$\left. + Y_{P2}^{DM}\left(4 + Y_{P2}^{DM}Z_{P2}^{DM}\right)\right]\cosh(\gamma_0 L_3)$$
$$+ \left(2 + Y_{P1}^{CM}Z_{P1}^{CM} + 2Y_{P1}^{DM}Z_{P2}^{DM} + Y_{P2}^{DM}Z_{P2}^{DM}\right)\sinh(\gamma_0 L_3)$$

$$Y_{14} = Z_{DM}\cosh(\gamma_0 L_3)\left\{Z_{CM} + Z_{DM} + Y_{P1}^{CM}Z_{DM}Z_{P1}^{CM} + 2Y_{P1}^{CM}Y_{P2}^{DM}Z_{CM}^2 Z_{DM}\left(2 + Y_{P1}^{CM}Z_{P1}^{CM}\right)\right.$$
$$\left. + Y_{P2}^{DM}Z_{CM}Z_{P2}^{DM} + 2Y_{P1}^{DM}Y_{P2}^{DM}Z_{CM}Z_{DM}^2\left(2 + Y_{P2}^{DM}Z_{P2}^{DM}\right)\right\}$$
$$+ Z_{CM}\left[2Y_{P1}^{CM}Z_{CM}Z_{DM} + Y_{P1}^{CM2}Z_{CM}Z_{DM}Z_{P1}^{CM} + Z_{P2}^{DM} + 2Y_{P1}^{DM}Z_{DM}^2\left(1 + Y_{P2}^{DM}Z_{P2}^{DM}\right)\right]$$
$$\cdot \sinh(\gamma_0 L_3)$$

$$k_{40} = -\cosh(\gamma_0 L_1)k_{39} - \frac{\sinh(\gamma_0 L_1)}{Z_{CM}^2 Z_{DM}^2}\left\{Z_{DM}\cosh(\gamma_0 L_1)\left[Z_{CM}\cosh(\gamma_0 L_2)Y_{11} + \sinh(\gamma_0 L_2)Y_{12}\right]\right.$$
$$\left. + Z_{CM}\sinh(\gamma_0 L_1)\left[Z_{CM}Z_{DM}\cosh(\gamma_0 L_2)Y_{13} + \sinh(\gamma_0 L_2)Y_{14}\right]\right\}$$

$$k_{41} = -\frac{1}{Z_{CM}Z_{DM}}\left\{Z_{DM}\cosh(\gamma_0 L_3)\sinh(\gamma_0 L_2) + Z_{CM}\cosh(\gamma_0 L_2)\left[2Y_{P2}^{DM}Z_{DM}\cosh(\gamma_0 L_3)\right.\right.$$
$$\left.\left. + \sinh(\gamma_0 L_3)\right]\right\}$$

$$k_{42} = -\cosh(\gamma_0 L_2)k_{41} - \frac{\sinh(\gamma_0 L_2)}{Z_{CM}Z_{DM}}\left\{Z_{DM}\cosh(\gamma_0 L_2)\cosh(\gamma_0 L_3)\right.$$
$$\left. + Z_{CM}\sinh(\gamma_0 L_2)\left[2Y_{P2}^{DM}Z_{DM}\cosh(\gamma_0 L_3) + \sinh(\gamma_0 L_3)\right]\right\}$$

为直观表示，上述表达式中使用系列 k 参数表示与左右两端设备均无关的参数。

下面分析辐射和注入时终端响应间的关系。由于关注的重点是左右两端的差模响应，所以需要满足左右两端的差模响应相等，即

$$\begin{cases} V_{\mathrm{DM}}^{(\mathrm{i})}(L)=V_{\mathrm{DM}}^{(\mathrm{r})}(L), & V_{\mathrm{DM}}^{(\mathrm{i})}(0)=V_{\mathrm{DM}}^{(\mathrm{r})}(0) \\ I_{\mathrm{DM}}^{(\mathrm{i})}(0)=I_{\mathrm{DM}}^{(\mathrm{r})}(0), & I_{\mathrm{DM}}^{(\mathrm{i})}(L)=I_{\mathrm{DM}}^{(\mathrm{r})}(L) \end{cases} \tag{13-68}$$

在上述约束条件下，根据前面的推导可得

$$m_{21}^{(3)}=m_{21}^{(4)}, \quad n_{21}^{(3)}=n_{21}^{(4)} \tag{13-69}$$

即

$$\begin{cases} k_{17}V_{\mathrm{S1}}+k_{18}V_{\mathrm{S2}}=k_{29}V_{\mathrm{SL1}}+k_{30}V_{\mathrm{SR1}}+k_{31}V_{\mathrm{SL2}}+k_{32}V_{\mathrm{SR2}} \\ k_{21}V_{\mathrm{S1}}+k_{22}V_{\mathrm{S2}}=k_{39}V_{\mathrm{SL1}}+k_{40}V_{\mathrm{SR1}}+k_{41}V_{\mathrm{SL2}}+k_{42}V_{\mathrm{SR2}} \end{cases} \tag{13-70}$$

解得

$$\begin{cases} V_{\mathrm{S1}}=-\dfrac{1}{k_{18}k_{21}-k_{17}k_{22}}(-k_{39}k_{18}V_{\mathrm{SL1}}+k_{29}k_{22}V_{\mathrm{SL1}}-k_{41}k_{18}V_{\mathrm{SL2}}+k_{31}k_{22}V_{\mathrm{SL2}} \\ \qquad -k_{40}k_{18}V_{\mathrm{SR1}}+k_{30}k_{22}V_{\mathrm{SR1}}-k_{42}k_{18}V_{\mathrm{SR2}}+k_{32}k_{22}V_{\mathrm{SR2}}) \\ V_{\mathrm{S2}}=-\dfrac{1}{k_{18}k_{21}-k_{17}k_{22}}(k_{39}k_{17}V_{\mathrm{SL1}}-k_{29}k_{21}V_{\mathrm{SL1}}+k_{41}k_{17}V_{\mathrm{SL2}}-k_{31}k_{21}V_{\mathrm{SL2}} \\ \qquad +k_{40}k_{17}V_{\mathrm{SR1}}-k_{30}k_{21}V_{\mathrm{SR1}}+k_{42}k_{17}V_{\mathrm{SR2}}-k_{32}k_{21}V_{\mathrm{SR2}}) \end{cases} \tag{13-71}$$

k 参数与左右两端受试设备没有任何关系，而 V_{SL1}、V_{SR1}、V_{SL2}、V_{SR2} 均与场强 E 呈线性关系，因此可以得出结论：辐射场强 E 与等效注入电压 V_{S1} 和 V_{S2} 呈线性关系，双端大电流注入可以实现线性等效辐射的情况，且不受左右两端受试设备阻抗参数的影响。

13.2.2　双端注入仿真验证

为了检验理论推导的准确性，下面基于 CST Studio 2019 软件的线缆工作室、设计工作室进行仿真验证。

假设空间中存在 5m×0.6m 的理想导体薄板，其上方有两条距理想导体薄板高度为 300mm 且与地面平行的平行双线缆，两条平行双线缆长均为 2m，间距为

3.5mm，平行双线缆的类型为 LIFY 0025 的单线。

在建立完线缆模型后，线缆工作室自动生成两端口网络，而后在设计工作室中按照图 13-23 和图 13-24 构建仿真模型。其中，线缆终端负载采用两个并联电阻进行模拟，每根线的对地阻抗使用等效电容进行模拟，为实现终端阻抗的不平衡性，每根线的对地电容选取不同的值，左侧两个对地电容分别为 3pF 和 7pF，右侧两个对地电容分别为 2pF 和 3pF。

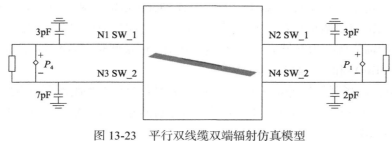

图 13-23　平行双线缆双端辐射仿真模型

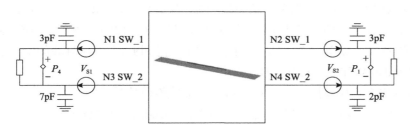

图 13-24　平行双线缆双端注入仿真模型

在人为变更阻抗时，主要是改变线缆两端的电阻值。首先开展低场强电磁辐射和等效注入，然后在不改变终端阻抗的情况下，开展高场强辐射和等效注入试验，判断线性情况下试验方法的准确性。进一步改变线缆两端的阻抗值，首先只改变一端阻抗，然后改变两端阻抗，观察终端阻抗变化情况下试验方法的准确性。

辐射时施加 1V/m 的水平极化辐射场，线性外推 12dB 后，变为 4V/m。注入时在生成的两端口网络左右两侧均添加集总共模激励源，左端共模激励源的相位设为 0°，调整右端共模激励源的相位。可以调整左右两端共模激励源的幅值，线性外推 12dB 后，左右两端共模激励源的幅值均扩大 4 倍。

首先，在辐射条件下确定某一频点的左右两端 EUT 的差模响应电压。调节左右两侧的共模激励源的幅值和相位，使得注入时此频点下左右两端 EUT 的差模电压响应与辐射条件下一致。

然后，将辐射场强增大 12dB，注入的共模激励源增大 12dB。观察线性外推条件下，注入和辐射时左右两端 EUT 的差模电压响应的变化情况。

　　最后，辐射和注入的条件不变，更换左右两端 EUT 的差模阻抗，模拟左右两端设备阻抗的非线性变化。更换差模阻抗之后，观察注入和辐射条件下左右两端 EUT 的差模电压响应的变化情况。

　　下面以 100MHz 为例，详细叙述仿真过程。

　　(1)进行低场强预仿真，设置平面波激励为 1V/m。左端阻抗为 25Ω，右端阻抗为 25Ω，记录此时左右两端响应分别为 21.886697dBmV 和 13.742653dBmV。

　　在注入模型中调整左右两个共模激励源，当左端幅值调整为 0.032V、相位为 0°以及右端幅值调整为 0.0583V、相位为–20°时，记录此时左右两端的响应分别为 21.212519dBmV 和 13.741206dBmV。

　　(2)进行高场强线性外推仿真，辐射模型设置平面波激励比低场强扩大 12dB (4V/m)。保持左右两端阻抗不变，记录此时左右两端响应分别为 33.927816dBmV 和 25.78383dBmV。

　　在注入模型中调整左右两个共模激励源，两个共模激励源的幅值均增大 12dB，相位差保持不变，即左侧共模激励源幅值调整为 0.128V、相位为 0°，右侧共模激励源幅值调整为 0.2332V、相位为–20°，得到此时左右两端的响应分别为 33.253719dBmV 和 25.782406dBmV。

　　(3)变更左右两端阻抗以模拟两端设备非线性响应情况。

　　①只改变左端阻抗，左端阻抗变为 16.7Ω，右端阻抗为 25Ω 不变。辐射模型设置平面波激励不变，记录此时左右两端响应分别为 30.442051dBmV 和 26.139631dBmV。

　　同样，在注入模型中左端阻抗变为 16.7Ω，右端阻抗为 25Ω 不变。左右两激励源的幅值仍是相对于等效低场强情况线性外推 4 倍，相位差不变。记录此时左右两端的响应分别为 29.767954dBmV 和 25.623965dBmV。

　　②仅改变右端阻抗值，左端阻抗为 25Ω，右端阻抗为 37.5Ω。辐射模型设置平面波激励不变，高场强时记录此时左右两端响应分别为 34.018529dBmV 和 29.249641dBmV。等效注入试验中得到左右两端的响应分别为 33.222431dBmV 和 29.248217dBmV。

　　③左右两端同时变阻抗，左端阻抗变为 16.7Ω，右端阻抗变为 37.5Ω。高场强条件下得到左右两端响应分别为 30.550066dBmV 和 29.622744dBmV。等效注入时左右两端响应分别为 29.753968dBmV 和 29.107078dBmV。

　　本节还进行了 50MHz、240MHz、340MHz 频点的仿真，综合所有频点的左右两端设备的响应，其仿真结果如表 13-2 所示。

表 13-2　不同频点下双端注入等效强场辐射试验结果

频率 /MHz	激励方式	激励大小			左端响应 /dBmV	右端响应 /dBmV	左端阻抗 /Ω	右端阻抗 /Ω
		V_{s1}	V_{s2}	相位差				
50	辐射			1V/m	26.302695	17.395946	25	25
				4V/m	38.40235	29.435828	25	25
				4V/m	34.916806	32.234947	16.7	25
				4V/m	38.369809	32.800425	25	37.5
				4V/m	34.926649	32.234947	16.7	37.5
	注入	0.878	0.9855	−190.05	26.36115	17.394628	25	25
		3.512	3.942	−190.05	38.3439	29.437151	25	25
		3.512	3.942	−190.05	34.975257	28.754366	16.7	25
		3.512	3.942	−190.05	38.327781	32.801748	25	37.5
		3.512	3.942	−190.05	34.968677	32.968677	16.7	37.5
100	辐射			1V/m	21.886697	13.742653	25	25
				4V/m	33.927816	25.78383	25	25
				4V/m	30.442051	26.139631	16.7	25
				4V/m	34.018529	29.249641	25	37.5
				4V/m	30.550066	29.622744	16.7	37.5
	注入	0.032	0.0583	−20	21.212519	13.741206	25	25
		0.128	0.2332	−20	33.782406	25.782406	25	25
		0.128	0.2332	−20	29.767954	25.623975	16.7	25
		0.128	0.2332	−20	33.222431	29.248217	25	37.5
		0.128	0.2332	−20	29.753968	29.107078	16.7	37.5
240	辐射			1V/m	5.5325095	5.2742112	25	25
				4V/m	17.573789	17.315746	25	25
				4V/m	14.136348	17.419534	16.7	25
				4V/m	17.484294	20.718561	25	37.5
				4V/m	14.064233	20.839728	16.7	37.5
	注入	0.52	0.52	177.9	5.511684	5.2182707	25	25
		2.08	2.08	177.9	17.552884	17.25947	25	25
		2.08	2.08	177.9	14.115443	17.484753	16.7	25
		2.08	2.08	177.9	17.657852	20.662285	25	37.5
		2.08	2.08	177.9	14.23779	20.904947	16.7	37.5

频率 /MHz	激励 方式	激励大小			左端响应 /dBmV	右端响应 /dBmV	左端阻抗 /Ω	右端阻抗 /Ω
		V_{s1}	V_{s2}	相位差				
340	辐射			1V/m	8.4856468	5.8857449	25	25
				4V/m	20.526832	17.927027	25	25
				4V/m	17.066439	17.76203	16.7	25
				4V/m	20.442199	21.346269	25	37.5
				4V/m	17.011297	21.210763	16.7	37.5
	注入	0.4165	0.327	188.6	8.4023859	5.8820379	25	25
		1.666	1.308	188.6	20.443586	17.923238	25	25
		1.666	1.308	188.6	16.983193	17.730571	16.7	25
		1.666	1.308	188.6	20.33979	21.342479	25	37.5
		1.666	1.308	188.6	16.903078	21.179304	16.7	37.5

分析上述仿真结果发现，注入等效辐射的结果较为理想，并且可以保证辐射和注入时左右两端设备的响应相等，最大误差都不超过 1dB，存在误差的原因是在调整注入激励电压源使得与辐射情况下等效时，注入激励源参数的调整会同时影响两终端响应的幅值和相位差，调节过程较为烦琐，且难以完全实现低场强辐射和注入结果的完全等效，导致线性外推后试验误差的产生。仿真误差较小，也证明了本节提出试验方法的正确性。

仿真结果表明：平行双线缆耦合通道使用大电流双端注入的方法可以实现注入条件和辐射条件下左右两端设备的响应对应相等，并且注入激励源的大小与左右两端设备端口阻抗参数无关，即使线缆两端连接的是非线性设备，上述等效关系依然成立。

13.2.3　双端注入等效试验方法及验证

为验证理论推导及仿真结果的准确性，鉴于目前的实验室条件，拟采取人为变阻抗模拟非线性受试设备响应的方式开展试验。试验系统组成如图 13-25 和图 13-26 所示。在高度为 1m 的水平桌面上放置 2m 长的平行双线缆，平行双线缆左端接入阻抗值为 50Ω 的通过式负载（模拟设备 A），右端接入阻抗值为 50Ω 的通过式负载（模拟设备 B），两者通过光-电转换模块连接至频谱仪。

辐射时，距离平行双线缆 1m 处，放置一双锥天线作为辐射激励源，在平行双线缆靠近左右两侧设备的位置加入 2 个注入探头，探头位置不动，探头端接匹配负载。注入时，探头位置不变，探头端接注入激励电压源（信号源），为保证两注入激励源频率一致，使用功率分配器将一个信号源分成两路，为改变两注入激

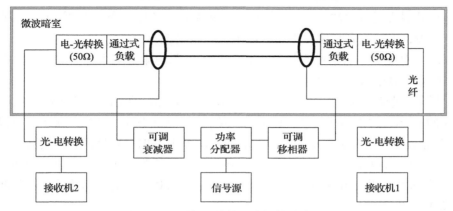

图 13-25 平行双线缆双端辐射试验配置

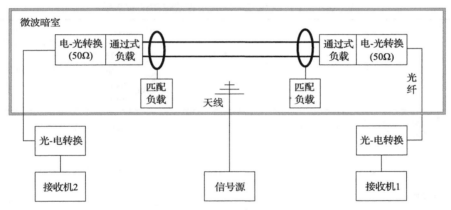

图 13-26 平行双线缆双端注入试验配置

励源的幅值和相位差，在两路注入信号通路上接入可调衰减器和可调移相器，实现对注入信号幅值和相位的调节。利用矢量网络分析仪测试两路注入信号的相位差。

试验方法如下：

(1)开展注入预试验，调整注入探头在线缆上的位置，在同样的注入功率下，监测线缆终端响应，选取终端响应相对较大的注入位置，避免选择终端响应过小的位置，选定位置后该频率下注入探头的位置保持不变。

(2)进行低场强下的辐射实验，选取某一特定频点，使用天线对平行双线缆进行辐射，记录此频点下左右两端频谱仪的数值，该数值即为左右两端负载的响应。

(3)开展等效注入试验,左右两终端阻抗不变,调整信号源注入功率及其相位,使得左右两端通过式负载的响应与辐射时一致。

(4)进行高场强线性外推试验，依次更换左右两端的通过式负载，实现对左右两终端等效阻抗的改变，将辐射场强增大 10dB，记录左右两终端响应。

　　(5)开展强场等效注入试验,保持左右两端阻抗条件不变,将两注入源幅值均增大 10dB,保持两者相位差不变,记录两终端响应。

　　(6)再次变更左右两端阻抗值,辐射和注入源的输出与步骤(4)和(5)保持一致,比较终端响应的一致性。

　　平行双线缆双端注入等效辐射试验结果如表 13-3 所示,试验配置实物图如图 13-27 所示,辐射与注入试验设备响应及试验误差曲线如图 13-28 所示。可以看出,在等效线性外推试验中,各频点的误差均小于 3dB,满足试验精度要求,证明了双端注入等效试验方法的准确性。在高场强及其等效注入试验中,即使左右两端阻抗发生变化,试验误差也较小,证明了场强和注入电压的等效关系与两端设备阻抗特性无关。

表 13-3　平行双线缆双端注入等效辐射试验结果

频率/MHz	试验类别	阻抗条件	辐射试验				注入试验				左端注入与辐射试验误差/dB	右端注入与辐射试验误差/dB
			辐射功率/dBm	左侧终端响应/dBm	右侧终端响应/dBm	两侧终端响应的相位差/(°)	注入功率/dBm	左侧终端响应/dBm	右侧终端响应/dBm	两侧终端响应的相位差/(°)		
320	低场强预试验	左 25Ω 右 37.5Ω	0	−52.4	−41.2	−50	−0.2	−52.4	−41.2	−50	—	—
	高场强外推试验 1	左 25Ω 右 50Ω	10	−38.8	−26.4	−78	9.8	−40.5	−28.0	−78	1.7	1.6
	高场强外推试验 2	左 50Ω 右 50Ω	10	−35.4	−27.5	−46	9.8	−36.4	−27.9	−45	1.0	0.4
380	低场强预试验	左 50Ω 右 50Ω	0	−44.2	−39.0	−86	−8.1	−44.2	−39.0	−86	—	—
	高场强外推试验 1	左 50Ω 右 37.5Ω	10	−35.3	−32.2	−49	1.9	−34.8	−33.1	−47.0	0.5	0.9
	高场强外推试验 2	左 50Ω 右 25Ω	10	−34.4	−34.3	−50	1.9	−34.0	−36.0	−56.0	0.4	1.7
400	低场强预试验	左 50Ω 右 25Ω	0	−45.0	−44.0	135	−9.9	−45.0	−44.0	135	—	—
	高场强外推试验 1	左 50Ω 右 37.5Ω	10	−33.7	−31.6	133	0.1	−33.9	−33.5	135	0.2	1.9
	高场强外推试验 2	左 50Ω 右 16.7Ω	10	−35.6	−34.8	123	0.1	−35.8	−36.9	127	0.2	2.1

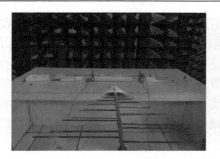

图 13-27　平行双线缆双端辐射与注入试验配置实物图

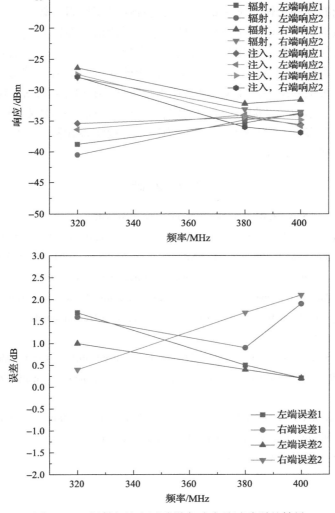

图 13-28　辐射与注入试验设备响应及试验误差结果

　　试验过程中，在调节衰减器的衰减倍数时，两注入源之间的关系发生改变，导致终端响应不但幅值改变，而且相位差也发生变化，而调节移相器的移相值时，同样两注入源之间的关系发生改变导致终端响应的幅值发生变化。因此，在调节注入源输出的过程中，需要反复多次调节衰减器和移相器，试验过程相对烦琐，对测试人员要求较高，工程上不易操作实现。因此，在低场强等效注入试验中，两注入激励电压源的幅值和相位差难以调整到十分精确的数值，导致外推后双端注入试验误差的产生。

　　另外，在工程实际情况下，对于受试互联系统线缆两端的设备，一个设备的端口一般为输出端口，另一个设备的端口一般为输入端口（通常也是受试端口）。为保证信号能够顺利传输至下一级，一般设置输出端口阻抗较小、输入端口阻抗较大。当线缆耦合外界电磁干扰信号时，通常干扰信号在输入端口响应较大，也就是说线缆另一端设备的输出端口阻抗不易发生剧烈变化，加之低频线缆对外界耦合的高频干扰信号具有较大的衰减作用，因此受试线缆另一端阻抗变化造成的反射影响并未对试验结果产生颠覆性的影响。对比图 13-18 和图 13-28 的数据可以看出，受试线缆双端变阻抗条件下单端注入试验方法并不比双端注入试验方法的试验误差大很多（小于 1dB）。因此，为便于工程实现和推广应用，可以采用单端注入方法开展等效试验。

参 考 文 献

[1] Grassi F, Pignari S A. Bulk current injection in twisted wire pairs with not perfectly balanced terminations[J]. IEEE Transactions on Electromagnetic Compatibility, 2013, 55(6):1293-1301.

[2] Tesche F M, Ianoz M V, Karlsson T. EMC Analysis Methods and Computational Models[M]. Beijing: Beijing University of Posts and Telecommunications Press, 2009.

[3] Grassi F, Spadacini G, Pignari S A. The concept of weak imbalance and its role in the emissions and immunity of differential lines[J]. IEEE Transactions on Electromagnetic Compatibility, 2013, 55(6):1346-1349.

[4] Marlinani F, Spadacini G, Pignari S A. Double bulk current injection test with amplitude and phase control[C]. IEEE International Symposium on Electromagnetic Compatibility, Zurich, 2007: 429-432.

[5] Cuvelier M, Rioult J, Klingler M, et al. Double bulk current injection: A new harness setup to correlate immunity test methods[C]. IEEE International Symposium on Electromagnetic Compatibility, Istanbul, 2003: 225-228.

第14章　非屏蔽多芯线缆耦合通道大电流注入等效试验方法

14.1　非屏蔽多芯线缆终端响应规律

非屏蔽多芯线缆之间存在遮挡效应，在进行电磁辐射效应试验时，各芯线缆响应难以保持一致，因此需要重点研究这种情况下如何实现注入和电磁辐射的等效性。首先，研究多芯线缆中各芯线缆响应，简便起见，本章以非屏蔽四芯线缆为研究对象，四根芯线两两为一线对，每一线对终端连接负载，测试终端负载响应之间的关系。

该试验主要研究非屏蔽多芯线缆在辐射和注入试验过程中，线缆沿着轴线转动，不同线对终端负载响应是否存在显著变化，即考查非屏蔽多芯线缆在辐射试验过程中不同线对之间是否存在遮挡效应。

试验频率分别为 100MHz、400MHz、800MHz，四根芯线的颜色分别为黄、黑、棕、灰，黄黑和棕灰分别组成线对，为了使其他因素的影响降至最低，线对两终端均接 50Ω 负载，采用电-光转换、光-电转换、光纤传输方式，分别测试两线对在辐射和注入试验条件下的右端响应，试验配置如图 14-1 和图 14-2 所示，实物照片如图 14-3 所示，试验结果如表 14-1 所示。

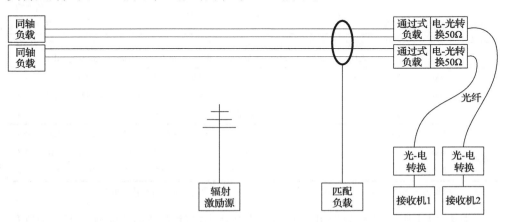

图 14-1　非屏蔽多芯线缆辐射试验配置

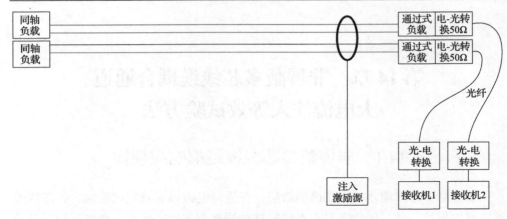

图 14-2　非屏蔽多芯线缆单端注入试验配置

图 14-3　非屏蔽多芯线缆辐射和单端注入试验配置实物照片

表 14-1　非屏蔽多芯线缆沿轴线转动辐射与注入终端负载响应试验结果

试验类别	频率/MHz	信号源/dBm	0°		90°		180°		270°		四个角度响应最大差值	
			黄黑/dBm	棕灰/dBm	黄黑/dBm	棕灰/dBm	黄黑/dBm	棕灰/dBm	黄黑/dBm	棕灰/dBm	黄黑/dB	棕灰/dB
辐射试验	100	10	−40.4	−49.7	−41.6	−45.3	−42.5	−42.8	−37.2	−40.0	5.3	9.7
	400	10	−33.9	−51.8	−39.3	−51.7	−45.7	−48.6	−41.5	−48.9	11.8	3.2
	800	10	−50.6	−58.8	−46.8	−58.6	−49.7	−61.5	−53.2	−59.9	6.4	2.9
注入试验	100	10	−17.0	−27.1	−16.7	−27.0	−16.8	−26.7	−18.0	−27.3	1.3	0.6
	400	10	−37.8	−49.6	−36.6	−49.5	−36.1	−53.2	−39.1	−50.3	3.0	3.7
	800	10	−22.3	−36.7	−22.7	−37.6	−23.1	−37.3	−21.6	−36.5	1.5	1.1

　　注：0°位置为黄黑线在前、棕灰线在后，其他位置为从右向左看，线缆逆时针转动角度。

　　由表 14-1 中的试验数据可以看出，非屏蔽多芯线缆沿轴线转动，不同角度位置辐射条件下终端负载响应试验结果相差较大，最大差值达 11.8dB。非屏蔽多芯线缆不同线对之间终端负载的响应，主要是由非屏蔽多芯线缆感应的共模电流通过终端电路的不平衡性、共差模转换而来的。因此，非屏蔽多芯线缆在辐射试验过程中不同线对之间的遮挡效应明显。在注入试验中，终端响应随线缆转动变化相对不显著，说明注入试验时各芯线缆之间的遮挡效应不明显。针对上述规律，在等效强场注入试验时，若要保证每个终端负载响应均与电磁辐射时相等，则可能对辐射场条件有一定的限制，若需要在一般情况下开展等效试验，则需要通过沿轴线转动找到辐射最严酷的响应状态，进而开展加严等效注入试验。

14.2　非屏蔽多芯线缆大电流注入等效试验方法

14.2.1　严格等效试验方法及验证

对于非屏蔽多芯线缆，其内任意两芯线缆均构成双线回路，若单纯考核每个双芯线缆回路耦合产生的遮挡效应，则可直接按照平行双线缆耦合通道的方法开展等效注入试验研究，此时注入与辐射效应试验是严格等效的。

仅选取非屏蔽多芯线缆中的某一线对，分别开展电磁辐射和等效注入试验，考察辐射和注入时该线对终端响应能否保持一致。试验时选取某型非屏蔽四芯线缆为受试对象，选择其中的黄黑线对开展等效试验。低场强预试验时该线对左右两端阻抗分别为 50Ω 和 37.5Ω，在高场强外推试验中，右端阻抗变为 25Ω，之后在相同场强下变为 16.7Ω。观察等效注入试验的误差，试验结果如表 14-2 和图 14-4 所示，试验误差如图 14-5 所示，可以看出，采取上述试验方法所得两终端响应误差均很小，说明对于非屏蔽多芯线缆，采用单独对某一线对开展等效注入试验可保证较高的试验准确性。

表 14-2　非屏蔽四芯线缆(黄黑线对)单端变阻抗注入等效辐射试验

频率/MHz	试验类别	低场强预试验 黄黑：左 50Ω，右 37.5Ω		高场强外推试验 1 黄黑：左 50Ω，右 25Ω			高场强外推试验 2 黄黑：左 50Ω，右 16.7Ω		
		信号源输出功率/dBm	黄黑线对右端响应/dBm	信号源输出功率/dBm	黄黑线对右端响应/dBm	注入与辐射试验误差/dB	信号源输出功率/dBm	黄黑线对右端响应/dBm	注入与辐射试验误差/dB
30	辐射试验	0	−59.2	10	−52.2		10	−54.8	
						0.2			0.1
	注入试验	−25.4	−59.2	−15.4	−52.4		−15.4	−54.9	
100	辐射试验	0	−56.8	10	−49.3		10	−52.2	
						1.0			0.6
	注入试验	−33.3	−56.8	−23.3	−50.3		−23.3	−52.8	

续表

频率/MHz	试验类别	低场强预试验 黄黑：左50Ω，右37.5Ω		高场强外推试验1 黄黑：左50Ω，右25Ω			高场强外推试验2 黄黑：左50Ω，右16.7Ω		
		信号源输出功率/dBm	黄黑线对右端响应/dBm	信号源输出功率/dBm	黄黑线对右端响应/dBm	注入与辐射试验误差/dB	信号源输出功率/dBm	黄黑线对右端响应/dBm	注入与辐射试验误差/dB
200	辐射试验	0	−32.6	10	−25.1	0.1	10	−27.5	0
	注入试验	−1.2	−32.6	8.8	−25.0		8.8	−27.5	
300	辐射试验	0	−50.0	10	−43.0	0.1	10	−45.4	0.1
	注入试验	−6.8	−50.0	3.2	−43.1		3.2	−45.3	
400	辐射试验	0	−55.6	10	−48.8	1.0	10	−50.4	0.5
	注入试验	−14.4	−55.6	−4.4	−47.8		−4.4	−49.9	
500	辐射试验	0	−49.9	10	−42.6	0.6	10	−44.6	0.6
	注入试验	−18.8	−49.9	−8.8	−42.0		−8.8	−44.0	
600	辐射试验	0	−57.6	10	−50.2	0.1	10	−52.1	0.1
	注入试验	−19.9	−57.6	−9.9	−50.1		−9.9	−52.0	
700	辐射试验	0	−51.3	10	−43.9	0.2	10	−46.2	0.5
	注入试验	−13.6	−51.3	−3.6	−44.1		−3.6	−46.7	
800	辐射试验	0	−47.2	10	−39.8	0.2	10	−42.5	0.1
	注入试验	−9.9	−47.2	0.1	−40.0		0.1	−42.6	
900	辐射试验	10	−52.1	10	−45.3	0.4	10	−48.3	0.3
	注入试验	−18.2	−52.1	−8.2	−45.7		−8.2	−48.6	
1000	辐射试验	0	−58.3	10	−51.8	0.1	10	−54.8	0.3
	注入试验	−16.4	−58.3	−6.4	−51.7		−6.4	−54.5	

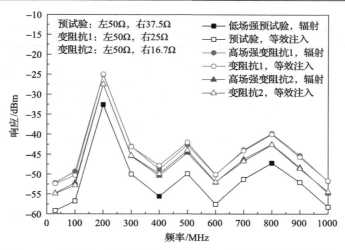

图 14-4　非屏蔽四芯线缆单端变阻抗注入与辐射线缆右端响应

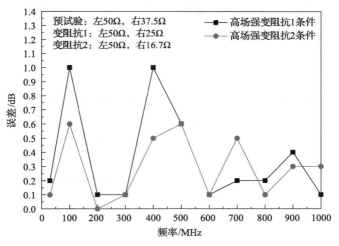

图 14-5　非屏蔽四芯线缆单端变阻抗注入与辐射试验误差

　　在上述研究的基础上，进一步研究线缆两端同时出现非线性时，采用单端注入方法的试验误差是否能够接受，在上述试验配置的基础上，将线缆另一端也采用人为变阻抗的方式模拟非线性情况，按照与前面单端注入方法一致的试验方法开展等效试验，观察试验误差的大小。试验结果如表 14-3 和图 14-6 所示，试验误差如图 14-7 所示。可以看出，虽然相比于单端非线性的情况试验误差有所增大，但大部分均小于 2dB，个别点最大误差为 2.6dB，满足等效试验的精度需求，因此即使线缆两端同时变阻抗，工程上也可采用单端注入方法进行等效试验。分析产生上述结果的原因，主要是线缆一端阻抗的变化经过传输线后，对另一端的影响较小，因此注入等效替代辐射效应试验的误差可以接受。

表 14-3　非屏蔽四芯线缆（黄黑线对）双端变阻抗注入等效辐射试验

频率/MHz	试验类别	低场强预试验 黄黑：左25Ω，右37.5Ω		高场强外推试验1 黄黑：左16.7Ω，右25Ω			高场强外推试验2 黄黑：左37.5Ω，右16.7Ω		
		信号源输出功率/dBm	黄黑线对右端响应/dBm	信号源输出功率/dBm	黄黑线对右端响应/dBm	注入与辐射试验误差/dB	信号源输出功率/dBm	黄黑线对右端响应/dBm	注入与辐射试验误差/dB
30	辐射试验	0	−56.8	10	−52.7	2.6	10	−53.5	1.3
	注入试验	−23.1	−56.8	−13.1	−50.1		−13.1	−52.2	
100	辐射试验	0	−52.1	10	−47.7	2.4	10	−50.4	1.8
	注入试验	−28.3	−52.1	−18.3	−45.3		−18.3	−48.6	
200	辐射试验	0	−33.3	10	−26.1	0.5	10	−27.9	0.1
	注入试验	−3.7	−33.6	6.3	−26.6		6.3	−28.0	
300	辐射试验	0	−49.7	10	−43.3	0.5	10	−44.8	0.9
	注入试验	−12.8	−49.7	−2.8	−42.8		−2.8	−43.9	
400	辐射试验	0	−54.5	10	−46.6	0.4	10	−50.1	0.2
	注入试验	−12.4	−54.5	−2.4	−46.2		−2.4	−49.9	
500	辐射试验	0	−48.5	10	−41.1	0.2	10	−43.9	1.6
	注入试验	−18.4	−48.5	−8.4	−41.3		−8.4	−42.3	
600	辐射试验	0	−54.6	10	−46.8	0.1	10	−50.9	1.7
	注入试验	−17.8	−54.6	−7.8	−46.9		−7.8	−49.2	
700	辐射试验	0	−49.9	10	−42.8	0.2	10	−45.5	0.4

续表

频率/MHz	试验类别	低场强预试验 黄黑：左 25Ω，右 37.5Ω		高场强外推试验 1 黄黑：左 16.7Ω，右 25Ω			高场强外推试验 2 黄黑：左 37.5Ω，右 16.7Ω		
		信号源输出功率/dBm	黄黑线对右端响应/dBm	信号源输出功率/dBm	黄黑线对右端响应/dBm	注入与辐射试验误差/dB	信号源输出功率/dBm	黄黑线对右端响应/dBm	注入与辐射试验误差/dB
700	注入试验	−11.7	−49.9	−1.7	−42.6	0.2	−1.7	−45.1	0.4
800	辐射试验	0	−49.5	10	−42.8	0.6	10	−45.3	0.3
	注入试验	−10.1	−49.5	−0.1	−42.2		−0.1	−45.0	
900	辐射试验	0	−51.2	10	−45.1	0.5	10	−47.5	0.2
	注入试验	−16.7	−51.2	−6.7	−44.6		−6.7	−47.7	
1000	辐射试验	0	−57.8	10	−50.7	0.8	10	−53.3	0.7
	注入试验	−16.0	−57.8	−6.0	−51.5		−6.0	−54.0	

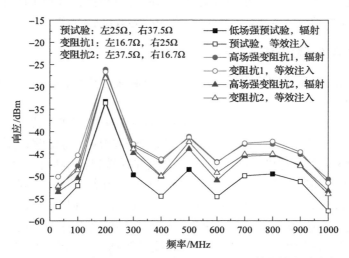

图 14-6　非屏蔽四芯线缆双端变阻抗注入与辐射线缆右端响应

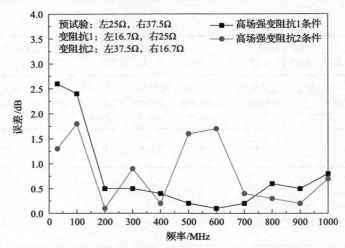

图 14-7　非屏蔽四芯线缆双端变阻抗注入与辐射试验误差

　　此外，本书研究了一次性整线束的注入是否能够保证两芯线缆对终端响应均与电磁辐射时相等。在试验过程中，为实现两终端响应均与辐射时相等，首先调整注入探头在线缆上的位置，若通过调整注入探头的位置和改变注入源输出无法同时保证两线对终端负载响应均与辐射时相等，则调整辐射天线的入射方向。试验结果表明，对于非屏蔽四芯线缆，即使允许调整天线和注入探头的位置，也很难实现两线对的响应均与电磁辐射时相等，多个线对同时保证注入与辐射响应的一致性更无法实现，这主要是由辐射和注入时的电磁耦合过程不同导致的，为能够同时对整线束进行注入试验，下面提出加严等效试验方法及验证。

14.2.2　加严等效试验方法及验证

　　综合之前的分析及理论推导，现提出非屏蔽多芯线缆耦合通道大电流注入加严等效试验方法：

　　(1)进行试验准备，互联多芯线缆的左端设备保持不变，若右端受试设备的响应易于监测，则直接监测；若右端受试设备的响应不易监测，则尝试以并联接入的方式将监测设备接入线缆右端，以该并联端口的响应作为辐射和注入的等效依据；若上述监测方式均不可行，则将平行双线缆右端的受试设备取下，右端接入光-电模块(必要时接入衰减器或通过式负载等)，以监测线缆的端口响应。

　　(2)开展低场强预试验，在已知某一低场强辐射的条件下，对受试多芯线缆耦合通道开展电磁辐射试验，分别将多芯线缆转动 0°、90°、180°、270°，记录不同线对终端响应的最大值(包络)。开展注入试验，调整注入电压源的大小，保证多芯线缆中某一线对终端注入响应与辐射响应最大值(包络)相等、其他线对终端注入响应大于辐射响应，从而建立注入激励电压源与辐射场强之间的等效对应关系。

(3)进行高场强线性外推试验，在之前得到的等效对应关系的基础上，将激励源线性外推，同时在多芯线缆的右端接回原来的受试设备，此时大电流注入的激励对受试设备的效应即为辐射场强通过相同的线性外推对受试设备的效应。根据试验要求，判断受试系统是否能够通过敏感度或安全裕度试验考核，完成强场条件下大电流注入等效辐射试验。

加严等效试验方法的意义在于：加严等效注入试验各线对响应均不小于对应辐射时的响应，若加严等效注入试验时受试设备不出现性能降级，则可以保证对应辐射试验时受试设备同样不会出现性能降级，也就是说更适合通过性试验。开展加严等效注入试验时，仅能保证某一线对响应与辐射时完全一致，而其他线对响应的误差事先难以获知，因此若需要严格开展等效注入试验，则可采取对各线对单独开展等效注入试验的方法，此时试验结果可保证较高的准确性。

加严等效试验方法的有效性验证如下：实际工程中，在开展等效注入试验时，应对线缆终端辐射响应的最坏情况进行等效。首先开展电磁辐射试验，分别将线缆转动 0°、90°、180°、270°，记录两线对响应的最大值，结果如图 14-8 所示；然后开展注入试验，直接等效两线对响应的最大值，通常无法同时实现等效，则保证某一线对终端注入响应与辐射时相等，另一线对终端注入响应大于辐射响应。试验结果如表 14-4、图 14-9～图 14-11 所示。由图 14-11 的误差结果可以看出：严格等效线对的试验误差较小，最大误差为 2.1dB，部分频点加严等效误差较大，最大误差达到 9.3dB，这主要是由于不同线对注入与辐射效应试验之间的等效对应关系相差较大。对于试验误差较大的线对响应，可采取单独进行等效注入试验的方法提高试验的准确性。

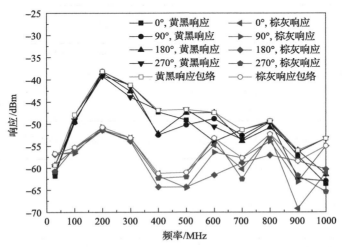

图 14-8　非屏蔽四芯线缆不同角度位置电磁辐射线缆右端响应

表 14-4　非屏蔽四芯线缆 BCI 注入加严等效辐射效应试验

频率/MHz	试验类别	线缆位置	低场强预试验 黄黑：左50Ω，右25Ω 棕灰：左50Ω，右37.5Ω			高场强外推试验 黄黑：左50Ω，右16.7Ω 棕灰：左50Ω，右25Ω			注入与辐射试验相对误差/dB	加严等效带来的误差/dB
			信号源输出功率/dBm	黄黑响应/dBm	棕灰响应/dB	信号源输出功率/dBm	黄黑响应/dBm	棕灰响应/dB		
30	辐射试验	0°	3	−61.8	−59.2	13			0.5	1.6
		90°		−61.3	−56.7			−49.3		
		180°		−59.3	−56.9		−52.2			
		270°		−61.1	−60.7					
	注入试验	270°	−14.0	−57.9	−56.7	−4.0	−50.6	−49.8		
100	辐射试验	0°	3	−47.9	−55.6	13	−42.1		0.8	0.4
		90°		−49.6	−56.6					
		180°		−49.5	−56.2					
		270°		−49.1	−55.3			−48.6		
	注入试验	270°	−15.5	−47.9	−55.1	−5.5	−41.3	−49.0		
200	辐射试验	0°	3	−39.1	−51.3	13			1.4	5.8
		90°		−38.1	−50.7		−30.8	−46.0		
		180°		−38.4	−51.4					
		270°		−39.2	−51.3					
	注入试验	180°	2.1	−38.1	−46.1	12.1	−29.4	−40.2		
300	辐射试验	0°	3	−41.2	−53.1	13	−34.2	−46.7	1.2	2.4
		90°		−41.4	−53.1					
		180°		−42.6	−53.9					
		270°		−43.9	−53.7					
	注入试验	270°	−0.8	−39.3	−53.1	9.2	−31.8	−45.5		
400	辐射试验	0°	3	−47.3	−61.2	13		−56.7	1.5	6.3
		90°		−52.5	−61.8					
		180°		−52.2	−64.3					
		270°		−46.9	−62.3		−38.9			
	注入试验	180°	−3.8	−46.9	−55.5	6.2	−37.4	−50.4		

续表

频率/MHz	试验类别	线缆位置	低场强预试验 黄黑：左50Ω，右25Ω 棕灰：左50Ω，右37.5Ω			高场强外推试验 黄黑：左50Ω，右16.7Ω 棕灰：左50Ω，右25Ω			注入与辐射试验相对误差/dB	加严等效带来的误差/dB
			信号源输出功率/dBm	黄黑响应/dBm	棕灰响应/dB	信号源输出功率/dBm	黄黑响应/dBm	棕灰响应/dB		
500	辐射试验	0°		−49.1	−61.0			−53.7	1.9	1.8
		90°	3	−50.2	−64.5	13				
		180°		−47.5	−64.3					
		270°		<u>−46.7</u>	−62		−40.1			
	注入试验	270°	−9.7	<u>−46.7</u>	−60.1		−38.2	−51.9		
600	辐射试验	0°		−54	−54.8				1.9	0.4
		90°	3	−48.8	−56.4	13				
		180°		<u>−47.4</u>	−61.6		−40.1			
		270°		−50.6	−53.2			−44.9		
	注入试验	180°	−5.4	<u>−47.4</u>	−52.8	4.6	−38.2	−44.5		
700	辐射试验	0°		<u>−51.3</u>	−60.2		−43.3		1.3	9.3
		90°	3	−52.6	−57.7	13		−52.5		
		180°		−53.9	−58.8					
		270°		−53.5	−62.5					
	注入试验	270°	−13.2	<u>−51.3</u>	−50.3	−3.2	−44.6	−43.2		
800	辐射试验	0°		−49.6	−52.9				1.6	7.1
		90°	3	<u>−49.3</u>	−53.9	13	−43.0			
		180°		−50.8	−57.1					
		270°		−49.5	−52.3			−46.7		
	注入试验	180°	−5.9	<u>−49.3</u>	−46.7	4.1	−41.4	−39.6		
900	辐射试验	0°		−57.3	−69.2				0.9	4.2
		90°	3	−62.4	−63.1	13				
		180°		<u>−56.0</u>	−58.4		−47.7	−51.7		
		270°		−56.4	−61.7					
	注入试验	270°	−16.6	<u>−56.0</u>	−54.1	−6.6	−48.6	−47.5		
1000	辐射试验	0°		−63.6	−61.1				2.1	1.8
		90°	3	−63	−55.0	13		−48.4		
		180°		−61.5	−60.3					
		270°		<u>−53.3</u>	−65.4		−48.8			

续表

频率 /MHz	试验 类别	线缆 位置	低场强预试验 黄黑：左 50Ω，右 25Ω 棕灰：左 50Ω，右 37.5Ω			高场强外推试验 黄黑：左 50Ω，右 16.7Ω 棕灰：左 50Ω，右 25Ω			注入与 辐射试验 相对误差 /dB	加严等效 带来的 误差/dB
			信号源 输出功率 /dBm	黄黑响应 /dBm	棕灰响应 /dB	信号源 输出功率 /dBm	黄黑响应 /dBm	棕灰响应 /dB		
1000	注入 试验	180°	−9.5	<u>53.3</u>	−54.2	0.5	−46.7	−46.6	2.1	1.8

注：表中数据加下画线部分表示以该响应作为注入与辐射等效的依据。

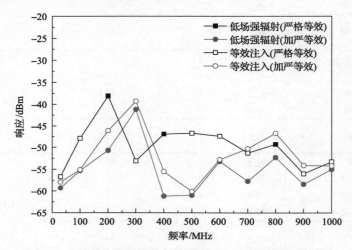

图 14-9 非屏蔽四芯线缆低场强预先试验辐射与注入响应

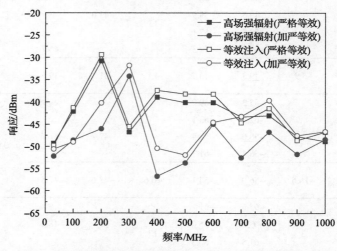

图 14-10 非屏蔽四芯线缆高场强外推试验辐射与注入响应

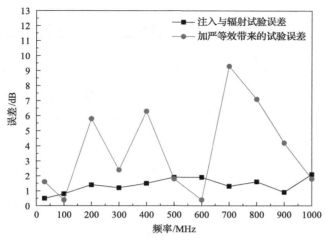

图 14-11　非屏蔽四芯线缆注入与辐射试验误差

14.3　注入探头接入对辐射试验配置的影响

在电磁辐射试验中，为保证受试系统的无源网络模型与注入时一致，进而满足线性外推所需条件，需要在电磁辐射试验中加入注入探头，这会导致辐射试验配置与原有电磁辐射试验配置不同，从而导致试验产生误差，下面研究辐射试验中接入注入探头的影响。

首先开展无注入探头的低场强电磁辐射试验，进而开展等效注入试验，获取场强和注入电压的等效关系，然后开展线性外推注入试验和强场辐射试验，比较终端响应的误差。试验时仍然采取人为变阻抗的方式模拟强场时终端阻抗出现非线性的问题。试验配置如图 14-12 所示，试验结果如表 14-5 和图 14-13 所示，试验误差如图 14-14 所示。可以看出，400MHz 以下，试验误差较小，满足

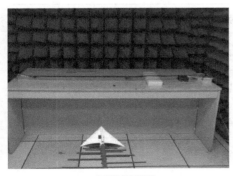

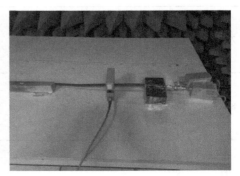

(a) 辐射试验配置　　　　　　　　　　　　　(b) 注入试验配置

图 14-12　非屏蔽四芯线缆单端变阻抗注入等效无探头辐射试验配置

表 14-5　单端注入等效无探头强场辐射试验数据

频率/MHz	试验类别	低场强预试验 黄黑：左 50Ω，右 37.5Ω		高场强外推试验 1 黄黑：左 50Ω，右 25Ω			高场强外推试验 2 黄黑：左 50Ω，右 16.7Ω		
		信号源输出功率/dBm	黄黑线对右端响应/dBm	信号源输出功率/dBm	黄黑线对右端响应/dBm	注入与辐射试验误差/dB	信号源输出功率/dBm	黄黑线对右端响应/dBm	注入与辐射试验误差/dB
100	辐射试验	0	−45.9	10	−40.4	1.5	10	−43.2	1.3
	注入试验	−21.5	−45.9	−11.5	−38.9		−11.5	−41.9	
200	辐射试验	0	−37.5	10	−29.6	0.4	10	−32.2	0.3
	注入试验	−9.5	−37.5	0.5	−30.0		10	−32.5	
300	辐射试验	0	−42.9	10	−36.5	0.5	10	−38.8	0.3
	注入试验	−0.7	−42.9	9.3	−36.0		9.3	−39.1	
400	辐射试验	0	−52.3	10	−45.6	0.9	10	−47.2	0.3
	注入试验	−19.7	−52.3	−9.7	−44.7		−9.7	−46.9	
500	辐射试验	0	−52.8	10	−46.2	1.1	10	−47.5	0.1
	注入试验	−20.2	−52.8	−10.2	−45.1		−10.2	−47.4	
600	辐射试验	0	−50.9	10	−43.9	0.7	10	−45.6	3.2
	注入试验	−9.5	−50.9	0.5	−43.2		0.5	−42.4	
700	辐射试验	10	−52.0	10	−49.6	5.6	10	−52.6	3.4
	注入试验	−16.8	−52.0	−16.8	−54.0		−16.8	−56.0	
800	辐射试验	0	−49.1	10	−41.1	1.1	10	−44.0	0.3
	注入试验	−6.3	−49.1	3.7	−42.2		3.7	−44.3	
900	辐射试验	10	−60.5	10	−65.8	2.3	10	−69.0	2.5
	注入试验	−27.4	−60.5	−27.4	−63.5		−27.4	−66.5	

续表

频率 /MHz	试验类别	低场强预试验 黄黑：左 50Ω，右 37.5Ω		高场强外推试验 1 黄黑：左 50Ω，右 25Ω			高场强外推试验 2 黄黑：左 50Ω，右 16.7Ω		
		信号源输出功率 /dBm	黄黑线对右端响应 /dBm	信号源输出功率 /dBm	黄黑线对右端响应 /dBm	注入与辐射试验误差 /dB	信号源输出功率 /dBm	黄黑线对右端响应 /dBm	注入与辐射试验误差 /dB
1000	辐射试验	0	−53.5	10	−47.0	0	10	−50.2	0.1
	注入试验	−7.5	−53.5	2.5	−47.0		2.5	−50.1	

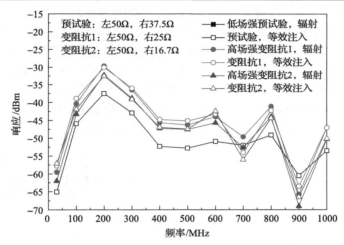

图 14-13　非屏蔽四芯线缆单端变阻抗注入与无注入探头辐射线缆右端响应

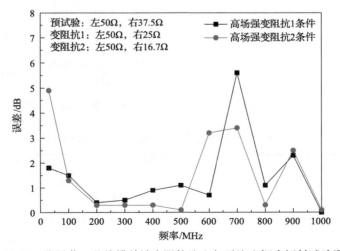

图 14-14　非屏蔽四芯线缆单端变阻抗注入与无注入探头辐射试验误差

试验精度要求，400MHz 以上某些频点的试验误差较大，说明该频点下是否接入探头对终端辐射响应的影响较大。

　　进一步分析产生上述试验结果的原因。实际上，根据普遍公认的电流探头 π 形等效电路模型，注入探头的加载效应主要相当于在原试验系统中串联接入了电感、对地并联接入了电容。根据电感、电容的性质，低频时电感相当于通路、电容相当于开路，对原试验系统的影响很小，高频段时电流注入探头对试验系统的影响逐渐增大。因此，在 400MHz 以下，可以看到试验误差相对较小。为进一步验证上述分析的正确性，按照图 14-15 所示试验配置开展试验，分别测试有无注入探头时天线端口到受试设备端口的 S_{21} 参数，观察 S 参数的变化情况。具体方法为：先不接注入探头，测得天线端口至线缆终端的 S 参数，再换上接入匹配负载的注入探头，测得天线端口至终端(带注入探头)的 S 参数。试验结果如表 14-6 和图 14-16 所示，需要说明的是，表 14-6 中的试验结果是在矢量网络分析仪 1# 端口输出为 0dBm 时测试得到的 2# 端口响应。有无注入探头 S 参数间差值可以在图 14-17 中进行直观比较，可以看出，在 400MHz 以下，不同终端阻抗条件对应 S_{21} 差值均较小，即 400MHz 以下注入探头接入辐射试验系统对终端响应的影响较小，引入的误差工程上能够接受，因此对其影响可不进行校正。

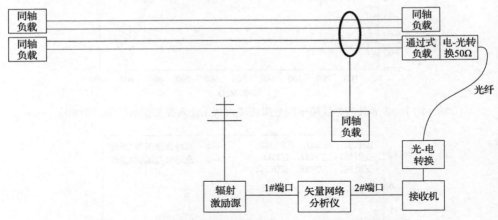

图 14-15　非屏蔽四芯线缆(黄黑线对)S_{21} 参数测试试验配置

表 14-6　非屏蔽四芯线缆(黄黑线对)S_{21} 参数测试

频率 /MHz	黄黑：左 50Ω，右 37.5Ω			黄黑：左 50Ω，右 25Ω			黄黑：左 50Ω，右 16.7Ω		
	有注入 探头 /dBm	无注入 探头 /dBm	有无注入 探头差值 /dB	有注入 探头 /dBm	无注入 探头 /dBm	有无注入 探头差值 /dB	有注入 探头 /dBm	无注入 探头 /dBm	有无注入 探头差值 /dB
100	−45.8	−44.2	1.6	−49.2	−47.0	2.2	−51.6	−49.9	1.7
200	−34.0	−34.4	−0.4	−36.5	−36.8	−0.3	−39.4	−39.1	0.3
300	−40.1	−39.0	1.1	−42.5	−41.4	1.1	−46.5	−43.8	2.7
400	−48.6	−49.3	−0.7	−50.4	−50.7	−0.3	−52.1	−52.4	−0.3

续表

频率/MHz	黄黑：左 50Ω，右 37.5Ω			黄黑：左 50Ω，右 25Ω			黄黑：左 50Ω，右 16.7Ω		
	有注入探头/dBm	无注入探头/dBm	有无注入探头差值/dB	有注入探头/dBm	无注入探头/dBm	有无注入探头差值/dB	有注入探头/dBm	无注入探头/dBm	有无注入探头差值/dB
500	−53.0	−48.6	4.4	−55.2	−50.4	4.8	−58.8	−51.9	6.9
600	−51.7	−47.5	4.2	−51.9	−48.3	3.6	−53.4	−49.7	3.7
700	−51.5	−55.7	−4.2	−54.3	−61.7	−7.4	−58.0	−68.2	−10.2
800	−45.4	−45.3	0.1	−48.4	−48.4	0.0	−51.4	−51.3	0.1
900	−65.1	−74.5	−9.4	−66.8	−78.2	−11.4	−67.4	−79.4	−12.0
1000	−51.1	−50.1	1.0	−53.6	−53.1	0.5	−55.9	−55.9	0.0

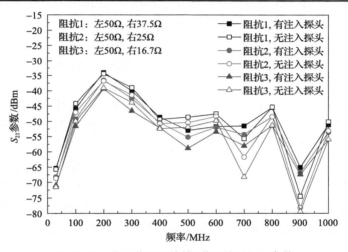

图 14-16　非屏蔽四芯线缆（黄黑线对）S_{21} 参数

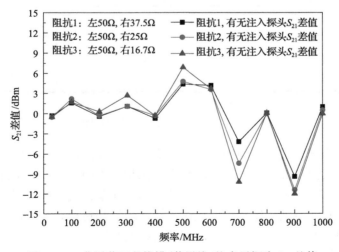

图 14-17　非屏蔽四芯线缆（黄黑线对）有无探头 S_{21} 差值

第15章　屏蔽多芯线缆耦合通道大电流 注入等效试验方法

相比于非屏蔽多芯线缆，屏蔽多芯线缆外面包裹了一层屏蔽金属网，起到了一定的电磁干扰屏蔽作用。屏蔽多芯线缆与非屏蔽多芯线缆在外界激励作用下（辐射或注入）的耦合响应过程不同，因此需要重新对其注入与辐射响应过程以及等效性问题进行理论推导、建模和试验验证。

15.1　注入与辐射等效理论建模

对于屏蔽多芯线缆，其内部还是两两芯线构成一组线对。因此，不妨以屏蔽双线缆为最简单的情况开展研究，这样可以较为直观地找到注入和辐射的对应关系，为屏蔽多芯线缆中各线对的响应研究奠定基础。

如图 15-1 所示，屏蔽装备和屏蔽线缆通常置于导电的地平面上，屏蔽线缆距地面的高度为 h，两个屏蔽设备通过外部阻抗 $Z^{(e)}$ 与地面相连。$Z^{(i)}$ 为设备两端的内部阻抗。$I_S(x)$、$Q_S(x)$ 和 $V_S(x)$ 分别为屏蔽多芯线缆表面的分布电流、电荷和电压。上角标(e)表示外部传输线的相关参量，上角标(i)表示内部传输线的相关参量。

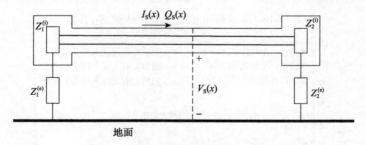

图 15-1　屏蔽线缆互联系统示意图

屏蔽线缆内部负载响应问题可以分解成两个独立的传输线问题：一个是外部传输线问题，入射平面波或者注入激励电压源相当于激励源，电缆屏蔽体上产生的电流（或者电压）是响应；另一个是内部传输线问题，线缆屏蔽层和芯线之间存在转移阻抗和转移导纳，感应皮电流通过转移阻抗和转移导纳的作用在芯线上形成分布激励源，并在线缆终端形成内部传输线的共模响应，最终由于线缆终端的不平衡性，共模干扰信号转换为终端设备的差模响应。本节关注的是屏蔽设备　1

内的 $V_1^{(i)}$ 和 $I_1^{(i)}$ 及屏蔽设备 2 内的 $V_2^{(i)}$ 和 $I_2^{(i)}$。

确定内部负载响应的方法如下：

首先采用 BLT 方程、链路参数理论，推导出外部传输线上的分布电流和分布电压的表达式；然后利用转移阻抗和转移导纳求出内部激励源的表达式；接着利用 BLT 方程、网络模态域分析的方法确定内部差模响应[1]。

针对屏蔽线缆的自身结构及电磁特性。若屏蔽层性能良好，则内部传输线的注入等效电路可以不考虑电流注入探头的影响，即无 π 形电路。根据之前的研究结果，注入与辐射试验线性外推(由低场强外推至高场强)后严格等效，需要满足两个条件：一是注入与辐射无源等效电路模型相同；二是注入激励电压源与辐射场强为线性变化关系。对于第一个条件，在内部传输线辐射等效电路中无 π 形电路，也就是说辐射试验没有注入探头。对于第二个条件，注入激励电压源与辐射场强是否满足线性变化关系，同时这一关系与哪些因素有关，关系到屏蔽线缆耦合连续波 BCI 法能否进行等效强场辐射效应试验，这是需要通过理论建模重点解决的问题。

15.1.1　注入条件 EUT 响应推导

1. 外部传输线

注入条件下屏蔽线缆外部传输线等效模型如图 15-2 所示。V_S 为耦合到屏蔽线缆外皮上的电压源，Z_P 为耦合到屏蔽线缆外皮上的阻抗，Y_P 为耦合到屏蔽线缆外皮上的导纳。电流注入探头左端屏蔽线缆的长度为 L_1，右端屏蔽线缆的长度为 L_2。$V^{(1)}$ 和 $I^{(1)}$ 分别代表屏蔽线缆外部某一位置的电压和电流。

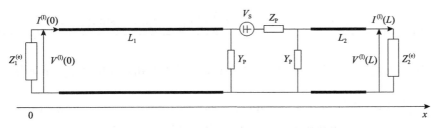

图 15-2　注入条件下屏蔽线缆外部传输线等效模型

$$V^{(1)}(0) = -Z_1^{(e)} I^{(1)}(0) \tag{15-1}$$

$$V^{(1)}(L) = Z_2^{(e)} I^{(1)}(L) \tag{15-2}$$

由链路参数理论可得

$$I^{(1)}(0) = k_1 V_S \tag{15-3}$$

$$I^{(\mathrm{I})}(L) = k_2 V_{\mathrm{S}} \tag{15-4}$$

其中，k_1 和 k_2 为 V_{S} 前的简化表达系数，其具体表达式为

$$I^{(\mathrm{I})}(0) = k_1 V_{\mathrm{S}} = \frac{G}{2F} V_S \tag{15-5}$$

其中

$$F = \cosh\left(\gamma^{(\mathrm{e})} L_1\right) Y_{11} + \sinh\left(\gamma^{(\mathrm{e})} L_1\right) Y_{12}$$

其中

$$
\begin{aligned}
Y_{11} = & \left[Z_1^{(\mathrm{e})} + Z_2^{(\mathrm{e})} + Z_{\mathrm{P}} + Y_{\mathrm{P}} Z_2^{(\mathrm{e})} Z_{\mathrm{P}} + Y_{\mathrm{P}}^2 Z_1^{(\mathrm{e})} Z_2^{(\mathrm{e})} Z_{\mathrm{P}} + Y_{\mathrm{P}} Z_1^{(\mathrm{e})} \left(2 Z_2^{(\mathrm{e})} + Z_{\mathrm{P}}\right) \right] \\
& \cdot \cosh\left(\gamma^{(\mathrm{e})} L_2\right) + \left\{ Z_{\mathrm{C}}^{(\mathrm{e})} + Z_2^{(\mathrm{e})} Z_{\mathrm{P}} + Y_{\mathrm{P}} Z_{\mathrm{C}}^{(\mathrm{e})} Z_{\mathrm{P}} + Z_1^{(\mathrm{e})} \left[Z_2^{(\mathrm{e})} + Y_{\mathrm{P}} Z_2^{(\mathrm{e})} Z_{\mathrm{P}} \right. \right. \\
& \left. \left. + Y_{\mathrm{P}} Z_{\mathrm{C}}^{(\mathrm{e})} \left(2 + Y_{\mathrm{P}} Z_{\mathrm{P}}\right) \right] \right\} \sinh\left(\gamma^{(\mathrm{e})} L_2\right)
\end{aligned}
$$

$$
\begin{aligned}
Y_{12} = & \left[Z_{\mathrm{C}}^{(\mathrm{e})} + Y_{\mathrm{P}}^2 Z_2^{(\mathrm{e})} Z_{\mathrm{C}}^{(\mathrm{e})} Z_{\mathrm{P}} + Y_{\mathrm{P}} Z_{\mathrm{C}}^{(\mathrm{e})} \left(2 Z_2^{(\mathrm{e})} + Z_{\mathrm{P}}\right) + Z_1^{(\mathrm{e})} \left(Z_2^{(\mathrm{e})} + Z_{\mathrm{P}} + Y_{\mathrm{P}} Z_2^{(\mathrm{e})} Z_{\mathrm{P}} \right) \right] \\
& \cdot \cosh\left(\gamma^{(\mathrm{e})} L_2\right) + \left\{ Z_1^{(\mathrm{e})} \left(Z_{\mathrm{C}}^{(\mathrm{e})} + Z_2^{(\mathrm{e})} Z_{\mathrm{P}} + Y_{\mathrm{P}} Z_{\mathrm{C}}^{(\mathrm{e})} Z_{\mathrm{P}} \right) + Z_{\mathrm{C}}^{(\mathrm{e})} \left[Z_2^{(\mathrm{e})} + Y_{\mathrm{P}} Z_2^{(\mathrm{e})} Z_{\mathrm{P}} \right. \right. \\
& \left. \left. + Y_{\mathrm{P}} Z_{\mathrm{C}}^{(\mathrm{e})} \left(2 + Y_{\mathrm{P}} Z_{\mathrm{P}}\right) \right] \right\} \sinh\left(\gamma^{(\mathrm{e})} L_2\right)
\end{aligned}
$$

$$
\begin{aligned}
G = & \left[-1 - Z_{\mathrm{C}}^{(\mathrm{e})} + \left(-1 + Z_{\mathrm{C}}^{(\mathrm{e})}\right) \cosh\left(2 \gamma^{(\mathrm{e})} L_1\right) \right] \left[\left(1 + Y_{\mathrm{P}} Z_2^{(\mathrm{e})}\right) \right. \\
& \left. \cdot \cosh\left(\gamma^{(\mathrm{e})} L_2\right) + \left(Z_2^{(\mathrm{e})} + Y_{\mathrm{P}} Z_{\mathrm{C}}^{(\mathrm{e})} \right) \sinh\left(\gamma^{(\mathrm{e})} L_2\right) \right]
\end{aligned}
$$

$$I^{(\mathrm{I})}(L) = k_2 V_{\mathrm{S}} = -\frac{\left(1 + Y_{\mathrm{P}} Z_1^{(\mathrm{e})}\right) \cosh\left(\gamma^{(\mathrm{e})} L_1\right) + \left(Z_1^{(\mathrm{e})} + Y_{\mathrm{P}} Z_{\mathrm{C}}^{(\mathrm{e})} \right) \sinh\left(\gamma^{(\mathrm{e})} L_1\right)}{F} V_{\mathrm{S}} \tag{15-6}$$

由链路参数可得，屏蔽线缆外皮的感应电流 $V_{\mathrm{S}}^{(\mathrm{I})}$ 和感应电压 $I_{\mathrm{S}}^{(\mathrm{I})}$ 分别为

$$
V_{\mathrm{S}}^{(\mathrm{I})}(x) = \begin{cases} k_3 V_{\mathrm{S}} \cosh(\gamma^{(\mathrm{e})} x) - k_1 V_{\mathrm{S}} Z_{\mathrm{C}}^{(\mathrm{e})} \sinh(\gamma^{(\mathrm{e})} x), & 0 < x \leqslant L_1 \\ k_4 V_{\mathrm{S}} \cosh\left[\gamma^{(\mathrm{e})} (L_1 + L_2 - x) \right] + k_2 V_{\mathrm{S}} Z_{\mathrm{C}}^{(\mathrm{e})} \sinh\left[\gamma^{(\mathrm{e})} (L_1 + L_2 - x) \right], & L_1 < x \leqslant L_1 + L_2 \end{cases} \tag{15-7}
$$

$$
I_{\mathrm{S}}^{(\mathrm{I})}(x) = \begin{cases} k_1 V_{\mathrm{S}} \cosh(\gamma^{(\mathrm{e})} x) - \dfrac{k_3 V_{\mathrm{S}}}{Z_{\mathrm{C}}^{(\mathrm{e})}} \sinh(\gamma^{(\mathrm{e})} x), & 0 < x \leqslant L_1 \\[2mm] k_2 V_{\mathrm{S}} \cosh\left[\gamma^{(\mathrm{e})} (L_1 + L_2 - x) \right] + \dfrac{k_4 V_{\mathrm{S}}}{Z_{\mathrm{C}}^{(\mathrm{e})}} \sinh\left[\gamma^{(\mathrm{e})} (L_1 + L_2 - x) \right], & L_1 < x \leqslant L_1 + L_2 \end{cases} \tag{15-8}
$$

其中，$k_3 = -k_1 Z_1^{(e)}$；$k_4 = k_2 Z_2^{(e)}$；$Z_C^{(e)}$ 为外部传输线的特性阻抗；$\gamma^{(e)}$ 为外部传输线的传播常数。

2. 内部激励源

设内部的两条芯线与外屏蔽层的位置关系及性质相同，即转移阻抗 Z_t' 和转移导纳 Y_t' 相同。电缆内传输线的激励可由分布电压源 $V_{si}' = Z_t' I_S$ 和电流源 $I_{si}' = -Y_t' V_S$ 确定，通过计算可得

$$I_{si}'^{(I)}(x) = \begin{cases} -Y_t' \big(k_3 V_S \cosh(\gamma^{(e)} x) - k_1 V_S Z_C^{(e)} \sinh(\gamma^{(e)} x)\big), & 0 < x \leqslant L_1 \\ -Y_t' \big\{k_4 V_S \cosh\big[\gamma^{(e)}(L_1 + L_2 - x)\big] + k_2 V_S Z_C^{(e)} \sinh\big[\gamma^{(e)}(L_1 + L_2 - x)\big]\big\}, & L_1 < x \leqslant L_1 + L_2 \end{cases}$$

(15-9)

$$V_{si}'^{(I)}(x) = \begin{cases} Z_t' \left[k_1 V_S \cosh(\gamma^{(e)} x) - \dfrac{k_3 V_S}{Z_C^{(e)}} \sinh(\gamma^{(e)} x) \right], & 0 < x \leqslant L_1 \\ Z_t' \left\{ k_2 V_S \cosh\big[\gamma^{(e)}(L_1 + L_2 - x)\big] + \dfrac{k_4 V_S}{Z_C^{(e)}} \sinh\big[\gamma^{(e)}(L_1 + L_2 - x)\big] \right\}, & L_1 < x \leqslant L_1 + L_2 \end{cases}$$

(15-10)

3. 内负荷响应

利用内部传输线的参数进行积分，使用 BLT 方程就可以确定内负荷电流和电压响应。此时，屏蔽线缆内部传输线的源 S_1、S_2 分别为[1]

$$S_1 = \frac{1}{2} \int_0^L e^{\gamma^{(i)} x_s} \left[V_{si}'(x_s) + Z_C^{(i)} I_{si}'(x_s) \right] dx_s$$

(15-11)

$$S_2 = -\frac{1}{2} \int_0^L e^{\gamma^{(i)}(L - x_s)} \left[V_{si}'(x_s) + Z_C^{(i)} I_{si}'(x_s) \right] dx_s$$

(15-12)

通过计算可得

$$S_1^{(I)} = \eta_1 V_S = \frac{H V_S}{2 \big(\gamma^{(i)} + \gamma^{(e)}\big)\big(\gamma^{(i)} - \gamma^{(e)}\big) Z_C^{(e)}}$$

(15-13)

其中

$$H = m_1 - m_1 e^{\gamma^{(i)} L_1} \cosh\big(\gamma^{(e)} L_1\big) + m_1 e^{\gamma^{(i)} L_1} \sinh\big(\gamma^{(e)} L_1\big) + e^{\gamma^{(i)} L_1} Z_C^{(e)} \Big[+ m_2 \sinh\big(\gamma^{(e)} L_2\big)$$

$$- m_2^2 e^{\gamma^{(i)} L_2} \cosh\big(\gamma^{(e)} L_2\big) \Big]$$

$$S_2^{(\mathrm{I})} = \eta_2 V_{\mathrm{S}}$$

$$= -\frac{V_{\mathrm{S}}}{2\left(\gamma^{(\mathrm{i})} + \gamma^{(\mathrm{e})}\right)\left(\gamma^{(\mathrm{i})} - \gamma^{(\mathrm{e})}\right) Z_{\mathrm{C}}^{(\mathrm{e})}}\left[\mathrm{e}^{\gamma^{(\mathrm{i})} L_1} n_1 - n_1 \cosh\left(\gamma^{(\mathrm{e})} L_1\right) + n_1 \sinh\left(\gamma^{(\mathrm{e})} L_1\right)\right]$$

$$-\frac{\mathrm{e}^{-\gamma^{(\mathrm{i})} L_1} V_{\mathrm{S}}}{2\left(\gamma^{(\mathrm{i})} + \gamma^{(\mathrm{e})}\right)\left(\gamma^{(\mathrm{i})} - \gamma^{(\mathrm{e})}\right)}\left[n_2 - n_2 \mathrm{e}^{\gamma^{(\mathrm{i})} L_2} \cosh\left(\gamma^{(\mathrm{e})} L_2\right) + n_2 \mathrm{e}^{\gamma^{(\mathrm{i})} L_2} \sinh\left(\gamma^{(\mathrm{e})} L_2\right)\right]$$

$$(15\text{-}14)$$

其中，$\gamma^{(\mathrm{i})}$ 为内部传输线的传播常数；m_1、m_2、n_1、n_2 的具体表达式为

$$m_1 = k_3 \gamma^{(\mathrm{i})} Y_{\mathrm{t}}' Z_{\mathrm{C}}^{(\mathrm{e})} Z_{\mathrm{C}}^{(\mathrm{i})} + k_1 \gamma^{(\mathrm{e})} Y_{\mathrm{t}}' Z_{\mathrm{C}}^{(\mathrm{e})2} Z_{\mathrm{C}}^{(\mathrm{i})} - k_3 \gamma^{(\mathrm{e})} Z_{\mathrm{t}}' - k_1 \gamma^{(\mathrm{i})} Z_{\mathrm{C}}^{(\mathrm{e})} Z_{\mathrm{t}}' \qquad (15\text{-}15)$$

$$m_2 = k_4 \gamma^{(\mathrm{i})} Y_{\mathrm{t}}' Z_{\mathrm{C}}^{(\mathrm{i})} + k_2 \gamma^{(\mathrm{e})} Y_{\mathrm{t}}' Z_{\mathrm{C}}^{(\mathrm{e})} Z_{\mathrm{C}}^{(\mathrm{i})} - k_4 \gamma^{(\mathrm{e})} Z_{\mathrm{t}}' - k_2 \gamma^{(\mathrm{i})} Z_{\mathrm{t}}' \qquad (15\text{-}16)$$

$$n_1 = k_3 \left(\gamma^{(\mathrm{i})} Y_{\mathrm{t}}' Z_{\mathrm{C}}^{(\mathrm{e})} Z_{\mathrm{C}}^{(\mathrm{i})} + \gamma^{(\mathrm{e})} Z_{\mathrm{t}}'\right) - k_1 Z_{\mathrm{C}}^{(\mathrm{e})}\left(\gamma^{(\mathrm{e})} Y_{\mathrm{t}}' Z_{\mathrm{C}}^{(\mathrm{e})} Z_{\mathrm{C}}^{(\mathrm{i})} + \gamma^{(\mathrm{i})} Z_{\mathrm{t}}'\right) \qquad (15\text{-}17)$$

$$n_2 = k_4 \gamma^{(\mathrm{i})} Y_{\mathrm{t}}' Z_{\mathrm{C}}^{(\mathrm{i})} - k_2 \gamma^{(\mathrm{e})} Y_{\mathrm{t}}' Z_{\mathrm{C}}^{(\mathrm{e})} Z_{\mathrm{C}}^{(\mathrm{i})} + k_4 \gamma^{(\mathrm{e})} Z_{\mathrm{t}}' - k_2 \gamma^{(\mathrm{i})} Z_{\mathrm{t}}' \qquad (15\text{-}18)$$

由于探究的是终端响应情况，所以可以将芯线上的转换分布源等效成两端的集总源 $V_{\mathrm{SL}}^{(\mathrm{I})}$、$V_{\mathrm{SR}}^{(\mathrm{I})}$ [2]，内部响应电路模型如图 15-3 所示，两芯线缆与屏蔽线缆外皮分别构成共模回路，两芯线缆构成差模回路。每根芯线与屏蔽线缆外皮构成共模回路，共模回路等效模型中的 $V_{\mathrm{SL}}^{(\mathrm{I})}$、$V_{\mathrm{SR}}^{(\mathrm{I})}$ 组成的集总源向量可转换 $\boldsymbol{\varPhi}_{\mathrm{W}}\left(L_1 + L_2\right)$ 为左端的源向量 $\boldsymbol{F}_{\mathrm{W}}^{(\mathrm{I})}$ [3]。

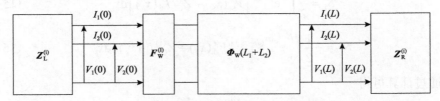

图 15-3　注入条件屏蔽线缆内部响应电路模型

$$\boldsymbol{F}_{\mathrm{W}}^{(\mathrm{I})} = \left\{\boldsymbol{V}_{\mathrm{SL}}^{(\mathrm{I})} - \cosh\left[\gamma^{(\mathrm{i})}\left(L_1 + L_2\right)\right]\boldsymbol{V}_{\mathrm{SR}}^{(\mathrm{I})} \quad -\sinh\left[\gamma^{(\mathrm{i})}\left(L_1 + L_2\right)\right]\boldsymbol{Z}_{\mathrm{C}}^{-1}\boldsymbol{V}_{\mathrm{SR}}^{(\mathrm{I})}\right\}^{\mathrm{T}} \qquad (15\text{-}19)$$

$$V_{\mathrm{SL}}^{(\mathrm{I})} = \frac{2\left[S_1^{(\mathrm{R})} + \mathrm{e}^{\gamma^{(\mathrm{i})}\left(L_1 + L_2\right)} S_2^{(\mathrm{R})}\right]}{\mathrm{e}^{2\gamma^{(\mathrm{i})}\left(L_1 + L_2\right)} - 1} = \frac{2 V_{\mathrm{S}}\left[\eta_1 + \mathrm{e}^{\gamma^{(\mathrm{i})}\left(L_1 + L_2\right)}\eta_2\right]}{\mathrm{e}^{2\gamma^{(\mathrm{i})}\left(L_1 + L_2\right)} - 1} = \eta_3 V_{\mathrm{S}} \qquad (15\text{-}20)$$

$$V_{SR}^{(I)} = \frac{2\left[e^{\gamma^{(i)}(L_1+L_2)} S_1^{(R)} + S_2^{(R)} \right]}{e^{2\gamma^{(i)}(L_1+L_2)} - 1} = \frac{2V_S\left[\eta_2 + e^{\gamma^{(i)}(L_1+L_2)} \eta_1 \right]}{e^{2\gamma^{(i)}(L_1+L_2)} - 1} = \eta_4 V_S \quad (15\text{-}21)$$

则注入条件下右端 EUT 的响应矩阵为

$$\begin{bmatrix} \boldsymbol{V}^{(I)}(L) \\ \boldsymbol{I}^{(I)}(L) \end{bmatrix} = \boldsymbol{\Phi}_W^{(i)}(L_1+L_2) \cdot \begin{bmatrix} \boldsymbol{V}^{(I)}(0) \\ \boldsymbol{I}^{(I)}(0) \end{bmatrix} - \boldsymbol{\Phi}_W^{(i)}(L_1+L_2) \cdot \boldsymbol{F}_W^{(I)}$$

$$= \begin{bmatrix} \boldsymbol{A} & \boldsymbol{B} \\ \boldsymbol{C} & \boldsymbol{D} \end{bmatrix} \begin{bmatrix} -\boldsymbol{Z}_L^{(i)} \cdot \boldsymbol{I}^{(I)}(0) \\ \boldsymbol{I}^{(I)}(0) \end{bmatrix} + \begin{bmatrix} \boldsymbol{M}_3 \\ \boldsymbol{N}_3 \end{bmatrix} \quad (15\text{-}22)$$

其中，$\boldsymbol{\Phi}_W(L_1+L_2)$ 为屏蔽线缆内部芯线传输矩阵，表达式的形式同式 (3-4)；$\begin{bmatrix} \boldsymbol{V}^{(I)}(L) \\ \boldsymbol{I}^{(I)}(L) \end{bmatrix}$ 为注入条件下屏蔽多芯线缆内部右端 EUT 的模态域响应矩阵；$\begin{bmatrix} \boldsymbol{V}^{(I)}(0) \\ \boldsymbol{I}^{(I)}(0) \end{bmatrix}$ 为注入条件下屏蔽多芯线缆左端测试设备的模态域响应矩阵[4]。

右端 EUT 的响应矩阵为

$$\boldsymbol{V}^{(I)}(L) = \begin{bmatrix} V_{CM}^{(I)}(L) \\ V_{DM}^{(I)}(L) \end{bmatrix} = \boldsymbol{Z}_R^{(i)} \cdot \left[\boldsymbol{Z}_R^{(i)} - (\boldsymbol{B} - \boldsymbol{A} \cdot \boldsymbol{Z}_L^{(i)}) \cdot (\boldsymbol{D} - \boldsymbol{C} \cdot \boldsymbol{Z}_L^{(i)})^{-1} \right]^{-1}$$

$$\cdot \left[\boldsymbol{M}_3 - (\boldsymbol{B} - \boldsymbol{A} \cdot \boldsymbol{Z}_L^{(i)}) \cdot (\boldsymbol{D} - \boldsymbol{C} \cdot \boldsymbol{Z}_L^{(i)})^{-1} \cdot \boldsymbol{N}_3 \right] \quad (15\text{-}23)$$

15.1.2　辐射条件 EUT 响应推导

求屏蔽线缆外的分布电流和分布电压，可以通过 Agrawal 模型进行分析计算。首先需要确定屏蔽多芯线缆外部传输线的电流和电荷密度。如图 15-4 所示，屏蔽层与地面构成了传输线结构，两个屏蔽设备外壳的对地阻抗分别为 $Z_1^{(e)}$、$Z_2^{(e)}$。

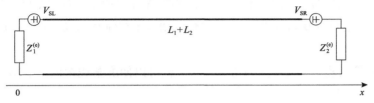

图 15-4　辐射条件下屏蔽线缆外部传输线模型

设辐射条件下屏蔽线缆内部传输线的源为 $S_1^{(R)}$、$S_2^{(R)}$。由文献 [1] 可知，该过程为线性过程，计算过程中并没有右端 EUT 阻抗的参与。因此，$S_2^{(R)}$、$S_1^{(R)}$ 与场强大小 E_0 呈线性关系，即

$$S_1^{(R)} = a_1 E_0 \tag{15-24}$$

$$S_2^{(R)} = a_2 E_0 \tag{15-25}$$

根据共差模的定义，与注入条件类似，可以将各矩阵写成模态域条件下的矩阵。右端的响应矩阵计算过程为

$$\begin{bmatrix} V^{(R)}(L) \\ I^{(R)}(L) \end{bmatrix} = \boldsymbol{\Phi}_W(L_1 + L_2) \cdot \begin{bmatrix} V^{(R)}(0) \\ I^{(R)}(0) \end{bmatrix} - \boldsymbol{\Phi}_W(L_1 + L_2) \cdot \boldsymbol{F}_W^{(R)} = \begin{bmatrix} \boldsymbol{A} & \boldsymbol{B} \\ \boldsymbol{C} & \boldsymbol{D} \end{bmatrix} \cdot \begin{bmatrix} -\boldsymbol{Z}_L^{(i)} I^{(R)}(0) \\ I^{(R)}(0) \end{bmatrix} + \begin{bmatrix} \boldsymbol{M}_4 \\ \boldsymbol{N}_4 \end{bmatrix} \tag{15-26}$$

$$V^{(R)}(L) = \boldsymbol{Z}_R^{(i)} I^{(R)}(L) \tag{15-27}$$

$$V^{(R)}(0) = -\boldsymbol{Z}_L^{(i)} I^{(R)}(0) \tag{15-28}$$

其中，$\begin{bmatrix} V^{(R)}(L) \\ I^{(R)}(L) \end{bmatrix}$ 为辐射条件下屏蔽多芯线缆内部右端 EUT 的模态域响应矩阵；

$\begin{bmatrix} V^{(R)}(0) \\ I^{(R)}(0) \end{bmatrix}$ 为辐射条件下屏蔽多芯线缆左端测试设备的模态域响应矩阵。

通过计算，辐射条件下右端 EUT 的响应矩阵为

$$V^{(R)}(L) = \begin{bmatrix} V_{CM}^{(R)}(L) \\ V_{DM}^{(R)}(L) \end{bmatrix} = \boldsymbol{Z}_R^{(i)} \cdot \left[\boldsymbol{Z}_R^{(i)} - (\boldsymbol{B} - \boldsymbol{A} \cdot \boldsymbol{Z}_L^{(i)})(\boldsymbol{D} - \boldsymbol{C} \cdot \boldsymbol{Z}_L^{(i)})^{-1} \right]^{-1}$$
$$\cdot \left[\boldsymbol{M}_4 - (\boldsymbol{B} - \boldsymbol{A} \cdot \boldsymbol{Z}_L^{(i)}) \cdot (\boldsymbol{D} - \boldsymbol{C} \cdot \boldsymbol{Z}_L^{(i)})^{-1} \cdot \boldsymbol{N}_4 \right] \tag{15-29}$$

15.1.3　BCI 等效替代辐射可行性分析

以屏蔽线缆内部右端 EUT 差模响应相等为等效依据，即 $V_{CM}^{(I)}(L) = V_{CM}^{(R)}(L)$，可得 $\boldsymbol{M}_3 - (\boldsymbol{B} - \boldsymbol{A}\boldsymbol{Z}_L^{(i)})(\boldsymbol{D} - \boldsymbol{C}\boldsymbol{Z}_L^{(i)})^{-1} \boldsymbol{N}_3$ 与 $\boldsymbol{M}_4 - (\boldsymbol{B} - \boldsymbol{A}\boldsymbol{Z}_L^{(i)})(\boldsymbol{D} - \boldsymbol{C}\boldsymbol{Z}_L^{(i)})^{-1} \boldsymbol{N}_4$ 第二行的元素相等。

通过计算可得，只要满足 $V_{SR}^{(I)} = V_{SR}^{(R)}$，就可以使屏蔽线缆内部右端 EUT 的差模响应相等，即

$$V_S = \frac{a_2 + e^{\gamma^{(i)}(L_1 + L_2)} a_1}{\eta_2 + e^{\gamma^{(i)}(L_1 + L_2)} \eta_1} E_0 \tag{15-30}$$

式 (15-30) 中涉及许多参数：屏蔽线缆内部外部传输线的特性阻抗、探头耦合

到屏蔽线缆外部的加载阻抗和加载导纳、左右两端 EUT 的对地阻抗、静电屏蔽泄漏常数，但是唯独没有屏蔽线缆内部左右两端设备阻抗的相关参数。左右两端 EUT 的对地阻抗在实际工程中大多为设备外壳到地面的阻抗，通常表现为电容，在 EUT 距离地面高度一定的前提下，电容值发生变化的概率很低，可以认为阻抗十分稳定。辐射条件下场线耦合的过程是线性的，通过对式 (15-30) 的计算，可以得出注入条件的激励电压源 V_S 和辐射条件下场强大小 E_0 的对应关系是线性的。正是因为这种对应关系与屏蔽线缆内部 EUT 阻抗特性无关，所以即使是屏蔽线缆内部 EUT 的阻抗发生了非线性变化，也没有影响到等效注入激励电压源 V_S 和辐射条件下场强大小 E_0 的对应关系，解决了 EUT 是非线性系统的问题。

$V_{CM}^{(I)}(L) = V_{CM}^{(R)}(L)$ 说明辐射和注入两种条件下 EUT 的阻抗变化相同。式 (15-30) 给出了注入条件的激励电压源 V_S 和辐射条件下的场强大小 E_0 的对应关系，解决了如何获取等效注入激励电压源的问题。

在理论推导的过程中，式 (15-30) 并没有定义辐射场强 E_0 的大小。这就表明，该对应关系在高场强和低场强的条件下都适用，即高场强条件下等效注入电压源 V_S 与辐射场强大小 E_0 的对应关系也与屏蔽线缆内部的 EUT 无关。这就说明，对应关系在由低场强外推至高场强后仍然是线性的。这个关系的得出非常关键，解决了注入激励电压源外推的依据问题。

综上所述，屏蔽线缆耦合通道连续波 BCI 等效强场电磁辐射试验的思路具有理论上的可行性，可以解决实际工程中的问题；电流注入探头的注入激励电压源与辐射场强呈线性关系，并且这种关系与线缆两端 EUT 的阻抗特性无关。在理论推导过程中，辐射条件下的线缆并没有卡入电流注入探头，因此屏蔽线缆耦合通道的 BCI 等效强场辐射试验方法不需要校正。

15.2　屏蔽多芯线缆终端响应规律

为简便而又不失一般性，选取屏蔽四芯线缆为受试对象，两两芯线为一线对，开展试验研究。本试验主要研究屏蔽多芯线缆在辐射和注入试验过程中，线缆沿轴线转动，不同线对的终端负载响应是否存在显著变化，即考查屏蔽多芯线缆在辐射试验过程中不同线对之间是否存在遮挡效应。

试验频率为 150MHz，该屏蔽四芯线缆中线的颜色分别为红、黄、蓝、绿，红黄和蓝绿分别组成线对，为了使其他因素的影响降至最低，线对两终端均接 50Ω 负载，采用电-光转换、光-电转换、光纤传输方式，分别测试两线对在辐射和注入试验条件下的右端响应，试验配置如图 15-5 和图 15-6 所示，实物图如图 15-7 所示，试验结果如表 15-1 所示。

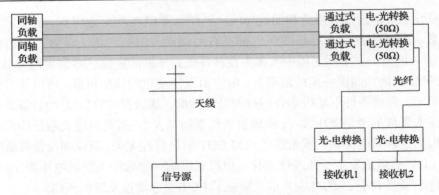

图 15-5　屏蔽多芯线缆辐射试验配置

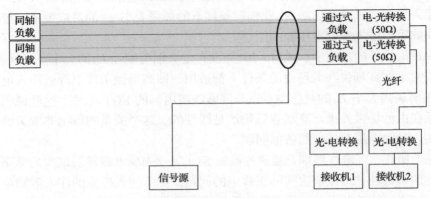

图 15-6　屏蔽多芯线缆注入试验配置

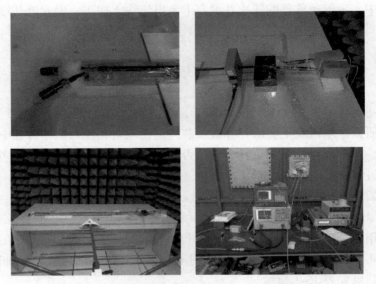

图 15-7　屏蔽多芯线缆辐射与注入试验配置实物图

表 15-1　屏蔽多芯线缆沿轴线转动辐射与注入终端负载响应试验结果

线缆位置	辐射功率/dBm	红黄响应/dBm	蓝绿响应/dBm	注入功率/dBm	红黄响应/dBm	蓝绿响应/dBm
0°	0	−34.3	−42.6	−3	−34.9	−41.3
90°	0	−33.6	−41.5	−3	−34.8	−40.4
180°	0	−34.2	−41.6	−3	−34.8	−40.6
270°	0	−34.6	−42.2	−3	−34.5	−40.6
四个角度响应最大差值/dB	—	1.0	1.1	—	0.4	0.9

注：线缆 0°位置为红黄线在前、蓝绿线在后，其他位置为从右向左看，线缆逆时针转动角度。

由表 15-1 中的试验数据可以看出：屏蔽多芯线缆沿轴线转动，不同角度位置辐射(注入)终端负载响应试验结果相差较小，最大差值为 1.1dB，即对于屏蔽多芯线缆，各芯线缆辐射时的遮挡效应不明显。实际上，屏蔽多芯线缆终端负载的响应，主要是由屏蔽层感应电流通过转移阻抗转换为多芯线缆的共模电流，再通过电路的不平衡性，线缆终端共差模转换而来。屏蔽层上的分布源和屏蔽层到芯线的转移阻抗与各芯线缆是否被其他芯线遮挡关系不大，因此屏蔽多芯线缆在辐射试验过程中不同线对之间的遮挡效应不明显，在寻找辐射最严酷的响应状态时，可以减少线缆转动的次数。

15.3　屏蔽多芯线缆大电流注入等效试验方法

15.3.1　严格等效试验方法及验证

对于屏蔽多芯线缆，其内任意两芯线缆构成双线回路，若单纯考核每个双线回路耦合产生的干扰效应，则可参考非屏蔽多芯线缆耦合通道的方法开展等效注入试验研究。屏蔽多芯线缆与非屏蔽多芯线缆耦合通道试验方法的区别在于：为了保证注入与辐射试验严格等效，非屏蔽多芯线缆辐射试验需要加电流注入探头；屏蔽多芯线缆耦合通道屏蔽层的存在，导致电磁干扰信号耦合响应的机理不同，因此屏蔽多芯线缆耦合通道辐射试验可以不加电流注入探头，此时注入与辐射效应试验工程上也能够保证等效。

下面开展严格等效试验研究，选取某型屏蔽四芯线缆为受试对象，选择其中的红黄和蓝绿线对开展等效试验。低场强预试验时，红黄线对左右两端阻抗分别为 50Ω 和 16.7Ω，蓝绿线对左右两端阻抗分别为 50Ω 和 37.5Ω，高场强外推试验时，两线对右端的阻抗均发生改变，模拟 EUT 的非线性响应过程，观察等效注入试验的误差，所得试验结果如表 15-2、图 15-8～图 15-10 所示。从试验数据可以看出：两种试验方法的相对误差较小，绝大部分频点的试验误差小于 1dB，所有频点最大试验误差为 2.2dB。需要说明的是：试验结果中红黄和蓝绿两线对同时实现了较低的注入替代辐射试验误差，实际上这是很难做到的，需要对辐射场强、电流注入探头位置、电磁波入射方向等进行一定的限制，这在工程上很难操作，也没有太大的意义，特别是线对多了以后，工程上更是无法实现同时等效。为此，作者在非屏蔽多芯线缆试验方法研究的基础上提出了屏蔽多芯线缆加严等效试验方法。

表 15-2　屏蔽四芯线缆两线对单端变阻抗同时注入等效辐射试验结果

频率/MHz	试验类别	低场强预试验 红黄: 左50Ω, 右16.7Ω 蓝绿: 左50Ω, 右37.5Ω			高场强外推试验1 红黄: 左50Ω, 右25Ω 蓝绿: 左50Ω, 右16.7Ω					高场强外推试验2 红黄: 左50Ω, 右37.5Ω 蓝绿: 左50Ω, 右25Ω				
		信号源输出功率/dBm	红黄响应/dBm	蓝绿响应/dBm	信号源输出功率/dBm	红黄响应/dBm	蓝绿响应/dBm	红黄试验误差/dB	蓝绿试验误差/dB	信号源输出功率/dBm	红黄响应/dBm	蓝绿响应/dBm	红黄试验误差/dB	蓝绿试验误差/dB
30	辐射试验	0.0	−67.7	−69.8	10.0	−58.1	−65.0			10.0	−56.1	−62.9		
								1.8	0.6				1.6	0.2
	注入试验	−27.2	−64.1	−69.8	−17.2	−56.3	−65.6			−17.2	−54.5	−63.1		
100	辐射试验	0.0	−52.4	−55.7	10.0	−40.7	−50.6			10.0	−34.7	−48.1		
								0.6	0.8				1.2	0.5
	注入试验	−19.7	−51.2	−55.7	−9.7	−40.1	−51.4			−9.7	−35.9	−48.6		
200	辐射试验	0.0	−56.0	−56.3	10.0	−41.8	−51.2			10.0	−40.3	−48.9		
								1.1	0.1				0.5	0.1
	注入试验	−11.0	−56.0	−56.2	−1.0	−42.9	−51.1			−1.0	−40.8	−49.0		
300	辐射试验	0.0	−61.8	−64.9	10.0	−48.2	−60.3			10.0	−48.3	−58.1		
								0.4	0.5				0.4	1.2
	注入试验	−15.2	−61.9	−64.5	−5.2	−48.6	−59.9			−5.2	−48.7	−56.9		
400	辐射试验	0.0	−57.5	−60.6	10.0	−47.7	−54.5			10.0	−45.7	−52.0		
								2	1.3				1.3	1.8
	注入试验	−19.9	−57.6	−61.0	−9.9	−45.7	−55.8			−9.9	−44.4	−53.8		
500	辐射试验	0.0	−47.4	−53.2	10.0	−36.5	−46.8			10.0	−33.5	−46.6		
								0.5	0.4				0.8	0.4
	注入试验	−11.1	−47.3	−53.5	−1.1	−36.0	−47.2			−1.1	−34.3	−46.2		
600	辐射试验	0.0	−68.6	−71.6	10.0	−56.1	−65.4	0.5	0.1	10.0	−55.6	−62.7	0.4	1.2

续表

频率/MHz	试验类别	低场强预试验 红黄：左50Ω，右16.7Ω 蓝绿：左50Ω，右37.5Ω			高场强外推试验1 红黄：左50Ω，右25Ω 蓝绿：左50Ω，右16.7Ω					高场强外推试验2 红黄：左50Ω，右37.5Ω 蓝绿：左50Ω，右25Ω				
		信号源输出功率/dBm	红黄响应/dBm	蓝绿响应/dBm	信号源输出功率/dBm	红黄响应/dBm	蓝绿响应/dBm	红黄试验误差/dB	蓝绿试验误差/dB	信号源输出功率/dBm	红黄响应/dBm	蓝绿响应/dBm	红黄试验误差/dB	蓝绿试验误差/dB
600	注入试验	-25.7	-68.6	-71.3	-15.7	-56.6	-65.3	0.5	0.1	-15.7	-55.2	-63.9	0.4	1.2
700	辐射试验	0.0	-51.9	-56.4	10.0	-40.8	-51.3			10.0	-40.0	-48.3		
	注入试验	-4.8	-51.8	-56.7	5.2	-40.6	-50.4	0.2	0.9	5.2	-40.1	-48.2	0.1	0.1
800	辐射试验	0.0	-57.4	-57.6	10.0	-46.6	-54.3			10.0	-44.5	-51.3		
	注入试验	-9.1	-57.2	-57.7	0.9	-46.9	-53.2	0.3	1.1	0.9	-44.8	-50.3	0.3	1.0
900	辐射试验	0.0	-72.5	-63.8	10.0	-58.6	-61.0			10.0	-56.9	-57.4		
	注入试验	-19.7	-72.4	-64.1	-9.7	-59.6	-61.4	1.0	0.4	-9.7	-56.4	-57.8	0.5	0.4
1000	辐射试验	0.0	-69.3	-75.9	10.0	-56.3	-73.0			10.0	-53.3	-69.1		
	注入试验	-15.7	-69.3	-76.0	-5.7	-56.6	-73.5	0.3	0.5	-5.7	-53.7	-71.3	0.4	2.2

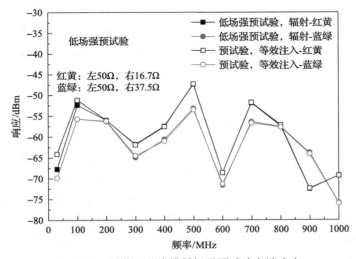

图 15-8　屏蔽四芯线缆低场强预试验右端响应

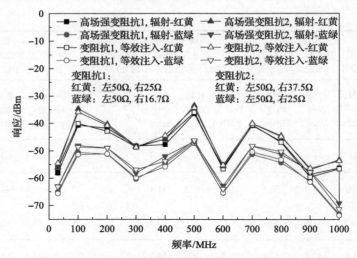

图 15-9　屏蔽四芯线缆高场强线性外推试验右端响应

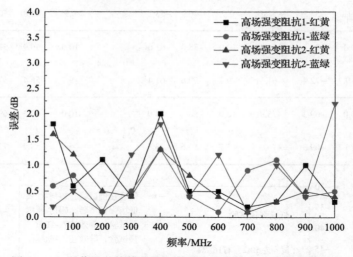

图 15-10　屏蔽四芯线缆两线对单端变阻抗注入与辐射试验误差

15.3.2　加严等效试验方法及验证

对于屏蔽多芯线缆，也可以针对通过性试验进行加严等效试验方法的研究。屏蔽多芯线缆耦合通道 BCI 加严等效强场电磁辐射效应试验方法大致上与非屏蔽多芯线缆耦合通道的试验方法相同，区别在于：在已知某一低场强的辐射条件下，对受试多芯线缆耦合通道开展电磁辐射试验(无须加载电流注入探头，无须多角度转动辐射试验)，记录不同线对的终端响应值。非屏蔽多芯线缆耦合通道的试验方法需要在辐射条件的线缆上卡入电流注入探头。

　　尽管试验配置相同，但是采取的试验方法、流程却不尽相同。这是考核需求所决定的。

　　屏蔽多芯线缆耦合通道加严等效注入试验各线对响应同样均不小于对应的辐射时的响应，因此如果加严等效注入试验时 EUT 不出现性能降级，那么可以保证对应辐射试验时 EUT 同样不会出现性能降级，也就是说可以通过试验考核。但是，加严等效试验仅能保证某一线对响应与辐射时完全一致，而其他线对响应的误差事先难以获知。因此，如果需要严格开展等效注入试验，那么仍然需要各线对逐一进行等效试验，从而保证实验结果具有较高的准确性。

　　上述加严等效试验方法的试验验证如下：以屏蔽四芯线缆耦合通道为受试对象，首先开展电磁辐射试验，屏蔽线缆各芯线遮挡效应不明显，因此直接选取某一角度开展电磁辐射试验，辐射天线极化方向与线缆摆放方向一致，记录两线对终端响应；然后开展注入试验，如果无法同时实现两线对等效，则保证某一终端注入响应与辐射响应相等，另一终端注入响应大于辐射响应，即加严等效。试验结果如表 15-3 所示，不同频点下高低场强的等效试验曲线如图 15-11 和图 15-12所示。由图 15-13 的误差结果可以看出，部分频点加严等效误差较大，最大试验误差为 4.5dB。这主要是由于，加严等效试验线对在低场强预试验条件下建立注入电压与辐射场强之间的对应关系与真实值相差较大。在实际情况下，若个别线对加严等效误差过大，则可以采用进一步单独对该线对进行等效注入试验的方法降低试验误差。

表 15-3　屏蔽四芯线缆 BCI 注入加严等效辐射效应试验结果

频率/MHz	试验类别	低场强预试验 红黄：左 50Ω，右 16.7Ω 蓝绿：左 50Ω，右 37.5Ω			高场强外推试验 红黄：左 50Ω，右 37.5Ω 或 25Ω 蓝绿：左 50Ω，右 25Ω 或 16.7Ω				注入与辐射试验相对误差/dB	加严等效带来的误差/dB
		信号源输出功率/dBm	红黄响应/dBm	蓝绿响应/dBm	信号源输出功率/dBm	红黄响应/dBm	蓝绿响应/dBm	右端阻抗变化		
30	辐射试验	0.0	−63.2	−58.5	10.0	−48.8	−50.7	红黄：37.5Ω 蓝绿：25Ω	0.3	2.1
	注入试验	−12.3	−60.9	−58.5	−2.3	−46.7	−51.0			
100	辐射试验	0.0	−58.3	−63.3	10.0	−45.4	−59.2	红黄：25Ω 蓝绿：16.7Ω	0.1	4.5
	注入试验	−4	−58.3	−59.6	6.0	−45.5	−54.7			

续表

频率/MHz	试验类别	低场强预试验 红黄：左50Ω，右16.7Ω 蓝绿：左50Ω，右37.5Ω			高场强外推试验 红黄：左50Ω，右37.5Ω或25Ω 蓝绿：左50Ω，右25Ω或16.7Ω				注入与辐射试验相对误差/dB	加严等效带来的误差/dB
		信号源输出功率/dBm	红黄响应/dBm	蓝绿响应/dBm	信号源输出功率/dBm	红黄响应/dBm	蓝绿响应/dBm	右端阻抗变化		
200	辐射试验	0.0	−46.6	−45.1	10.0	−34.3	−40.6	红黄：25Ω 蓝绿：16.7Ω	0.1	2.4
	注入试验	−1.7	−46.6	−43.3	8.3	−34.4	−38.2			
300	辐射试验	0.0	−62.7	−58.4	10.0	−48.4	−51.2	红黄：37.5Ω 蓝绿：25Ω	1.5	4.2
	注入试验	−15.2	−58.9	−58.4	−5.2	−44.2	−52.7			
400	辐射试验	0.0	−55.5	−58.3	10.0	−41.4	−49.1	红黄：37.5Ω 蓝绿：25Ω	0.4	3.5
	注入试验	−2.2	−53.3	−58.3	7.8	−37.9	−49.5			
500	辐射试验	0.0	−50.3	−53.8	10.0	−36.4	−47.1	红黄：37.5Ω 蓝绿：25Ω	1.8	0.6
	注入试验	−8.1	−49.6	−53.8	1.9	−35.8	−45.3			
600	辐射试验	0.0	−59.2	−59.7	10.0	−46.0	−50.5	红黄：37.5Ω 蓝绿：25Ω	0.8	0.9
	注入试验	−12.1	−58.5	−59.7	−2.1	−45.1	−51.3			
700	辐射试验	0.0	−58.9	−56.7	10.0	−45.7	−48.9	红黄：37.5Ω 蓝绿：25Ω	1.1	0.1
	注入试验	−12.4	−58.7	−56.7	−2.4	−45.6	−47.8			
800	辐射试验	0.0	−57.0	−65.1	10.0	−43.4	−58.0	红黄：37.5Ω 蓝绿：25Ω	0.6	0.1
	注入试验	−9.0	−56.2	−65.1	1.0	−43.3	−57.4			
900	辐射试验	0.0	−81.4	−83.2	10	−64.6	−78.5	红黄：37.5Ω 蓝绿：25Ω	0.7	0.4
	注入试验	−25.8	−80.9	−83.2	−15.8	−65.0	−77.8			

续表

频率 /MHz	试验类别	低场强预试验 红黄：左 50Ω，右 16.7Ω 蓝绿：左 50Ω，右 37.5Ω			高场强外推试验 红黄：左 50Ω，右 37.5Ω 或 25Ω 蓝绿：左 50Ω，右 25Ω 或 16.7Ω				注入与辐射试验相对误差 /dB	加严等效带来的误差 /dB
		信号源输出功率/dBm	红黄响应/dBm	蓝绿响应/dBm	信号源输出功率/dBm	红黄响应/dBm	蓝绿响应/dBm	右端阻抗变化		
1000	辐射试验	0.0	−58.7	−67.0	10.0	−42.8	−60.8	红黄：37.5Ω 蓝绿：25Ω	0.1	0.4
	注入试验	4.1	−57.2	−67.0	14.1	−42.4	−60.9			

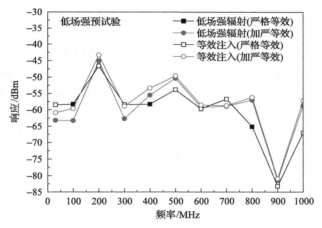

图 15-11　屏蔽四芯线缆低场强预试验辐射与注入响应

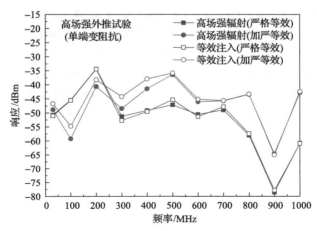

图 15-12　屏蔽四芯线缆高场强外推试验辐射与注入响应

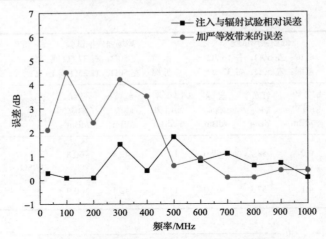

图 15-13   屏蔽四芯线缆注入与辐射试验误差

综上所述，对于屏蔽多芯线缆，在辐射场、注入探头位置等满足一定限制条件的情况下，等效试验方法中两线对的终端响应结果与辐射时的响应结果具有较好的一致性。随着屏蔽多芯线缆芯线数目的增多，严格等效实现起来越来越困难。加严等效试验方法适合通过性试验，如果受试设备注入试验没有出现性能降级，那么可保证对应强度的辐射试验受试设备不会出现性能降级。若要求严格考核每一线对的电磁辐射敏感性，则可采取单独对各线对进行等效注入的方法来提高试验结果的准确性。

参 考 文 献

[1] Tesche F M, Ianoz M V, Karlsson T. EMC Analysis Methods and Computational Models[M]. Beijing: Beijing University of Posts and Telecommunications Press, 2009.

[2] Paul C R. Decoupling the multiconductor transmission line equations[J]. IEEE Transactions on Microwave Theory and Techniques, 1996, 44(8): 1429-1440.

[3] Grassi F, Pignari S A. Bulk current injection in twisted wire pairs with not perfectly balanced terminations[J]. IEEE Transactions on Electromagnetic Compatibility, 2013, 55(6):1293-1301.

[4] Grassi F, Spadacini G, Pignari S A. The concept of weak imbalance and its role in the emissions and immunity of differential lines[J]. IEEE Transactions on Electromagnetic Compatibility, 2013, 55(6):1346-1349.

第16章　非线性系统大电流注入等效
试验方法实装验证

16.1　典型通信电台干扰效应试验验证

为验证提出的大电流注入等效试验方法在实装上应用的可行性，本章选取某型超短波通信电台作为受试对象，在电磁辐射试验中，通信电台电源与主机之间的电源线会耦合外界电磁干扰信号，在一定的干扰强度下，受试通信电台会出现重启效应。在等效注入试验中，以受试通信电台出现重启效应对应的临界辐射干扰场强（注入试验时得到的是等效临界辐射干扰场强）为依据，判断线缆耦合通道等效试验方法的准确性。

为验证不同线缆耦合通道下等效注入方法的有效性，分别选用平行双线缆和屏蔽多芯线缆作为电源线，试验配置框图如图 16-1 所示。试验在电波暗室内开展，电磁辐射试验时，发射天线放置于电源线前方，采用水平极化方式。在低场强辐射及其等效注入试验中，需要获取注入电压与辐射场强之间的等效对应关系，而受试通信电台没有可监测响应的内部端口。为解决这一问题，采取以下方法：在线缆电源端口以并联光-电转换模块的方式测试电源端口的响应，如图 16-2 所示，以辐射和注入试验并联光-电转换模块后的电源端口响应相等作为等效依据获取上述等效对应关系。采取上述方法的依据是，根据前面的推导，场强和注入电压的等效关系与终端设备阻抗无关，因此虽然并联接入接收机将改变终端设备阻抗，但理论上不会导致试验误差增大。具体的试验方法如下：

(1) 开展大电流注入预试验，监测受试线缆耦合通道的终端响应，选定终端响应相对较大的注入位置，并保持在该频率下试验注入探头位置不变。

(2) 进行低场强下的辐射效应试验，选取某一特定频点，对受试通信电台的线缆耦合通道进行辐射试验，记录此频点下线缆终端响应。

(3) 开展等效注入试验，调整信号源及功率放大器的输出功率，使得线缆终端响应与辐射时保持一致，计算注入功率与辐射场强之间的等效对应关系（系数 k）。

(4) 开展强场辐射效应试验，不断增大辐射干扰场强，使 EUT 出现干扰（以通信电台重启或电源电压降低为干扰判据），记录此时的临界辐射干扰场强 E_{H}。

(5) 对 EUT 进行大电流注入试验，获取 EUT 大电流注入临界干扰功率值 P_{H}，根据最初得到的注入功率与辐射场强之间的等效对应关系，通过计算得到大电流注入等效的临界辐射干扰场强 E_{H}'。

(6) E_{H} 和 E_{H}' 之间的差值即为大电流注入与辐射效应试验方法的相对误差。

更换试验频点、受试低频线缆(平行双线缆和屏蔽多芯线缆),重复上述试验过程。

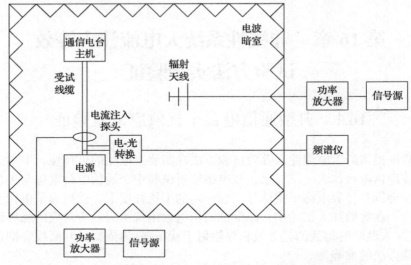

图 16-1　通信电台 BCI 注入等效替代辐射试验配置框图

图 16-2　并联光-电转换模块方式测试电源端口响应

　　根据上述试验方法,得到平行双线缆和屏蔽多芯线缆作为电源线的试验结果,分别如表 16-1 和表 16-2 所示,可以看出,屏蔽多芯线缆耦合通道等效注入试验结果的准确性优于平行双线缆耦合通道的试验结果,大部分频点等效试验方法的试验误差小于 3.00dB,最大试验误差为 3.60dB,优于 6dB 的指标要求。上述试验结果验证了本节提出的大电流注入等效试验方法在实装上应用的可行性。

16.2　Ku 波段导航雷达干扰效应试验验证

　　为验证多芯线缆耦合通道大电流注入等效替代辐射效应方法的有效性,以 Ku 波段导航雷达为受试对象,对射频处理单元与工控机之间连接的多芯控制信号线

表 16-1　某型超短波通信电台平行双线缆 BCI 注入等效替代辐射试验结果

序号	干扰频率/MHz	低场强预试验								高场强推算试验							效应现象	注入与辐射试验相对误差 $\eta=E_H-E_{HI}$/dB
		辐射试验				注入试验				辐射试验				注入试验				
		前向功率/dBm	反向功率/dBm	辐射场强/(V/m)	辐射场强 E_L/(dBV/m)	前向功率 P_L/dBm	反向功率/dBm	线缆终端响应/dBm	等效对应关系系数 $k=E_L-P_L$	前向功率/dBm	反向功率/dBm	干扰场强临界值/(V/m)	干扰场强临界值 E_H/(dBV/m)	前向功率 P_H/dBm	反向功率/dBm	等效干扰场强临界值 $E_H=P_H+k$/(dBV/m)		
1	70	33	27.2	6.64	16.44	27.1	14.8	−32.76	−10.66	47.7	42	30.7	29.74	44	32.1	33.34	电源电压下降 0.3V	3.60
2	110	31.65	22.26	5.03	14.03	16.9	0.4	−28.66	−2.87	55.2	45.88	71.8	37.12	43.5	25.6	40.63	通信电台重启	3.51
3	130	27.3	20.6	5.12	14.19	20	4.7	−27.1	−5.81	53.41	46.6	105.3	40.45	42.9	27.1	37.09	通信电台重启	3.36
4	150	28.4	10.1	5.04	14.05	13.5	−7.8	−29.02	0.55	54.06	34.4	94.6	39.52	40.3	20	40.85	通信电台重启	1.33
5	170	25.9	13.4	5.96	15.50	16.1	7.9	−3.78	−0.60	53.45	39.74	154.8	43.80	41.55	32.59	40.95	通信电台重启	2.84
6	350	39.32	28.6	9.48	19.54	25.86	21.94	−13.2	−6.32	57.41	45.83	74.36	37.43	40.9	36.89	34.54	通信电台重启	2.89
7	370	37.64	26.25	9.22	19.29	25.9	20.76	−13.32	−6.61	52.3	39.3	49.37	33.87	40.32	35.1	33.71	通信电台重启	0.15
8	400	42.43	29.7	8.53	18.62	28.63	23.24	−13	−10.01	55.7	42.2	37.9	31.57	41.02	35.59	31.01	通信电台重启	0.56

表 16-2　某型超短波通信电台屏蔽多芯线缆 BCI 注入等效替代辐射试验结果

序号	干扰频率/MHz	低场强预测试							等效对应关系系数 $k=E_L-P_L$/dB	高场强外推试验							效应现象	注入与辐射对试验相对误差 $\eta=\|E_H-E_{Ht}\|$/dB
		辐射试验				注入试验				辐射试验				注入试验				
		前向功率/dBm	反向功率/dBm	辐射场强/(V/m)	辐射场强 E_L/(dBV/m)	前向功率 P_L/dBm	反向功率/dBm	线缆终端响应/dBm		前向功率/dBm	反向功率/dBm	干扰场强临界值/(V/m)	干扰场强临界值 E_H/(dBV/m)	前向功率 P_H/dBm	反向功率/dBm	等效干扰场强临界值 $E_H=P_H+k$/(dBV/m)		
1	70	29.2	20.6	4.31	12.69	28.8	17.1	−28.54	−16.11	48	39.9	34.94	30.87	47.4	36	31.29	电源电压下降0.2V	0.42
2	110	31.28	21.33	4.72	13.48	20.5	4.2	−18.57	−7.02	56.17	46.09	80.9	38.16	47.7	32	40.68	电源电压下降0.3V	2.52
3	170	37.4	23.6	21.5	26.65	22.8	15	−7.2	3.85	56.3	42.3	188.8	45.52	42.4	34.7	46.25	通信电台重启	0.73
4	370	36.6	23.4	4.7	13.44	16.1	9.2	−17.4	−2.66	48.6	35.1	20.76	26.34	29.3	22.7	26.64	通信电台重启	0.30
5	390	34.2	20.9	4.1	12.26	18.7	12.1	−5.4	−6.44	45.7	32.45	17.4	24.81	30.7	24.3	24.26	通信电台重启	0.56

耦合通道进行试验。Ku 波段导航雷达 BCI 注入等效替代辐射试验配置图如图 16-3 所示，Ku 波段导航雷达 BCI 注入等效替代辐射试验实物图如图 16-4 所示。在 Ku 波段导航雷达能够出现干扰效应的试验频点进行辐射与大电流注入试验，试验结果如表 16-3 所示。

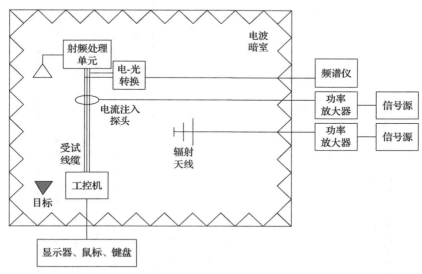

图 16-3　Ku 波段导航雷达 BCI 注入等效替代辐射试验配置图

图 16-4　Ku 波段导航雷达 BCI 注入等效替代辐射试验实物图

表 16-3 Ku 波段导航雷达多芯控制线缆 BCI 注入等效替代辐射试验结果

序号	干扰频率 /MHz	低场强预试验 — 辐射试验 前向功率 /dBm	低场强预试验 — 辐射试验 反向功率 /dBm	低场强预试验 — 辐射试验 辐射场强 /(V/m)	低场强预试验 — 辐射试验 辐射场强 E_L /(dBV/m)	注入试验 前向功率 P_L /dBm	注入试验 反向功率 /dBm	注入试验 线缆终端响应 /dBm	等效对应关系系数 $k=E_L-P_L$	高场强外推试验 — 辐射试验 前向功率 /dBm	高场强外推试验 — 辐射试验 反向功率 /dBm	高场强外推试验 — 辐射试验 干扰场强临界值 /(V/m)	高场强外推试验 — 辐射试验 干扰场强临界值 E_H /(dBV/m)	注入试验 前向功率 P_H /dBm	注入试验 反向功率 /dBm	注入试验 等效干扰场强临界值 $E_H=P_H+k$ /(dBV/m)	效应现象	注入与辐射试验相对误差 $|E_H-E_H|$/dB
1	70	34.4	27.8	4.06	12.17	18.2	4.1	−25.53	−6.03	42.2	35.6	9.93	19.94	29.6	15	23.57	测距异常	3.63
2	160	25.44	9.22	3.54	10.98	12.9	−9	−24.3	−1.92	40.64	20.8	20.54	26.25	28.4	−1.5	26.48	测距异常	0.23
3	200	26.17	7.21	6.37	16.08	15.4	8.6	−24	0.68	41.43	14.07	36.5	31.25	31.1	23.7	31.78	测距异常	0.54
4	240	25.67	16	5.19	14.30	13.3	5	−29.9	1.00	46	36.13	53.16	34.51	33.3	25.3	34.30	测距异常	0.21
5	360	29.97	19.38	4.3	12.67	14.2	8.1	−30.55	−1.53	50.37	39.7	45.88	33.23	33.1	27.1	31.57	测距异常	1.66
6	400	36.29	25.1	5.57	14.92	21	15.4	−22.56	−6.08	58.44	47.18	69.96	36.90	46.2	40.9	40.12	测距异常	3.22

　　从表 16-3 中的试验数据可以看出，在 70～400MHz 频率范围内，对 Ku 波段导航雷达射频处理单元与工控机之间连接的多芯控制信号线进行辐射和注入试验，效应现象主要为测距异常，两种试验方法的最大相对误差为 3.63dB，能够满足指标要求和工程实际需求。